第2版

概率论与数理统计

主　编　张立石
副主编　屈磊磊
赵学达
高　辉
王显昌

清华大学出版社
北　京

内容简介

本书根据编者教学实践所积累的经验,同时结合普通高等院校财经类和管理类的教学基本要求编写而成。在概念的引入和内容的安排上,尽量做到概念引入的自然性,内容叙述的逻辑严谨性和直观性。本书包括概率论和数理统计两个部分,每章后附有习题,附录中给出 MATLAB 的基本命令和结合实际例子的实验。

本书可作为高等学校财经、管理等专业的教材,也可作为数学实验课程的教材,或作为各专业研究生入学考试的参考书。

图书在版编目(CIP)数据

概率论与数理统计/张立石主编.—2版.—北京:清华大学出版社,2021.12(2025.2重印)
ISBN 978-7-302-59600-4

Ⅰ.①概… Ⅱ.①张… Ⅲ.①概率论－高等学校－教材 ②数理统计－高等学校－教材 Ⅳ.①O21

中国版本图书馆 CIP 数据核字(2021)第 237502 号

责任编辑:刘 颖
封面设计:傅瑞学
责任校对:王淑云
责任印制:刘 菲

出版发行:清华大学出版社
网 址:https://www.tup.com.cn,https://www.wqxuetang.com
地 址:北京清华大学学研大厦A座 邮 编:100084
社 总 机:010-83470000 邮 购:010-62786544
投稿与读者服务:010-62776969,c-service@tup.tsinghua.edu.cn
质量反馈:010-62772015,zhiliang@tup.tsinghua.edu.cn
印 装 者:三河市龙大印装有限公司
经 销:全国新华书店
开 本:185mm×260mm 印 张:14.75 字 数:356千字
版 次:2015年1月第1版 2021年12月第2版 印 次:2025年2月第3次印刷
定 价:45.00元

产品编号:093808-01

前言

FOREWORD

随着信息化时代的到来，人们对于现实生活中大量涌现出的数据已经不再是以简单的统计报表形式来呈现。揭示海量数据的内在规律、预测推断事物的发展方向成为处理数据的目的。由于计算机技术的迅猛发展，借助计算机处理数据成为必然。然而，在依托的数学理论基础上，用到最多的是概率论与数理统计。概率论与数理统计由于其具有揭示随机现象内在规律的特点而被人们广泛使用，已经成为高等学校各专业开设的重要的基础课。本课程不但可以培养学生的抽象思维能力、逻辑推理能力，还可以提高学生的科学计算能力和理论联系实际的能力。

在本书的编写过程中，我们本着以自然的方式引入数学概念、用大量的练习来帮助理解概念、以计算机模拟来学习计算技能这一原则，在学习总结同类教材成功经验的基础上同时结合自己的教学经验，使本教材具有以下特点。

(1) 结合具体问题，引入数学概念

在每一章的开头，我们以一个实际问题作为本章的先导，使读者对随后引入的每一个数学概念都有清晰的数学背景，如事件的独立性、方差分析、回归分析等。

(2) 概念产生自然，体现数学思想

数学概念的产生除了具体的实际背景外，数学上的典型的思维方法也可以为概念的产生提供依据，如本书中随机事件集合化以及事件关系的集合运算表现方法、从频率到概率的过渡等。

(3) 理论与实际相结合，培养实际应用能力

为了让学生学会 MATLAB 的入门知识，在习题的配置上，安排一定量的题目，让同学们利用 MATLAB 编程计算。在编程过程中，只用少量的篇幅介绍 MATLAB 的入门知识，并尽量要求同学们不使用内部函数。对于一些相关命令，同学们可以在对照课后简答的同时，利用百度了解所用到的命令。经过整本书的学习，同学们能够掌握 MATLAB 的入门知识。

本书的编写安排如下：第 1、2 章由高辉编写，第 3、6 章由赵学达编写，第 4、5、8 章由屈磊磊编写，第 7 章和附录部分由王显昌编写，第 9、10 章由张立石编写，本书由张立石负责统稿、定稿。

大连海洋大学信息工程学院领导一直鼓励和支持编写这本教材，高胜哲教授在本书的编写过程中提出了许多建设性的意见和建议，在此一并表示衷心的感谢。

由于编者水平有限，书中的不足之处敬请读者和同行批评指正。

编　者

2021 年 6 月于大连

目录

CONTENTS

第1章

随机事件与概率

概率论是从数量化的角度来研究随机现象的统计规律的学科，是统计学的理论基础。本章重点介绍概率论的两个最基本概念：随机事件及其概率。首先从客观普遍存在的随机现象出发，考察随机试验及其随机事件，建立了概率的公理化体系，研究了概率的基本性质；其次分析了随机事件的条件概率问题，从而形成了随机事件的独立性基础理论。本章内容是概率论与数理统计学科产生的实际来源和发展的理论基础。

本章要用到的准备知识：集合及其运算，计数原理，排列和组合计算公式。

本章拟解决以下问题：

概率论起源于博弈问题，不但可以用于对博弈问题的研究，而且其应用遍及自然科学的各个方面。

通过本章的学习可以解决如下问题：

问题1 任意60个人，至少有两人生日在同一天的概率是多少？

问题2 体育比赛中抽签决定先后次序的机会是均等的吗？

问题3 解释医生看病诊断出错的概率。

问题4 解释寓言故事“狼来了”，分析村民对小孩的信任度是如何下降的。

问题5 常言道：“三个臭皮匠，顶个诸葛亮。”这句话如何从概率的计算来解释？

1.1 随机事件

1.1.1 随机现象

人类所能观察到的现象有多种多样，若从结果能否预测的角度来分，大致可分为两类。一类是在一定条件下必然发生(或一定不发生)的现象，称为确定性现象。例如，上抛物体必然下落，太阳东升西落，度量三角形的内角和总是180°等。

另一类现象是在观测之前无法预知确切结果的现象，称为随机现象。例如，抛一枚硬币，下落的结果可能正面(或反面)朝上；向同一目标射击，各次着弹点的位置；掷一颗骰子，可能出现的点数；随便走到一个有交通灯的十字路口，遇到红灯，还是绿灯或黄灯；明天的气温等，其结果都带有偶然性。

由于随机现象的结果事先不能预知,初看起来,随机现象毫无规律可言。但是人们通过长期实践并深入研究之后,发现这类现象在大量重复试验或观察下,它的结果却呈现出某种规律性。

1.1.2 随机事件

为揭示随机现象的统计规律性,进一步明确随机现象的含义,我们从随机试验谈起。什么是"随机试验"呢?我们先看几个例子。

E_1:掷一颗骰子,观察出现的点数;

E_2:将一枚硬币抛掷两次,观察正(H)、反(T)面出现的情况;

E_3:将一枚硬币抛掷两次,观察正面出现的次数;

E_4:从一批产品中抽取 n 件,观察次品出现的数量;

E_5:律师每天可能接到的案件数量。

上述这些试验(或现象)都具有两个明显的特征:虽然可能的结果明确但不可预知,可以重复进行。例如,掷一颗骰子,可能出现的点数是 1,2,3,4,5,6,投掷之前并不知道会出现的点数,并且这个试验可以在相同的条件下重复进行;又如,从一批产品中抽取 n 件,次品的个数可能为 $0,1,2,\cdots,n$,但不能预知到底有多少次品,这个试验也可以在相同的条件下重复进行。

定义 1.1.1 一个试验(或观察)如果满足以下条件:

(1) 可重复性:试验在相同条件下可重复进行;

(2) 可观察性:所有可能结果是已知且不止一个;

(3) 随机性:试验之前究竟出现哪个结果不能预知。

则称其为一个随机试验,简称试验,常用字母 E 表示。

对于随机试验,人们感兴趣的是随机试验的结果,为了便于叙述,我们给出了以下定义。

定义 1.1.2 随机试验 E 的每一个可能的结果称为随机试验 E 的一个样本点,记为 e。随机试验 E 的所有样本点组成的集合称为随机试验 E 的样本空间,记为 S 或 Ω。

上述随机试验 E_1,E_2,E_3,E_4,E_5 对应的样本空间分别为

$$S_1=\{1,2,3,4,5,6\};\qquad S_2=\{(H,H),(H,T),(T,H),(T,T)\};$$
$$S_3=\{0,1,2\};\qquad S_4=\{0,1,2,\cdots,n\};\qquad S_5=\{0,1,2,\cdots\}。$$

在实际问题中,人们常常需要研究满足某些条件的样本点组成的集合,即关心那些满足某些条件的样本点在试验后是否出现。例如,在 E_2 中,设 $A=\{$出现正面$\}=\{(H,T),(T,H),(H,H)\}$;$B=\{$两次反面$\}=\{(T,T)\}$等,这些都是样本空间的子集。

定义 1.1.3 随机试验 E 的样本空间 S 的子集称为随机事件,简称事件。若试验中,某一随机事件的一个样本点出现,则称这一事件发生。

特别地,由一个样本点组成的单点集称为随机试验 E 的基本事件。样本空间 S 作为它自己的子集,由于它是由全体样本点组成的事件,因此在每次试验中是必然发生的,我们把样本空间 S 称为必然事件。另外,空集 $\varnothing$ 作为样本空间 S 的子集,也是一个事件,因为它不包含任何样本点,在每次试验中是绝不会发生的,我们把空集 $\varnothing$ 称为不可能事件。

例如,在 E_1 中,$A=\{$出现点数小于 7$\}$,则 A 是必然事件;$B=\{$出现 9 点$\}$,则 B 是不可能事件;$C=\{$出现 3 点$\}$是基本事件;$D=\{$出现偶数点$\}=\{2,4,6\}$。若实际掷出"2 点",

我们便说事件 D 发生了。

注 由上述定义可以看出，集合论和概率论之间的对应关系如下表所示。

符　号	集合含义	概率含义
S	全集	样本空间/必然事件
$\varnothing$	空集	不可能事件
e	元素	样本点
A	子集	事件
$e\in A$	元素属于 A	事件 A 发生

由此可见，将样本点属于集合表示该事件发生，这样集合论和概率论之间就联系起来了。

1.1.3 随机事件的关系和运算

在一个随机试验中，一般有很多随机事件。为了通过对简单事件的研究来掌握比较复杂事件的规律，需要研究事件的关系和运算，然后把复杂事件表达成另一些事件的运算。由于事件是样本空间的子集，因此事件的关系和运算可以通过集合的关系和运算来实现。

1. 事件间的运算

(1) 事件的并(或和)：称事件 A 与事件 B 中至少有一个发生的事件为事件 A 与事件 B 的并事件，记为 $A\cup B$。即 $A\cup B=\{A$ 发生或 B 发生$\}=\{e\,|\,e\in A$ 或 $e\in B\}$。

显然，事件 $A\cup B$ 是由 A 和 B 的所有的样本点构成的事件，这样事件 $A\cup B$ 就是子集 A 与 B 的并集，如图 1-1 所示。

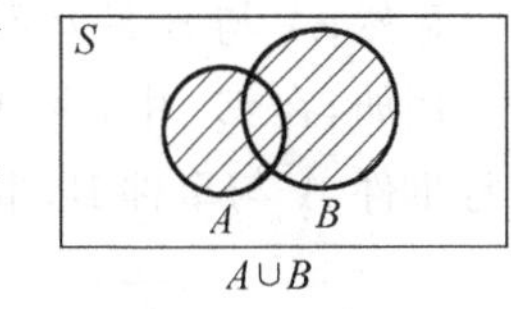

图 1-1 事件 A 与事件 B 的并

例如，在 E_2 中，令 $A=\{$出现正面$\}$，$B=\{$出现反面$\}$，则 $A\cup B=\{(\mathrm{H,H}),(\mathrm{H,T}),(\mathrm{T,H}),(\mathrm{T,T})\}$。

(2) 事件的交(或积)：称事件 A 与事件 B 同时发生的事件为事件 A 与事件 B 的交事件，记为 $A\cap B$ 或 AB。即 $A\cap B=\{A$ 发生且 B 发生$\}=\{e\,|\,e\in A$ 且 $e\in B\}$。

显然，事件 $A\cap B$ 是由 A 和 B 的共同的样本点构成的事件，这样事件 $A\cap B$ 就是子集 A 与 B 的交集，如图 1-2 所示。

例如，在 E_1 中，令 $A=\{$掷出奇数点$\}$，$B=\{$点数小于 3$\}$，则 $A\cap B=\{$掷出 1 点$\}$。掷出 1 点也意味着掷出奇数点并且点数小于 3，即事件 A,B 都发生了。

(3) 事件的差：称事件 A 发生但事件 B 不发生的事件为事件 A 与事件 B 的差事件，记为 $A-B$，即 $A-B=\{A$ 发生但 B 不发生$\}=\{e\,|\,e\in A$ 且 $e\notin B\}$，如图 1-3 所示。

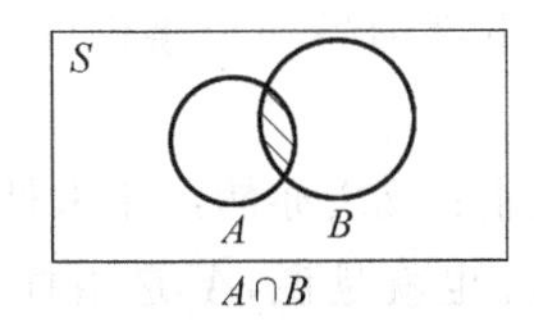

图 1-2 事件 A 与事件 B 的交

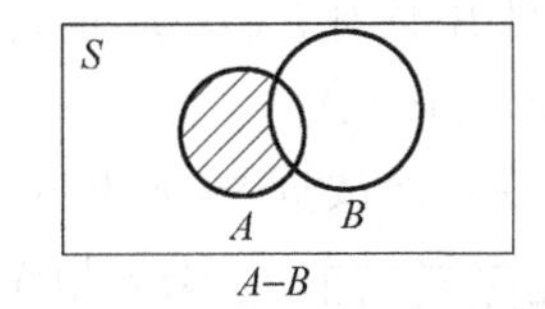

图 1-3 事件 A 与事件 B 的差

显然，$A-B=A-AB$。

例如，在 E_1 中，令 $A=\{$掷出偶数点$\}$，$B=\{$点数小于 5$\}$，则 $A-B=\{$掷出 6 点$\}$。

(4) 推广：两个事件的并与交可推广到有限个或可数无穷多个事件的并与交。

$\bigcup\limits_{i=1}^{n} A_i=\{$事件 $A_1,A_2,\cdots,A_n$ 中至少有一个发生$\}$；

$\bigcup\limits_{i=1}^{\infty} A_i=\{$事件 $A_1,A_2,\cdots,A_n,\cdots$ 中至少有一个发生$\}$；

$\bigcap\limits_{i=1}^{n} A_i=\{$事件 $A_1,A_2,\cdots,A_n$ 同时发生$\}$；

$\bigcap\limits_{i=1}^{\infty} A_i=\{$事件 $A_1,A_2,\cdots,A_n,\cdots$ 同时发生$\}$。

2. 事件间的关系

(1) 事件的包含：若事件 A 发生必然导致事件 B 发生，则称事件 A 包含于事件 B，记为 $A\subset B$，即 A 的样本点都在 B 中。显然，事件 $A\subset B$ 的含义与集合中的包含的含义是一致的。

(2) 事件的相等：对于事件 A 和事件 B，若 $A\subset B$ 且 $B\subset A$，则称 A 与 B 相等，记为 $A=B$。显然，事件 A 与事件 B 相等是指 A 和 B 所含的样本点完全相同，即两个事件对应的样本点的子集相等。

(3) 互不相容：若事件 A 与事件 B 不能同时发生，则称 A 与 B 是互不相容的(或互斥的)。也就是说，AB 是一个不可能事件，即 $AB=\varnothing$。

显然，A 与 B 是互不相容的等价于它们没有公共的样本点，如图 1-4 所示。

例如，在 E_1 中，令 $A=\{$出现 1 点$\}$，$B=\{$出现 2 点$\}$，则 A 与 B 是互不相容的。又如，任意事件 A 与事件 B，事件 A 与 $B-A$ 是互不相容的，如图 1-5 所示。

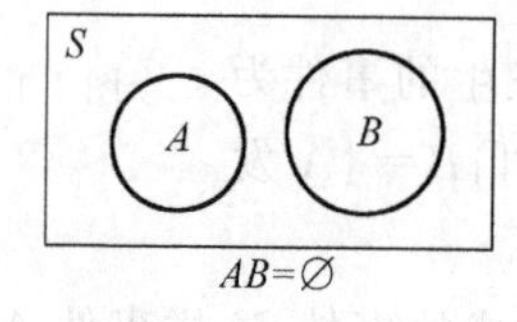

图 1-4 事件 A 与事件 B 的交为空集

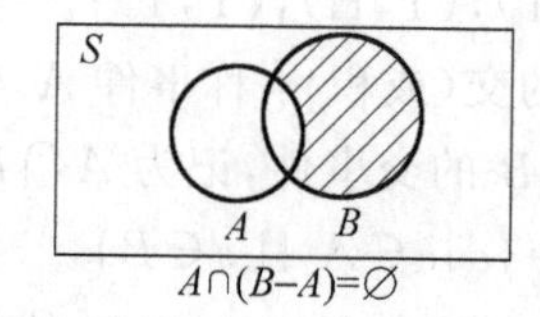

图 1-5 事件 A 与事件 B-A 的交为空集

如果 n 个事件 $A_1,A_2,\cdots,A_n$ 中，任意两个事件都互不相容，则称 n 个事件 $A_1,A_2,\cdots,A_n$ 是两两互不相容的，即 $A_iA_j=\varnothing,i\neq j,i,j=1,2,\cdots,n$。

显然，任意一个随机试验中，基本事件是互不相容的。

(4) 对立事件(逆事件)：如果在每一次试验中事件 A 与事件 B 有且只有一个发生，则称事件 A 与事件 B 是对立(互逆)的，并称其中的一个事件为另一个事件的对立事件(逆事件)，记作 $A=\overline{B}$ 或 $B=\overline{A}$。

根据定义，在一次试验中，如果 A 发生，则 $\overline{A}$ 不发生；反之亦然。用事件的运算解释就是 $A\cup\overline{A}=S$，$A\cap\overline{A}=\varnothing$。也就是说，$\overline{A}$ 是由样本空间 S 中的所有不属于 A 的样本点构成的。从集合论的角度看，事件 A 的对立事件 $\overline{A}$ 就是事件 A 的补集，如图 1-6 所示。

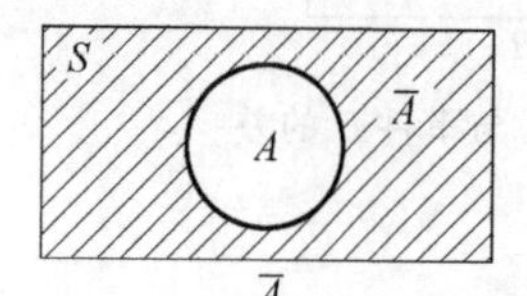

图 1-6 事件 A 的对立事件 $\overline{A}$

例如，从有 3 个次品、7 个正品的 10 个产品中任取 3 个，若令 $A=\{$取得的 3 个产品中至少有一个次品$\}$，则 $\overline{A}=\{$取得的 3 个产品均为正品}。

注 (1) $A-B=A\bar{B}$；

(2) 对立事件必为互不相容事件,其逆不真,即互不相容事件不一定是对立事件。

3. 事件的运算规律

由事件的关系和运算的定义可以看出,它们与集合的关系和运算是一致的,因此,集合的运算规律对事件的运算也适用,读者可通过集合的知识自行给出。在这里要注意德·摩根律：$\overline{A\cap B}=\bar{A}\cup\bar{B}$,$\overline{A\cup B}=\bar{A}\cap\bar{B}$。并且它可推广到有限个和可数个事件的情形。在涉及事件的和、积和对立事件三种关系时经常会用到德·摩根律。

例 1.1.1 设 A,B,C 为三个事件,用 A,B,C 的运算关系表示下列各事件：

(1) A 发生,B 与 C 不发生；

(2) A,B,C 中至少有一个发生；

(3) A,B,C 都发生；

(4) A,B,C 都不发生；

(5) A,B,C 中最多两个发生；

(6) A,B,C 中恰有一个发生。

分析 本题给出了随机事件的运算关系的文字描述,要求用数学符号来表示这些随机事件,用随机事件的运算和关系的定义来解决。

解 (1)"B 不发生"等价于 $\bar{B}$ 发生,记作：$\bar{B}$,所以可以表示为 $A\bar{B}\bar{C}$ 或 $A-B-C$。

(2)"至少有一个发生"是指三个事件中肯定有一个发生,可能是其中的任何一个,所以可以表示为 $A\cup B\cup C$。

换一个角度,"至少有一个发生"的意思是发生事件的个数可能是一个、两个或三个,所以又可以表示为 $A\bar{B}\bar{C}\cup\bar{A}B\bar{C}\cup\bar{A}\bar{B}C\cup AB\bar{C}\cup\bar{A}BC\cup A\bar{B}C\cup ABC$。

(3)"都发生"的意思是 A 发生、B 发生且 C 发生,所以可以表示为 ABC。

(4)"都不发生"的意思是 $\bar{A}$ 发生、$\bar{B}$ 发生且 $\bar{C}$ 发生,所以可以表示为 $\bar{A}\bar{B}\bar{C}$。

(5)"最多两个发生"的意思是发生事件的个数可能是一个、两个或者没有事件发生,所以可以表示为 $A\bar{B}\bar{C}\cup\bar{A}B\bar{C}\cup\bar{A}\bar{B}C\cup AB\bar{C}\cup\bar{A}BC\cup A\bar{B}C\cup\bar{A}\bar{B}\bar{C}$。

换一个角度,"最多两个发生"是三个事件都发生的对立事件,所以又可以表示为 $\overline{ABC}$。

(6)"恰有一个发生"的意思是有两个事件不发生,剩余的一个事件发生,可能是三个事件中的任何一个,所以可以表示为 $A\bar{B}\bar{C}\cup\bar{A}B\bar{C}\cup\bar{A}\bar{B}C$。

用其他事件的运算来表示一个事件,方法往往不唯一。在解决具体问题时,往往要根据需要选择其中的一种方法。当正面分析问题较复杂时,常常考虑这个问题的反面——对立事件,这种方法在后面的学习中也会经常用到。

例 1.1.2 一名射手连续向某一目标射击三次,令 $A_i=\{$第 i 次射击击中目标$\}$,$i=1,2,3$。试用文字叙述下列事件：(1)$A_1\cup A_2$；(2)A_3-A_2；(3)$\overline{A_1\cup A_2}$；(4)$\bar{A}_1\cup\bar{A}_2$。

解 (1) $A_1\cup A_2=\{$前两次射击中至少有一次击中目标$\}$；

(2) $A_3-A_2=\{$第三次击中目标但第二次未击中目标$\}$；

(3) $\overline{A_1\cup A_2}=\{$射手第一次和第二次都没有击中目标$\}$；

(4) $\bar{A}_1\cup\bar{A}_2=\{$射手第一次或第二次没有击中目标$\}$。

1.2 概率的定义及其性质

除必然事件和不可能事件外,任一个随机事件在一次试验中可能发生,也可能不发生。人们常常需要知道一个事件在试验中发生的可能性到底有多大,但在大量重复一随机试验时,会发现有些事件发生的次数多一些,有些事件发生的次数少一些。也就是说,有些事件发生的可能性大一些,有些事件发生的可能性小一些。例如,一个盒子中有8个黑球,2个白球,从中任意取一个,则取到黑球的可能性比取到白球的可能性大。那如何度量事件发生的可能性呢?自然地,人们希望用一个数来表示事件在一次试验中发生的可能性的大小。为此,需要引入频率的概念,它描述了事件所发生的频繁程度,进而引出表征事件在一次试验中发生的可能性大小的数——概率。

1.2.1 频率

定义 1.2.1 若事件 A 在 n 次重复试验中出现 n_A 次,则比值 $\frac{n_A}{n}$ 称为事件 A 发生的频率,记为 $f_n(A)$,即 $f_n(A)=\frac{n_A}{n}$。

由频率的定义易得出下列基本性质:

(1) $0\leqslant f_n(A)\leqslant 1$;

(2) $f_n(S)=1$;

(3) 若 $A_1,A_2,\cdots,A_n$ 是两两不相容的事件,则

$$f_n(A_1\cup A_2\cup\cdots\cup A_n)=f_n(A_1)+f_n(A_2)+\cdots+f_n(A_n)。$$

事件 A 的频率反映了事件 A 发生的频繁程度。频率越大,事件 A 发生越频繁,这意味着事件 A 在一次试验中发生的可能性越大。然而频率 $f_n(A)$ 依赖于试验次数以及每次试验的结果,而试验结果具有随机性,所以频率也具有随机性。但这种波动不是杂乱无章的,当 n 增大时,频率的波动幅度随之减小,随着 n 逐渐增大,频率 $f_n(A)$ 也就逐渐稳定于某个常数。

历史上有人曾进行过大量掷硬币的试验,所得结果如下表(其中 n_H 表示正面发生的频数,$f_n(H)$ 表示正面发生的频率)所示:

实验者	n	n_H	$f_n(H)$
德·摩根	2048	1061	0.5181
蒲丰	4040	2048	0.5069
K.皮尔逊	12000	6019	0.5016
K.皮尔逊	24000	12012	0.5005

可见,出现正面的频率总在0.5附近波动,而且随着试验次数的增加,它逐渐稳定于0.5。通过实践,人们发现,任何事件都有这样一个客观存在的常数与之对应。这种"频率稳定性"即通常所说的统计规律性,这种用频率的稳定值定义事件的概率的方法称为概率的统计定义。

1.2.2 概率的统计定义

定义 1.2.2 设事件 A 在 n 次重复试验中出现 n_A 次，若当试验次数 n 很大时，频率 $\frac{n_A}{n}$ 稳定地在某一数值 p 的附近摆动，则称数 p 为事件 A 的概率，记为 $P(A)=p$。

由定义，显然有 $0\leqslant P(A)\leqslant 1$ 和 $P(S)=1$。

设事件 A,B 互不相容，则 $P(A\cup B)=P(A)+P(B)$。

概率的统计定义虽然解决了不少问题，但它在理论上存在一定的缺陷。例如，在实际问题中往往无法满足概率统计定义中要求的试验的次数充分大，也不清楚试验次数大到什么程度。再如定义中“$\frac{n_A}{n}$稳定地在某一数值 p 的附近摆动”含义不清，因此概率的统计定义不能作为数学意义的定义。但我们注意到，“频率”和“概率”都具有共同的属性，这些共同的属性，可以作为概率的数学定义的基础。1933 年，苏联数学家科尔莫戈罗夫综合已有的大量成果，提出了概率的公理化结构，明确定义了基本概念，使得概率论成为严谨的数学分支，推动了概率论的发展。

1.2.3 概率的公理化定义及性质

定义 1.2.3 设 S 是随机试验 E 的样本空间，如果对于 E 的每一个事件 A，有唯一的实数 $P(A)$和它对应，并且这一事件的函数 $P(A)$满足以下公理：

(1) 非负性：$P(A)\geqslant 0$；

(2) 规范性：$P(S)=1$；

(3) 可列可加性：对于可列无穷多个两两不相容的事件 $A_1,A_2,\cdots,A_n,\cdots$，有

$$P\left(\bigcup_{i=1}^{\infty} A_i\right)=\sum_{i=1}^{\infty} P(A_i),$$

则称 $P(A)$为事件 A 的概率。

特别要注意：

(1) 定义中的可列可加性要求对无限多个互斥事件也成立，这不同于通常的频率可加性；

(2) 概率是实数，它是事件的函数；

(3) 概率的公理化定义并没有给出如何求一个事件的概率的方法，由定义只能解决由已知概率去求未知概率的问题，但它却从本质上明确了概率所必须满足的一些一般特征。

由概率的公理化定义可以推得概率的一些性质。

性质 1 $P(\varnothing)=0$。

证明 令 $A_i=\varnothing(i=1,2,\cdots)$，则 $A_1,A_2,\cdots,A_n,\cdots$ 是互不相容的事件，且 $\bigcup_{i=1}^{\infty} A_i=\varnothing$。根据概率的可列可加性有

$$P(\varnothing)=P\left(\bigcup_{i=1}^{\infty} A_i\right)=\sum_{i=1}^{\infty} P(A_i)=\sum_{i=1}^{\infty} P(\varnothing)。$$

由于实数 $P(\varnothing)\geqslant 0$，因此 $P(\varnothing)=0$。

性质 2(有限可加性) 设 $A_1,A_2,\cdots,A_n$ 是 n 个互不相容的事件,则

$$P(A_1 \cup A_2 \cup \cdots \cup A_n)=P(A_1)+P(A_2)+\cdots+P(A_n)。$$

证明 令 $A_i=\varnothing(i=n+1,n+2,\cdots)$,根据概率的可列可加性有

$$P\left(\bigcup_{i=1}^{n} A_i\right)=P\left(\bigcup_{i=1}^{\infty} A_i\right)=\sum_{i=1}^{\infty}P(A_i)=\sum_{i=1}^{n}P(A_i)。$$

性质 3 $P(\bar{A})=1-P(A)$。

证明 因为 $A\cup\bar{A}=S,A\bar{A}=\varnothing$,由规范性和有限可加性得

$$1=P(S)=P(A \cup \bar{A})=P(A)+P(\bar{A})。$$

移项得 $P(\bar{A})=1-P(A)$。

注 求某个事件的概率时,常遇到求"至少……"或"至多……"等事件概率的问题。这时一般考虑先求其对立事件的概率,然后由性质 3 再求原来事件的概率。

性质 4 设 A,B 是两个事件,若 $A\subset B$,则 $P(B-A)=P(B)-P(A),P(B)>P(A)$。

证明 由 $B=BA\cup B\bar{A}$ 及概率的有限可加性得

$$P(B)=P(BA)+P(B\bar{A})。$$

而 $A\subset B,P(BA)=P(A)$,从而 $P(B)-P(A)=P(B\bar{A})\geqslant 0$,即得 $P(B)\geqslant P(A)$。

性质 5 $P(A\cup B)=P(A)+P(B)-P(AB)$。

证明 因为 $A\cup B=A\cup(B-AB)$,且 $A(B-AB)=\varnothing$,由有限可加性和差事件概率公式得

$$P(A\cup B)=P(A)+P(B-AB)=P(A)+P(B)-P(AB)。$$

性质 5 可以用数学归纳法推广到任意有限多个事件的情形。例如,设 A_1,A_2,A_3 是三个事件,则 $P(A_1\cup A_2\cup A_3)=P(A_1)+P(A_2)+P(A_3)-P(A_1A_2)-P(A_1A_3)-P(A_2A_3)+P(A_1A_2A_3)$。

例 1.2.1 已知 $P(A)=0.7,P(A\bar{B})=0.3,P(B)=0.4$。求:

(1) $P(AB)$; (2) $P(\overline{AB})$; (3) $P(A\cup B)$; (4) $P(\bar{A}\bar{B})$。

解 (1) 因为 $P(A\bar{B})=P(A-B)=P(A)-P(AB)$,所以

$$P(AB)=P(A)-P(A\bar{B})=0.7-0.3=0.4;$$

(2) $P(\overline{AB})=1-P(AB)=1-0.4=0.6$;

(3) $P(A\cup B)=P(A)+P(B)-P(AB)=0.7+0.4-0.4=0.7$;

(4) $P(\bar{A}\bar{B})=P(\overline{A\cup B})=1-P(A\cup B)=1-0.7=0.3$。

例 1.2.2 某地发行晨报和晚报两种报纸,已知在市民中订阅晨报的有 45%,订阅晚报的有 35%,同时订阅晨报和晚报的有 10%,求下列事件的概率:

(1) 只订晨报;

(2) 至少订一种报纸;

(3) 恰好订一种报纸;

(4) 至多订一种报纸。

解 设 A,B 分别表示订晨报、晚报的事件,由题设知 $P(A)=0.45,P(B)=0.35,P(AB)=0.1$。

(1) $P(A\bar{B})=P(A-B)=P(A)-P(AB)=0.45-0.1=0.35$;

(2) $P(A\cup B)=P(A)+P(B)-P(AB)=0.45+0.35-0.1=0.7$；

(3) $P(A\bar{B}\cup\bar{A}B)=P(A\bar{B})+P(\bar{A}B)=P(A)-P(AB)+P(B)-P(AB)=0.45-0.1+0.35-0.1=0.6$；

(4) $P(\overline{AB})=1-P(AB)=1-0.1=0.9$。

以上例题都是在给定某些事件的概率的情况下，求与这些事件有关的另一些事件的概率。这并不是"真正"地求概率，而是运用概率的性质解题。这种类型问题的解题过程一般可以分为下列几个步骤：

(1) 将所求事件和简单事件用字母表示；

(2) 分析所求事件与简单事件的关系和运算；

(3) 用概率的性质计算。

1.3 古典概型

概率的公理化定义只规定概率必须满足的条件，并没有给出计算概率的方法和公式。下面我们讨论一类最简单也是最常见的随机试验，它曾经是概率论发展初期的主要研究对象。

定义 1.3.1 如果一个随机试验 E 具有以下特点：

(1) 样本空间的样本点只有有限个；

(2) 每个样本点出现的可能性相同。

称该试验为古典概型，也称为等可能概型。

定理 1.3.1 在古典概型中，事件 A 发生的概率 $P(A)=\dfrac{k}{n}=\dfrac{A\text{ 中的样本点数}}{S\text{ 中的样本总数}}$。

证明 假设一个古典概型的样本空间中共有 n 个样本点，即 $S=\{e_1,e_2,\cdots,e_n\}$，则基本事件$\{e_1\},\{e_2\},\cdots,\{e_n\}$互不相容且 $S=\{e_1\}\cup\{e_2\}\cup\cdots\cup\{e_n\}$。由 $P(S)=1$ 和定义 1.3.1 的(2)知

$$P(\{e_1\})=P(\{e_2\})=\cdots=P(\{e_n\})=\frac{1}{n}。$$

如果事件 $A\subset S$，A 中有 k 个样本点，$A=\{e_{i_1},e_{i_2},\cdots,e_{i_k}\}$，则

$$P(A)=P(\{e_{i_1}\})+P(\{e_{i_2}\})+\cdots+P(\{e_{i_k}\})=\frac{k}{n}。$$

古典概型中计算的关键在于计算样本空间的样本点数和所求事件包含的样本点数。由于样本空间的设计有各种不同的方法，因此古典概型的概率计算就变得五花八门、纷繁多样了，但在概率论的长期发展与实践中，人们发现实际中许多具体问题可以大致归纳为以下三类。

1. 摸球问题(产品的随机抽样问题)

例 1.3.1 已知在 10 件产品中有 3 件次品，7 件正品，在其中取两次，每次任取 1 件。求下列事件的概率：

(1) 在有放回的情形下，2 件都是正品；

(2) 在不放回的情形下，第二次才取到次品；

(3) 在不放回的情形下,1 件是正品,1 件是次品。

解 从 10 件产品中等可能地依次取两件,记(1),(2),(3)的事件分别为 A,B,C。

(1) 先求样本点总数。由于是有放回的情形,因此每次都是从 10 件产品中任取 1 件,连续取 2 次,所以 S 中的样本点数 $n=10\times10=10^2$。再求事件 A 中的样本点数,A 是从 7 件正品中任取 1 件,连续取 2 次,则 A 中的样本点数 $k=7\times7=7^2$。所以

$$P(A)=\frac{7^2}{10^2}=\frac{49}{100}。$$

(2) 由于是不放回的情形,S 中的样本点总数为 A_{10}^2。再求事件 B 中的样本点数,"第二次才取到次品"等价于"第一次取到正品,第二次取到次品",所以事件 B 中的样本点数为 $7\times3=21$。于是

$$P(B)=\frac{7\times3}{\mathrm{A}_{10}^2}=\frac{7}{30}。$$

(3) 由于是不放回的情形,S 中的样本点总数为 A_{10}^2。再求事件 C 中的样本点数,由于与顺序有关,可以先从 3 件次品中取一件次品再从 7 件正品中取一件正品,或者先从 7 件正品中取一件正品再从 3 件次品中取一件次品,所以事件 C 中的样本点数为 $3\times7+7\times3=42$。于是

$$P(C)=\frac{3\times7+7\times3}{\mathrm{A}_{10}^2}=\frac{7}{15}。$$

例 1.3.2 一袋中有 5 个白球和 3 个黑球,任取 2 球。求下列事件的概率:

(1) 取到的两个球都是白球;

(2) 取到一个黑球一个白球;

(3) 取到的两个球中至少有一个是黑球。

解 记(1),(2),(3)的事件分别为 A,B,C。

(1) 先求样本点总数,S 中的样本点总数为 C_8^2。再求事件 A 中的样本点数,要求取到的两个球都是白球,显然是从 5 个白球中取 2 个,所以事件 A 中的样本点数为 C_5^2。于是

$$P(A)=\frac{\mathrm{C}_5^2}{\mathrm{C}_8^2}=\frac{5}{14}。$$

(2) S 中的样本点总数为 C_8^2。再求事件 B 中的样本点数,为从 3 个黑球中任取一个和从 5 个白球中任取一个,所以 B 中的样本点数为 $\mathrm{C}_3^1\mathrm{C}_5^1$。于是

$$P(B)=\frac{\mathrm{C}_3^1\mathrm{C}_5^1}{\mathrm{C}_8^2}=\frac{15}{28}。$$

(3) "取到两个球中至少有一个是黑球"的对立事件为"取到的两个球都是白球",所以

$$P(C)=1-P(A)=1-\frac{\mathrm{C}_5^2}{\mathrm{C}_8^2}=\frac{9}{14}。$$

注 (1) 一项工作由几步联合完成的计算,用乘法原理。

(2) 理解抽样的两种方式"放回抽样"和"不放回抽样"。例如,有 N 个不同的球,要从中任取 n 个球($n\leqslant N$)。"放回抽样",其含义是每次取一个球,观察后放回,再取下一个。每次都是从 N 个不同的球中取一个,所以样本点数为 $\underbrace{N\times N\times\cdots\times N}_{n}=N^n$。"不放回抽

样”,其含义是每次取一个球,但不放回。若与次序无关,也就是一次性地拿出 n 个球即可,此时样本点总数为 C_N^n;若与次序有关,连续取 n 个球,这样取球自然有一个排序,即次序,此时样本点总数为 $A_N^n=C_N^n\cdot n!$。

(3) 样本空间 S 和事件 A 的“有序”取法与“无序”取法必须保持一致。

例 1.3.3 袋中有 a 个白球和 b 个黑球,依次从中摸出 k 个球($k\leqslant a+b$),取出后不放回。求下列事件的概率:

(1) 第 k 次摸出白球的概率;

(2) 前 k 次中能取到白球的概率。

解 从 $a+b$ 个球中不放回地依次取 k 个球进行排列(与顺序有关)。记(1),(2)的事件分别为 A,B。

(1) S 中含有 A_{a+b}^k 个样本点。考察 A:第一步,从 a 个白球中任取一个排到最后一个位置上,有 A_a^1 种取法;第二步,从剩下的 $a+b-1$ 个球中任取 $k-1$ 个排到前面的 $k-1$ 个位置上,有 A_{a+b-1}^{k-1} 种取法,由乘法原理得出 A 中含有 $A_a^1\times A_{a+b-1}^{k-1}$ 个样本点。所以

$$P(A)=\frac{A_a^1\cdot A_{a+b-1}^{k-1}}{A_{a+b}^k}=\frac{a}{a+b}。$$

(2) S 中含有 A_{a+b}^k 个样本点,考察 B:直接考虑事件 B 比较复杂,先考虑其对立事件 $\bar{B}$,即前 k 次中取到的均是黑球,所以 $\bar{B}$ 的样本点数为 A_b^k,于是 $P(\bar{B})=\dfrac{A_b^k}{A_{a+b}^k}=\dfrac{C_b^k}{C_{a+b}^k}$,故

$$P(B)=1-P(\bar{B})=1-\frac{A_b^k}{A_{a+b}^k}=1-\frac{C_b^k}{C_{a+b}^k}。$$

注 (1) 第 k 次摸出白球的概率与 k 无关,均为 $\dfrac{a}{a+b}$,显然,这也等于第 1 次摸出白球的概率,这是抽签问题的模型,即抽签时各人的机会均等,与抽签的先后顺序无关。

(2) 对于本例中的(2),问题中的事件并不涉及这 k 次中的次序问题,因而也可以不考虑顺序。

2. 投球问题(分房问题)

例 1.3.4 将 n 个球等可能地放入 N 个箱子中($n\leqslant N$),其中对箱子的容量没有限制。试求下列事件的概率。

(1) 每个箱子最多放入一个球;

(2) 某指定的一个箱子恰好放入 $k(k\leqslant n)$ 个球。

解 将 n 个球等可能地放入 N 个箱子中。记(1),(2)的事件分别为 A,B。S 中含有 N^n 个样本点(将每个球放入 N 个箱子中都有 N 种分法,因为没有限制每个箱子中有多少球)。

(1) 考察 A:第一个球有 N 种分法,分走一个箱子后,第二个球有 $N-1$ 种分法,…,最后一个球有 $N-n+1$ 种分法,故共有 $k=N(N-1)\cdots(N-n+1)=A_N^n$,所以

$$P(A)=\frac{A_N^n}{N^n}。$$

(2) 考察 B:注意到恰有 k 个球的箱子已被指定,但哪 k 个球分到此箱子是不确定的。

也就是说哪 k 个球分到此箱子都可以，那么我们就先从 n 个球中选出 k 个球，剩下的 $n-k$ 个球分到其他的 $N-1$ 个箱子中，所以事件 B 的样本点为 $C_n^k(N-1)^{n-k}$，所以

$$P(B)=\frac{C_n^k(N-1)^{n-k}}{N^n}。$$

上述问题称为球在箱中的分布问题，很多实际问题可以归结为球在箱中的分布问题，但必须分清问题中的"球"与"箱"。例如：

(1) 生日问题：n 个人的生日的可能情形，这时 $N=365$；

(2) 分房问题：n 个人分配到 N 间房间的可能情形；

(3) 乘客下车问题：一客车上有 n 个乘客，它在 N 个站上都停，乘客下车的可能情形；

(4) 印刷错误问题：n 个印刷错误在一本有 N 页的书中的可能情形。

3. 随机取数问题

例 1.3.5 从 1～50 的 50 个整数中任取一个，求取到的整数能被 3 或 5 整除的概率。

解 随机试验是从 50 个数字中任取 1 个，故样本空间 S 中的样本点总数为 50。

设 A 表示事件"取到的整数能被 3 整除"，B 表示事件"取到的整数能被 5 整除"，C 表示事件"取到的整数能被 3 或 5 整除"，显然 $C=A\cup B$。

考察 A：设 50 个整数中有 x 个数能被 3 整除，则

$$3x\leqslant 50,$$

所以 $x=16$，即 A 含有 16 个样本点。

考察 B：设 50 个整数中有 y 个数能被 5 整除，则

$$5y\leqslant 50,$$

所以 $y=10$，即 B 含有 10 个样本点。

考察 AB：能被 3 整除又能被 5 整除的数就是能被 15 整除的数，设共有 z 个数，则

$$15z\leqslant 50,$$

所以 $z=3$，即 AB 含有 3 个样本点。

于是，事件 C 发生的概率为

$$P(C)=P(A\cup B)=P(A)+P(B)-P(AB)=\frac{16}{50}+\frac{10}{50}-\frac{3}{50}=\frac{23}{50}。$$

1.4 条件概率及条件概率三大公式

1.4.1 条件概率

在讨论事件发生的概率时，除了要分析事件 B 发生的概率 $P(B)$ 外，有时还要提出附加的限制的条件，也就是在某个事件 A 已经发生的前提下事件 B 发生的概率，这就是条件概率的问题，记为 $P(B|A)$。

下面举例引出条件概率的定义。

例 1.4.1 掷一颗质地均匀的骰子，试求：

(1) 掷出的点数小于 6 的概率是多少？

(2) 已知掷出的是偶数点，问掷出的点数小于 6 的概率是多少？

解 设 $A=\{$掷出的是偶数点$\}$，$B=\{$掷出的点数小于 6$\}$。

(1) 由于 6 个点中小于 6 的点是 5 个,所以 $P(B)=\frac{5}{6}$;

(2) 因为 3 个偶数点中小于 6 的点有 2 个,所以 $P(B|A)=\frac{2}{3}$。

另外,易知 $P(A)=\frac{3}{6}$,$P(AB)=\frac{2}{6}$。这里的 $P(A)$、$P(B)$、$P(AB)$都是在包含 6 个样本点的样本空间 S 中考虑的。而 $P(B|A)$是在已知事件 A 发生的条件下,再考虑事件 B 发生的概率,即在事件 A 所包含的全体样本点组成的集合上考虑的。显然,$P(B)\neq P(B|A)$。另外,$P(B|A)=\frac{2}{3}=\frac{2/6}{3/6}=\frac{P(AB)}{P(A)}$。这一结论并非偶然,它具有一般性。

定义 1.4.1 设 A,B 是两个事件,且 $P(A)>0$,称 $P(B|A)=\frac{P(AB)}{P(A)}$为 A 发生的条件下事件 B 发生的条件概率。

注 (1) 一般地,$P(B|A)\neq P(B)$。

(2) 同样在 $P(B)>0$ 的条件下,定义在事件 B 发生的条件下,事件 A 发生的条件概率为

$$P(A|B)=\frac{P(AB)}{P(B)}。$$

(3) 根据条件概率定义,不难验证 $P(\cdot|A)$符合概率定义中的三个条件,即

非负性:$P(B|A)\geqslant 0$;

规范性:$P(S|A)=1$;

可列可加性:对于可列无穷多个两两不相容的事件 $B_1,B_2,\cdots,B_n,\cdots$,有

$$P\left(\bigcup_{i=1}^{\infty}B_i|A\right)=\sum_{i=1}^{\infty}P(B_i|A)。$$

条件概率既然是一个概率,也就满足概率的其他性质。

例 1.4.2 箱中有 3 个黑球,7 个白球,不放回地依次取出两球。已知第一次取到的是白球,求第二次取到黑球的概率。

解 方法 1 设 $A_i=\{$第 i 次取到黑球$\}$,$i=1,2$,则 $P(\overline{A}_1)=\frac{7}{10}$,$P(\overline{A}_1A_2)=\frac{7\times 3}{10\times 9}$,所以

$$P(A_2|\overline{A}_1)=\frac{P(\overline{A}_1A_2)}{P(\overline{A}_1)}=\frac{7/30}{7/10}=\frac{1}{3}。$$

方法 2 在已知 $\overline{A}_1$ 发生,即第一次取到的是白球的条件下,第二次取球就在剩余的 3 个黑球、6 个白球共 9 个球中任取一个,根据古典概率计算公式:

$$P(A_2|\overline{A}_1)=\frac{1}{3}。$$

当题干中出现"如果""当""已知"的情况,则是条件概率。计算条件概率 $P(B|A)$有两种常用的方法:

(1) 在样本空间 S 的缩减样本空间中计算事件 B 发生的概率;

(2) 在样本空间 S 中,计算 $P(AB)$,$P(A)$,然后利用定义 1.4.1 计算。

1.4.2 乘法公式

条件概率表明了 $P(A),P(AB),P(B|A)$ 三个量之间的关系，由条件概率的定义得如下定理。

乘法定理 对于任意的事件 A,B，有

(1) 若 $P(A)>0$，则 $P(AB)=P(A)P(B|A)$；

(2) 若 $P(B)>0$，则 $P(AB)=P(B)P(A|B)$。

上面两个等式都称为概率乘法公式。

乘法公式可以推广到有限多个事件的情形。设 $A_1,A_2,\cdots,A_n$ 满足 $P(A_1A_2\cdots A_{n-1})>0$，则

$$P(A_1A_2\cdots A_n)=P(A_1)P(A_2|A_1)P(A_3|A_1A_2)\cdots P(A_n|A_1A_2\cdots A_{n-1})。$$

例 1.4.3 一批零件共 100 个，次品率为 10%，从中不放回取三次(每次取一个)。求第三次才取得正品的概率。

解 设 $A_i=\{第\ i\ 次取得正品\},i=1,2,3$。显然要求的概率是 $P(\bar{A}_1\bar{A}_2A_3)$。

因为 $P(\bar{A}_1)=\frac{10}{100},P(\bar{A}_2|\bar{A}_1)=\frac{9}{99},P(A_3|\bar{A}_1\bar{A}_2)=\frac{90}{98}$。由乘法公式得

$$P(\bar{A}_1\bar{A}_2A_3)=P(\bar{A}_1)P(\bar{A}_2|\bar{A}_1)P(A_3|\bar{A}_1\bar{A}_2)=\frac{10}{100}\times\frac{9}{99}\times\frac{90}{98}=\frac{9}{1078}。$$

可以看到，"每次取一个，依次取 3 个"意味着有先后条件，用到乘法公式，同时乘法公式求积事件的概率可避免复杂的排列组合计算，从而有利于问题的解决。

1.4.3 全概率公式

在概率论中，经常利用已知的简单事件的概率，推算出未知的复杂事件的概率。为此，人们经常把一个复杂事件分解为若干个互不相容的简单事件的和，再应用概率的加法公式与乘法公式求得所需结果。

例 1.4.4 在例 1.4.2 中，求第二次取到的是黑球的概率。

解 设 $A=\{第二次取到黑球\}$，$B=\{第一次取到白球\}$，因为 $A=AB\cup A\bar{B}$ 且 $(AB)(A\bar{B})=\varnothing$，所以，由概率加法和概率乘法公式得

$$P(A)=P(AB\cup A\bar{B})=P(AB)+P(A\bar{B})=P(B)P(A|B)+P(\bar{B})P(A|\bar{B})。$$

由于

$$P(B)=\frac{7}{10},\quad P(A|B)=\frac{3}{9},\quad P(\bar{B})=\frac{3}{10},\quad P(A|\bar{B})=\frac{2}{9},$$

故

$$P(A)=\frac{7}{10}\times\frac{3}{9}+\frac{3}{10}\times\frac{2}{9}=\frac{3}{10}。$$

从例 1.4.4 看出，第二次摸到黑球与第一次摸到黑球的概率相等，依次类推，第 n 次摸到黑球与第一次摸到黑球的概率相等，这就是抓阄的科学性，再次说明抽签与先后次序无关。在计算事件 A 的概率时，先将复杂事件 A 分解成两个互不相容的事件之和，再利用概率的加法和乘法公式得到所求的结果，所涉及的公式构成全概率公式。

定义 1.4.2 设 S 为试验 E 的样本空间，$B_1, B_2, \cdots, B_n$ 为 S 的一组事件，若

(1) $B_iB_j=\varnothing, i\neq j, i,j=1,2,\cdots,n$；

(2) $B_1\cup B_2\cup\cdots\cup B_n=S$。

称 $B_1, B_2, \cdots, B_n$ 为 S 的一个完备事件组。

显然，任何事件 A 和 $\overline{A}$ 构成 S 的一个完备事件组。基本事件也构成 S 的一个完备事件组。

定理 1.4.1（全概率公式） 设 $B_1, B_2, \cdots, B_n$ 为 S 的一个完备事件组，且 $P(B_i)>0(i=1,2,\cdots,n)$，则对任何事件 A 有

$$P(A)=P(B_1)P(A|B_1)+P(B_2)P(A|B_2)+\cdots+P(B_n)P(A|B_n)。$$

证明 由于 $B_1, B_2, \cdots, B_n$ 为 S 的一个完备事件组，所以

$$A=A\cap S=A\cap(B_1\cup B_2\cup\cdots\cup B_n)=AB_1\cup AB_2\cup\cdots\cup AB_n,$$

其中 $AB_1, AB_2, \cdots, AB_n$ 互不相容。由概率的加法公式和乘法公式得

$$\begin{aligned}P(A)&=P(AB_1)+P(AB_2)+\cdots+P(AB_n)\\&=P(B_1)P(A|B_1)+P(B_2)P(A|B_2)+\cdots+P(B_n)P(A|B_n)。\end{aligned}$$

注明 (1) 全概率公式实质是由加法公式和乘法公式推广得到的。

(2) 它表明若计算 $P(A)$ 比较困难，则可利用全概率公式转为寻找一个完备事件组 $B_1, B_2, \cdots, B_n$ 及计算 $P(B_i)$ 和 $P(A|B_i), i=1,2,\cdots,n$。

(3) 特别地，若 $n=2$，并将 B_1 记为 B，此时 B_2 就是 $\overline{B}$，那么全概率公式为

$$P(A)=P(B)P(A|B)+P(\overline{B})P(A|\overline{B})。$$

这个完备事件组虽然简单，但是它经常使用。

例 1.4.5 设某工厂有三个车间，生产同一螺钉，各个车间的产量依次分别占总产量的 25%，35%，40%，各个车间成品中次品的百分比分别为 5%，4%，2%，出厂时，三车间的产品完全混合。现从中任取一件产品，求该产品是次品的概率。

解 设 A 表示事件"产品是次品"，B_i 表示事件"产品来自第 i 个车间"，$i=1,2,3$，显然 B_1, B_2, B_3 是一个完备事件组，且

$$P(B_1)=25\%,\quad P(B_2)=35\%,\quad P(B_3)=40\%,$$
$$P(A|B_1)=0.05,\quad P(A|B_2)=0.04,\quad P(A|B_3)=0.02,$$

于是由全概率公式，有

$$\begin{aligned}P(A)&=P(B_1)P(A|B_1)+P(B_2)P(A|B_2)+P(B_3)P(A|B_3)\\&=0.25\times0.05+0.35\times0.04+0.4\times0.02=0.0345。\end{aligned}$$

全概率公式是计算概率的一个很重要的公式，通常把 $B_1, B_2, \cdots, B_n$ 看成导致 A 发生的一组原因。从发生的先后次序来看，$B_1, B_2, \cdots, B_n$ 发生的顺序在 A 发生前。例如，若 A 是"产品是次品"，则必是 n 个车间生产了这种次品；若 A 是"某人患有某种疾病"，则必是几种病因导致了 A 发生等。

例 1.4.6 在例 1.4.5 中经检验发现取到的产品为次品，求该产品是第一车间生产的概率。

解 根据条件概率的定义，有 $P(B_1|A)=\dfrac{P(B_1A)}{P(A)}$，由乘法公式知

$$P(B_1A)=P(B_1)P(A|B_1),$$

由全概率公式知

$$P(A)=P(B_1)P(A|B_1)+P(B_2)P(A|B_2)+P(B_3)P(A|B_3),$$

所以

$$P(B_1|A)=\frac{P(B_1)P(A|B_1)}{P(B_1)P(A|B_1)+P(B_2)P(A|B_2)+P(B_3)P(A|B_3)}$$

$$=\frac{0.25\times 0.05}{0.0345}=0.362。\tag{1-1}$$

式(1-1)可以推广,我们将其表述为一个更一般的公式,称为贝叶斯公式,它是以英国数学家贝叶斯命名的。

定理 1.4.2(贝叶斯公式) 设 $B_1,B_2,\cdots,B_n$ 为 S 的一个完备事件组,且 $P(B_i)>0(i=1,2,\cdots,n)$,则对任何事件 A 有

$$P(B_i|A)=\frac{P(B_i)P(A|B_i)}{\sum_{i=1}^{n}P(B_i)P(A|B_i)},\quad i=1,2,\cdots,n。$$

例 1.4.7 某一地区患有癌症的人占 0.004,患者对一种试验反应是阳性的概率为 0.95,正常人对这种试验反应是阳性的概率为 0.04。现抽查了一个人,试验反应是阳性,问此人是患者的概率有多大?

解 设 B 表示事件"抽查的人患有癌症",$\bar{B}$ 表示事件"抽查的人没患有癌症",A 表示事件"试验结果呈阳性",由题意知

$$P(B)=0.004,\quad P(\bar{B})=0.996,\quad P(A|B)=0.95,\quad P(A|\bar{B})=0.04。$$

从而由贝叶斯公式得

$$P(B|A)=\frac{P(B)P(A|B)}{P(B)P(A|B)+P(\bar{B})P(A|\bar{B})}$$

$$=\frac{0.004\times 0.95}{0.004\times 0.95+0.996\times 0.04}=\frac{95}{1091}=0.087。$$

在例 1.4.7 中,如果仅从条件 P(呈阳性|患病)=0.95 和 P(呈阴性|不患病)=0.96 来看,这项血液化检比较准确。但是经计算知 P(患病|阳性)=0.087,这个概率是比较小的。可见仅凭这项化验结果确诊是否患病是不科学的。但另一方面,这个结果较之该地区的发病率 0.004 几乎扩大了 21 倍,所以该检验不失为一项辅助检验手段。

例 1.4.8 利用贝叶斯公式解释寓言故事"狼来了",分析村民对小孩的信任度是如何下降的?

解 设事件 A 表示"小孩说谎",事件 B 为"小孩可信",假设有 80% 村民相信孩子是可信的,可信的孩子说谎的概率为 0.1,不可信的孩子说谎的概率为 0.5,由已知得

$$P(B)=0.8,P(\bar{B})=0.2,P(A\mid B)=0.1,P(A\mid \bar{B})=0.5。$$

第一次之后,村民对小孩的信任度改为

$$P(B\mid A)=\frac{P(A\mid B)P(B)}{P(A\mid B)P(B)+P(A\mid \bar{B})P(\bar{B})}=\frac{0.1\times 0.8}{0.1\times 0.8+0.5\times 0.2}=0.444。$$

表明了村民上了一次当后,对这个小孩的信任度由原来的 0.8 调整为 0.444。此时 $P(B)=$

$0.444, P(\bar{B})=0.556$，当第二次说谎后，村民对小孩的信任度改为

$$P(B \mid A)=\frac{P(A \mid B)P(B)}{P(A \mid B)P(B)+P(A \mid \bar{B})P(\bar{B})}=\frac{0.1\times 0.444}{0.1\times 0.444+0.5\times 0.556}=0.138。$$

表明村民经过两次上当后，对这个小孩的信任度由原来的 0.8 下降到 0.138。通过此解释诠释了诚信的重要性，正如“人而无信，不知其可也”。

在全概率公式中，我们可以把事件 A 看成一个“结果”，而把完备事件组 $B_1, B_2, \cdots, B_n$ 理解成导致这一结果发生的不同原因（或决定“结果”A 发生的不同情形）。$P(B_i)(i=1, 2, \cdots, n)$ 是各种原因发生的概率，通常是在“结果”发生之前就已经明确的，有时可以从以往的经验中得到，因而称为先验概率。当“结果”A 已经发生之后，再来考虑各种原因发生的概率 $P(B_i|A)(i=1,2,\cdots,n)$，它相比先验概率得到了进一步的修正，称为后验概率。贝叶斯公式反映了“因果”的概率规律，并作出了“由果溯因”的推断。

1.5　事件的独立性

1.5.1　两个事件的独立性

从 1.4 节可以看出，一般来说，$P(A|B)\neq P(A)(P(B)>0)$，这表明事件 B 的发生影响了事件 A 发生的概率。但是有些情况下，$P(A|B)=P(A)$，例如，投掷两枚质地均匀的骰子一次，B 表示第一枚骰子出现的点数，A 表示第二枚骰子出现点数为 5。事件 B 的发生对 A 的发生不产生任何影响，也就意味着 $P(A|B)=P(A)$。此时由乘法公式自然有 $P(AB)=P(B)P(A|B)=P(A)P(B)$。从概率上讲，这就是事件 A 与 B 相互独立。

定义 1.5.1　设 A, B 是同一试验 E 的两个事件，如果 $P(AB)=P(A)P(B)$，则称事件 A 和 B 相互独立，简称 A, B 独立。

注　(1) 定义 1.5.1 对 $P(A)=0$ 或 $P(B)=0$ 也成立。

(2) 若 $P(B)>0$，事件 A 和 B 是相互独立的充要条件是 $P(A|B)=P(A)$。同理，若 $P(A)>0$，事件 A 和 B 是相互独立的充要条件是 $P(B|A)=P(B)$。

定理 1.5.1　若事件 A, B 相互独立，则 $\bar{A}$ 与 B，A 与 $\bar{B}$，$\bar{A}$ 与 $\bar{B}$ 也相互独立。

证明　由 $\bar{A}B=B-A=B-AB$，则 $P(\bar{A}B)=P(B-AB)=P(B)-P(AB)=P(B)-P(A)P(B)=[1-P(A)]P(B)=P(\bar{A})P(B)$，故 $\bar{A}$ 与 B 相互独立。其余可类推。

定理还可叙述为：若四对事件 A 与 B，$\bar{A}$ 与 B，A 与 $\bar{B}$，$\bar{A}$ 与 $\bar{B}$ 中有一对相互独立，则另外三对也相互独立。

关于独立性还要注意：不要把两个事件的独立性与互斥混为一谈，独立与互斥事件之间没有必然的互推关系，一个是事件的概率属性，另一个是事件的集合属性。

在实际应用中，对于事件的独立性，我们常常不是根据定义来判断的，而是由独立性的实际含义，即一个事件发生并不影响另一个事件发生的概率来判断两事件的相互独立性。例如，放回抽样，甲乙两人分别工作，重复试验等均可认为独立。

1.5.2　多个事件的独立性

事件的独立性概念，可以推广到三个和三个以上的事件的情形。

定义 1.5.2 设 $A_1,A_2,\cdots,A_n$ 是 $n(n\geqslant 2)$ 个事件,如果对于任意的两个不同事件 A_i,A_j,有 $P(A_iA_j)=P(A_i)P(A_j)$,$i\neq j$,$i,j=1,2,\cdots,n$,则称这 n 个事件是两两独立的。

定义 1.5.3 设 $A_1,A_2,\cdots,A_n$ 是 $n(n\geqslant 2)$ 个事件,如果对于任意的 $k(2\leqslant k\leqslant n)$ 个不同事件 $A_{i_1},A_{i_2},\cdots,A_{i_k}$,有 $P(A_{i_1}A_{i_2}\cdots A_{i_k})=P(A_{i_1})P(A_{i_2})\cdots P(A_{i_k})$,则称这 n 个事件相互独立。

由定义 1.5.2 和定义 1.5.3 可以得到以下定理。

定理 1.5.2 若 $A_1,A_2,\cdots,A_n$ 是 $n(n\geqslant 2)$ 个事件并相互独立,则:

(1) 其中任意 $k(2\leqslant k\leqslant n)$ 个事件也是相互独立的;

(2) 将它们中的任意 $m(1\leqslant m\leqslant n)$ 个事件换成它们的对立事件,所得到的 n 个事件仍相互独立;

(3) $P(A_1\cup A_2\cup\cdots\cup A_n)=1-P(\bar{A}_1)P(\bar{A}_2)\cdots P(\bar{A}_n)$。

证明 (1) 由独立性定义 1.5.3 可直接推出;

(2) 对于 $n=2$ 时,定理 1.5.1 已作了证明,一般的情况用数学归纳法即证;

(3) $P(A_1\cup A_2\cup\cdots\cup A_n)=1-P(\overline{A_1\cup A_2\cup\cdots\cup A_n})=1-P(\bar{A}_1\bar{A}_2\cdots\bar{A}_n)$

$=1-P(\bar{A}_1)P(\bar{A}_2)\cdots P(\bar{A}_n)$。

例 1.5.1 甲、乙、丙三人各射一次靶,他们各自中靶与否相互独立,且已知他们各自中靶的概率分别为 0.5、0.6、0.8。求下列事件的概率:

(1) 恰有一人中靶;

(2) 至少有一人中靶。

解 设 A_1 表示甲中靶,A_2 表示乙中靶,A_3 表示丙中靶,记(1),(2)分别为 A,B,则 $A=A_1\bar{A}_2\bar{A}_3\cup\bar{A}_1A_2\bar{A}_3\cup\bar{A}_1\bar{A}_2A_3$ 且 $A_1\bar{A}_2\bar{A}_3,\bar{A}_1A_2\bar{A}_3,\bar{A}_1\bar{A}_2A_3$ 互不相容,$B=A_1\cup A_2\cup A_3$。

(1) $P(A)=P(A_1\bar{A}_2\bar{A}_3)+P(\bar{A}_1A_2\bar{A}_3)+P(\bar{A}_1\bar{A}_2A_3)=P(A_1)P(\bar{A}_2)P(\bar{A}_3)+P(\bar{A}_1)P(A_2)P(\bar{A}_3)+P(\bar{A}_1)P(\bar{A}_2)P(A_3)=0.26$;

(2) $P(B)=1-P(\bar{B})=1-P(\bar{A}_1\bar{A}_2\bar{A}_3)=1-P(\bar{A}_1)P(\bar{A}_2)P(\bar{A}_3)=0.96$。

习题 1

1. 思考题

(1) 集合论的术语与概率论的术语的对应关系是什么?

(2) 对于任意事件,证明 $A\cup B=A\cup(B-AB)$。

(3) 若 $A\subset B$,证明 $P(B-A)=P(B)-P(A)$。

(4) 在例 1.3.3 中的问题将"不放回抽样"改成"放回抽样",其事件的概率是多少?其结果能说明什么问题?

(5) 在例 1.4.3 中计算事件的概率的其他方法是什么?

(6) 全概率公式和贝叶斯公式的关系是什么?

(7) 三个事件的相互独立与两两独立的关系是什么?举例说明。

(8) 事件独立、事件互斥、事件对立的区别。

2. 写出下列随机试验的样本空间：

(1) 有 10 件产品，其中有 2 件是次品。现从中不放回地任取 2 件，观察取得的产品中的次品数；

(2) 抛掷两枚均匀骰子，观察所得点数之和；

(3) 生产产品直到有 10 件正品为止，记录生产产品的总件数；

(4) 记录一城市一日中发生交通事故的次数。

3. 指出下列关系中哪些成立，哪些不成立：

(1) $A\cup B=A\cup(B-A)$；

(2) $\overline{A}B=A\cup\overline{B}$；

(3) $(AB)\cap(A\overline{B})=\varnothing$；

(4) $A-B=A-AB=A\overline{B}$；

(5) 若 $A\subset B$，则 $A\cup B=B$；

(6) 若 $A\subset\overline{B}$，则 $AB=\varnothing$；

(7) $\overline{(A\cup B)}C=\overline{A}\overline{B}\overline{C}$。

4. 设 $S=\left\{x\left|0\leqslant x\leqslant\frac{3}{2}\right.\right\}$，$A=\left\{x\left|\frac{1}{4}<x\leqslant 1\right.\right\}$，$B=\left\{x\left|\frac{1}{2}\leqslant x<\frac{5}{4}\right.\right\}$，试写出下列事件对应的集合：

(1) $A\cup B$；(2) $\overline{A}B$；(3) $\overline{A}\overline{B}$；(4) $\overline{\overline{A}\cup B}$。

5. 一批产品中有合格品和废品，从中有放回地抽取三次，每次取一件，设 A_i 表示事件“第 i 次抽到废品”，$i=1,2,3$。试用 A_i 表示下列事件：

(1) 第一次、第二次中至少有一次抽到废品；

(2) 只有第一次抽到废品；

(3) 三次都抽到废品；

(4) 至少有一次抽到合格品；

(5) 只有两次抽到废品。

6. 甲、乙、丙三人分别射击同一目标，令 A_1 表示事件“甲击中目标”，A_2 表示事件“乙击中目标”，A_3 表示事件“丙击中目标”。用 A_1,A_2,A_3 的运算表示下列事件：

(1) 三人都击中目标；

(2) 只有甲击中目标；

(3) 只有一人击中目标；

(4) 至少有一人击中目标；

(5) 最多有一人击中目标。

7. 设 A,B,C 是三个事件，$P(A)=P(B)=(C)=\frac{1}{4}$，$P(BC)=P(AC)=\frac{1}{6}$，$P(AB)=0$。求下列事件的概率：

(1) A 发生，B 不发生；(2) A,B,C 都发生；(3) A,B,C 中至少有一个发生。

8. 设 $P(A)=x$，$P(B)=y$，$P(AB)=z$，用 x,y,z 表示下列事件的概率：

(1) $P(A\cup B)$；(2) $P(A\overline{B})$；(3) $P(\overline{A}\overline{B})$。

9. 已知 $P(A)=0.4$，$P(B)=0.3$，$P(B|\overline{A})=0.4$。求：

(1) $P(\overline{A}B)$；(2) $P(\overline{A}\overline{B})$；(3) $P(\overline{A}\cup B)$。

10. 证明：如果 $P(B|A)=1$，则 $P(\overline{A}|\overline{B})=1$。

11. 有 5 个零件，其中有 2 个是次品，任取 3 件。求：

(1) 恰有 1 件次品的概率；

(2) 恰有 2 件次品的概率；

(3) 至少有1件次品的概率；

(4) 至多有1件次品的概率。

12. 一寝室住7个人，假定每个人的生日在12个月中的某一个月是等可能的。求：

(1) 用MATLAB语言计算他们的生日的月份互不相同的概率；(2)只有两人生日月份相同的概率。

13. 从52张扑克牌(不包括大小王)中任意取13张，求有5张黑桃、3张红心、3张方块、2张草花的概率。

14. 两封信随机地投向标号1,2,3的三个邮筒，问第2个邮筒恰好投入一封信的概率是多少？

15. 某人有5把钥匙，但忘记了开房门的是哪一把，只好逐一打开。求：

(1) 恰好第三次打开房门的概率；(2)最多三次打开房门的概率。

16. 设袋中有红、白、黑球各1个，从中有放回地取球，每次取1个，直到3种颜色的球都取到时停止，求取球次数恰好为4次的概率。

17. 设袋中有红、白球各3个，每次取出1个，观察颜色后放回，并再放入3个同色的球。若连续取4次，试求第一、二次取到红球且第三、四次取到白球的概率。

18. 某人有一笔资金，他投入基金的概率为0.58，购买股票的概率为0.28，两项投资都做的概率为0.19。

(1) 已知他已投入基金，再购买股票的概率是多少？

(2) 已知他已购买股票，再投入基金的概率是多少？

19. 已知 $P(\bar{A})=0.3$，$P(B)=0.4$，$P(A\bar{B})=0.5$，求 $P(B|A\cup\bar{B})$。

20. 一学生接连参加同一课程的两次考试，第一次及格的概率为 p，若第一次及格则第二次及格的概率也为 p；若第一次不及格则第二次及格的概率为 $\frac{p}{2}$，若至少有一次及格则他能取得某种资格。

(1) 求他取得该资格的概率；(2)若已知他第二次已经及格，求他第一次及格的概率。

21. 设考生的报名表来自三个地区，分别有10份，15份，25份，其中女生的分别为3份，7份，5份。随机地从一地区，先后任取两份报名表，求：

(1) 先取的那份报名表是女生的概率 p；

(2) 已知后取到的报名表是男生的，而先取的那份报名表是女生的概率 q。

22. 设两个事件 A 与 B 独立，若已知 $P(A\cup B)=0.7$，$P(B)=0.4$，求 $P(A)$。

23. 甲、乙两人射击，甲击中的概率为0.8，乙击中的概率为0.7，两人同时射击，并假定中靶与否是独立的。求：

(1) 两人都中靶的概率；(2)甲中乙不中的概率；(3)甲不中乙中的概率。

24. 若 $P(A)=a$，$P(B)=b$，$P(C)=c$，$P(AC)=d$，且 A 与 B 独立、B 与 C 互斥。求 A,B,C 至少有一个发生的概率。

25. 已知 A,B,C 相互独立，且 $P(A)=P(B)=P(C)=\frac{1}{2}$，求 $P(AC|A\cup B)$。

26. 甲、乙、丙三门高射炮彼此独立地向同一架飞机射击，甲、乙、丙各自击中飞机的概率分别为0.7,0.8,0.9。若飞机被一门炮击中而被击落的概率为0.7，两门炮射中飞机而被击落的概率为0.9,三门炮都击中则飞机必然被击落,求飞机被击落的概率。

27. 将A,B,C三个字母之一输入信道,输出为原来字母的概率为0.6,字母被输出为其他字母的概率为0.2,现将字母串AAAA,BBBB,CCCC之一输入信道,输入AAAA,BBBB,CCCC的概率都是1/3,假设信道传输每个字母的工作是相互独立的。

(1) 求收到字符ABAC的概率;

(2) 若收到字符为ABAC,问被传送字符为AAAA的概率;

(3) 收到字符有3^4种可能,用MATLAB语言计算收到所有字符的概率。

第2章

随机变量及其分布

在第1章，我们主要研究了随机事件及其概率。在随机试验中，人们除了对某些特定事件发生的概率感兴趣外，往往还关心某个与随机试验的结果相联系的变量。由于这一变量的取值依赖于随机试验的结果，因而被称为随机变量。对于随机变量，人们无法事先预知其确切取值，但可以研究其取值的统计规律性。本章将介绍两类随机变量，并描述随机变量统计规律性的分布。首先介绍离散型随机变量及其分布律，并给出了常用的离散型随机变量；其次给出描述随机变量统计规律性的分布函数，并讨论分布律和分布函数的关系；其次介绍连续型随机变量及其概率密度函数，并给出常用的连续型随机变量；最后介绍随机变量的函数的分布。

本章要用到的准备知识：集合之间的运算，概率的计算，积分变限函数的导数，积分的计算。

本章拟解决以下问题：

第1章用样本空间的子集表示随机事件，这种表示的方式对分析随机现象的统计规律性有较大的局限性，为了能用函数知识来解决概率论的问题，本章引入了随机变量的概念，它是随机事件的推广。学习本章内容，可以回答以下问题。

问题1 某大学的校乒乓球队与数学系乒乓球队进行对抗比赛，校队的实力比系队强，当一个校队运动员与一个系队运动员比赛时，校队运动员获胜的概率比系队运动员获胜的概率大。现在校、系双方商量对抗赛的方式，问对于系队来说，局数少对其获胜有利还是不利？

问题2 目前，人们越来越重视自身及家人的人身安全、财产安全及养老问题等。有些人可能会疑惑，是保险公司受益还是投保人受益，谁是最大受益者？

问题3 在实际生活中，如何根据人的身高来设计公交车的车门？

2.1 随机变量

为了全面地研究随机试验的结果，揭示随机现象的统计规律性，我们将随机试验的结果与实数对应起来。

有些随机试验中，试验的结果本身就由数量来表示。例如，从一批产品中抽取10件，观察次品的数量。则该试验的样本空间 $S=\{0,1,2,3,4,5,6,7,8,9,10\}$。我们以 X 表示次品数,则 X 的可能取值为 0,1,2,3,4,5,6,7,8,9,10。

另一些随机试验中,试验结果看起来与数量无关,但可以指定用一个数量来表示。比如,在装有红球和黑球的袋子中,每次摸一球,观察球的颜色。每次试验出现的结果为黑球或红球,与数量没有联系。若规定"摸到红球"对应数"1","摸到黑球"对应数"0",从而使这一随机试验的每一种可能结果,都有唯一确定的实数与之对应。

上述例子表明,随机试验的结果都可用一个实数来表示,这个数随着试验的结果不同而变化。因而,它是样本点的函数,这个函数就是我们要引入的随机变量。

定义 2.1.1 设随机试验的样本空间为 S,称定义在样本空间 S 上的实值单值函数 $X=X(e)$ 为随机变量,如图 2-1 所示。

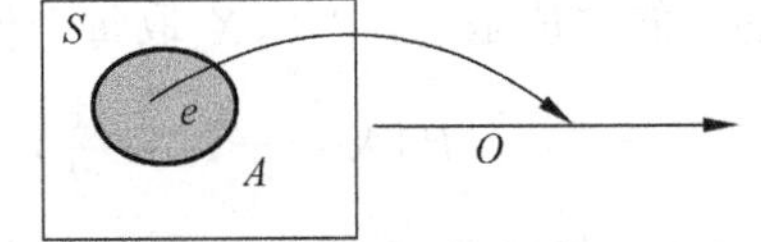

图 2-1 样本点 e 与实数 $X=X(e)$ 的对应

例 2.1.1 从一个装有编号为 $1,2,\cdots,9$ 的球的袋中任意摸一球,令 X 表示"摸到球的编号",则 X 的可能取值为 $1,2,\cdots,9$。样本空间 $S=\{e_i \mid e_i$ 表示"摸到第 i 号球",$i=1,2,\cdots,9\}$。随机变量 $X=X(e_i)=i$。

例 2.1.2 将一枚硬币抛掷 3 次,正面为 H,反面为 T,令 X 表示"正面出现的次数",则 X 的可能取值为 0,1,2,3,即

$$X=X(e)=\begin{cases}0, & e=(\mathrm{T},\mathrm{T},\mathrm{T}),\\ 1, & e=(\mathrm{H},\mathrm{T},\mathrm{T}),(\mathrm{T},\mathrm{H},\mathrm{T}),\quad(\mathrm{T},\mathrm{T},\mathrm{H}),\\ 2, & e=(\mathrm{H},\mathrm{H},\mathrm{T}),(\mathrm{H},\mathrm{T},\mathrm{H}),\quad(\mathrm{T},\mathrm{H},\mathrm{H}),\\ 3, & e=(\mathrm{H},\mathrm{H},\mathrm{H})。\end{cases}$$

例 2.1.3 从区间[0,1]上取一个数,X 表示"以此数为边长的立方体的体积",样本空间 $S=\{e \mid 0\leqslant e\leqslant 1\}$。于是 $X=X(e)=e^3$。

从上面的例子中,我们可以看到:

(1) 对应关系 X 的取值是随机的,也就是说,在试验之前,X 取什么值不能确定,而是由随机试验的可能结果决定的,但 X 的所有可能取值是事先可以预知的;

(2) X 是定义在 S 上而取值在 $\mathbf{R}$ 上的函数。

(3) 事件的概率可以用数学符号表达。在例 2.1.1 中,$P\{X=4\}=\frac{1}{9}$,在例 2.1.2 中,$P\{X=2\}=\frac{3}{8}$,在例 2.1.3 中,$P\left\{X\leqslant\frac{1}{27}\right\}=\frac{1}{3}$,$P\left\{\frac{1}{8}\leqslant X\leqslant\frac{27}{64}\right\}=\frac{1}{4}$。

本书中,我们一般以大写的斜体字母 $X,Y,Z,W,\cdots$ 表示随机变量,而以小写斜体字母 $x,y,z,w,\cdots$ 表示实数。

定义了随机变量后,就可以用随机变量的取值情况来刻画随机事件。例如,在例 2.1.1 中,$\{X=2\}$ 表示取出球的编号是 2 这一事件;$\{X>2\}$ 表示取出球的编号 $3,4,\cdots,9$ 这一事件等。

随机变量的引入,使概率论的研究由对个别随机事件扩大为对随机变量所表征的随机现象的研究。正因为随机变量可以描述各种随机事件,使我们摆脱了只是孤立地去研究一个随机事件,而通过随机变量将各个事件联系起来,进而去研究其全部。今后,我们主要研

究随机变量及其分布。

2.2 离散型随机变量

2.2.1 离散型随机变量及其分布律

定义 2.2.1 若随机变量 X 的所有可能取值为有限个或可列个，则称 X 为离散型随机变量。

例 2.2.1 一口袋中有 6 个球，在这 6 个球上分别标有 $-1,-1,-1,2,2,3$ 这样的数字，从这袋中任取一球，设各球被取到的可能性相同，用 X 表示取得的球上标明的数字，则 X 的可能取值是 $-1,2,3$，X 取每个值的概率为

$$P\{X=-1\}=\frac{1}{2},\quad P\{X=2\}=\frac{1}{3},\quad P\{X=3\}=\frac{1}{6}。$$

易知，若知道 X 的所有可能取的值以及每一个可能值的概率，则掌握了一个离散型随机变量 X 的统计规律。

定义 2.2.2 设离散型随机变量 X 的所有可能取值为 $x_1,x_2,\cdots,x_k,\cdots$，称函数

$$P\{X=x_k\}=p_k,\quad k=1,2,\cdots$$

为 X 的概率函数或概率分布，简称分布律。

分布律也可以用表格形式来表示：

X	x_1	x_2	$\cdots$	x_k	$\cdots$
p_k	p_1	p_2	$\cdots$	p_k	$\cdots$

由定义 2.2.2 知，分布律满足下列两个性质：

(1) 非负性　$p_k\geqslant 0$；

(2) 规范性　$\sum\limits_{k=1}^{\infty}p_k=1$。

反之也成立，即 p_k 只要满足上述两条性质，就可以成为某个随机变量的分布律。此性质常用来判断一个函数关系是否是分布律或者来确定分布律中的待定参数。

例 2.2.2 设随机变量 X 的分布律 $P\{X=i\}=\dfrac{c}{2^i}$，$i=0,1,2,3$。求 c。

解 由于 $1=\sum\limits_{i=0}^{3}P\{X=i\}=\sum\limits_{i=0}^{3}\dfrac{c}{2^i}=\dfrac{15}{8}c$，故 $c=\dfrac{8}{15}$。

分布律可以完整刻画离散型随机变量的概率分布，利用分布律可求任意事件的概率。即 $P\{X\in I\}=\sum\limits_{x_k\in I}P\{X=x_k\}$，其中 I 为区间或集合。

例 2.2.3 设随机变量 X 的分布律为

X	-1	0	1
p_k	0.25	0.20	0.55

求：(1)$P\{X\leqslant -1\}$；(2)$P\{X<-1\}$；(3)$P\{X<2\}$；(4)$P\{-2\leqslant X<1\}$；(5) $P\{X\geqslant 1\}$。

解 (1) $P\{X\leqslant -1\}=P\{X=-1\}=0.25$；

(2) $P\{X<-1\}=P(\varnothing)=0$；

(3) $P\{X<2\}=P\{X=-1\}+P\{X=0\}+P\{X=1\}=1$；

(4) $P\{-2\leqslant X<1\}=P\{X=-1\}+P\{X=0\}=0.45$；

(5) $P\{X\geqslant 1\}=P\{X=1\}=0.55$。

2.2.2 常用的离散型随机变量的分布

概率论实践中总结出了几类重要的概率模型和与之相关的随机变量的概率分布，我们需要了解这些重要的概率分布及其产生的背景，从而指导决策。

1. 伯努利概型和二项分布

定义 2.2.3 我们做了 n 次试验，且满足：

(1) 每次试验只有两种可能结果，即 A 发生或 A 不发生；

(2) n 次试验是重复进行的，即 A 发生的概率每次均一样；

(3) 每次试验是独立的，即每次试验 A 发生与否与其他次试验 A 发生与否是互不影响的。这种试验称为伯努利概型，或称为 n 重伯努利试验。

例如，(1) 将一颗骰子掷 6 次，观察出现 1 点的次数——6 重伯努利试验。

(2) 在装有 7 个白球、3 个黑球的箱子中，有放回地取 5 次，每次取一个，观察取得黑球的次数——5 重伯努利试验。

(3) 向目标独立地射击 n 次，每次击中目标的概率为 0.8，观察击中目标的次数——n 重伯努利试验。

关于 n 重伯努利试验，有一个重要结论。

定理 2.2.1 在 n 重伯努利试验中，用 p 表示每次试验 A 发生的概率，记 $X=n$ 次试验中事件 A 出现的次数，则 $X\in\{0,1,2,\cdots,n\}$ 且 $P\{X=k\}=\mathrm{C}_n^k p^k(1-p)^{n-k}$，$k=0,1,2,\cdots,n$。

证 设"A_i 表示第 i 次试验 A 出现，B_i 表示第 i 次试验 A 不出现"，从而

$$P(A_i)=p,\quad P(B_i)=1-p。$$

$\{n$ 重伯努利试验中 A 出现 k 次$\}=$

$$\underbrace{A_1A_2\cdots A_k}_{k}\underbrace{B_{k+1}B_{k+2}\cdots B_n}_{n-k}\cup\underbrace{A_1A_2\cdots A_{k-1}}_{k-1}\underbrace{B_kB_{k+1}\cdots B_n}_{n-k+1}\cup\cdots\cup\underbrace{B_1B_2\cdots B_{n-k}}_{n-k}\underbrace{A_{n-k+1}A_{n-k+2}\cdots A_n}_{k}。$$

上式右端为互不相容的事件的并，由独立性可知每一项的概率均为 $p^k(1-p)^{n-k}$，共有 C_n^k 项，所以 $P\{X=k\}=\mathrm{C}_n^k p^k(1-p)^{n-k}$。

容易验证，(1) $P\{X=k\}=\mathrm{C}_n^k p^k(1-p)^{n-k}\geqslant 0$；

(2) $\sum\limits_{k=0}^{n}P\{X=k\}=\sum\limits_{k=0}^{n}\mathrm{C}_n^k p^k(1-p)^{n-k}=(p+1-p)^n=1$。

所以 $P\{X=k\}=\mathrm{C}_n^k p^k(1-p)^{n-k}$，$k=0,1,2,\cdots,n$ 为某一离散型随机变量的分布律。

定义 2.2.4 若随机变量 X 的分布律为

$$P\{X=k\}=\mathrm{C}_n^k p^k(1-p)^{n-k},\quad k=0,1,2,\cdots,n,$$

则称随机变量 X 服从参数为 n,p 的二项分布，记为 $X\sim b(n,p)$。

注 (1) 二项分布的背景：n 重伯努利试验中“成功”(事件 A)的次数 $X \sim b(n,p)$，其中 $p=P(A)$，即一次试验成功的概率。

(2) “二项”名称的由来：$C_n^k p^k (1-p)^{n-k}$ 是二项式 $(p+q)^n$ 展开式中的一项，其中 $q=1-p$。

(3) 当 $n=1$ 时的二项分布 $X \sim b(1,p)$，又称为(0-1)分布。(0-1)分布的分布律为 $P\{X=k\}=p^k(1-p)^{1-k}, k=0,1$ 或

X	0	1
p_k	$1-p$	p

例 2.2.4 已知某一大批元件的次品率为 0.03，现在从中随机地抽查 300 件。求其中至少有 2 件次品的概率。

解 设一批元件中次品有 X 件，由题意，这是不放回抽样，但由于这批元件的总数很大，且抽查的元件的数量相对于元件的总数来说又很小，因而可以当作放回抽样来处理。于是随机变量 $X \sim b(300, 0.03)$，即 X 的分布律为

$$P\{X=k\}=C_{300}^k (0.03)^k (0.97)^{300-k}, \quad k=0,1,2,\cdots,300.$$

于是所求概率为

$$\begin{aligned} P\{X \geqslant 2\} &= 1-P\{X<2\}=1-P\{X=0\}-P\{X=1\} \\ &= 1-(0.97)^{300}-300\times(0.03)\times(0.97)^{299} \approx 0.9989. \end{aligned}$$

例 2.2.4 的结果说明这样的事实，即使元件的次品率很小，但只要抽查元件的数量较多，则其中至少有 2 件次品几乎是可以肯定的。也说明，一个事件尽管在一次试验中发生的概率很小，但在大量重复的独立试验中，这个事件的发生几乎是必然的。

关于小概率事件有这样的结论，小概率事件在一次试验中几乎是不可能发生的。这个事实称为实际推断原理或小概率事件原理。

2. 泊松分布

设随机变量 X 的分布律为

$$P\{X=k\}=\frac{\lambda^k}{k!}e^{-\lambda}, \quad \lambda>0, \quad k=0,1,2,\cdots,$$

则称随机变量 X 服从参数为 λ 的泊松分布，记为 $X \sim \pi(\lambda)$。

泊松分布背景：一定时间或空间稀有事件发生的次数服从泊松分布。如一段时间内电话交换台接到呼唤的次数，某一地区一个时间间隔内发生交通事故的次数等，其中参数 λ 的实际含义将在第 4 章介绍。

2.3 随机变量的分布函数

2.3.1 分布函数的定义

对于非离散型随机变量，由于其可能取值不能一一列举出来，且它们取某个确定值的概率可能是零。例如，在测试灯泡寿命时，可认为寿命 X(以小时计)的取值为 $[0,+\infty)$，事件 $\{X=500\}$ 是指灯泡的寿命正好是 500h。在实际中，测试数百万只灯泡的寿命，可能没有一

只灯泡的寿命正好是 500h,自然可以认为 $P\{X=500\}=0$。对于类似灯泡寿命这样的随机变量,我们对其取某一个值的概率并不感兴趣,而是对其落在某个区间的概率感兴趣。如 $P\{x_1<X\leqslant x_2\}$,$P\{X>x_2\}$等。实际上,只需知道取值落在区间$(-\infty,x]$上的概率,其他的概率就比较好处理了。

定义 2.3.1 设 X 是一个随机变量,x 是任意实数,称函数 $F(x)=P\{X\leqslant x\}$为随机变量 X 的分布函数。

如果将 X 看成数轴上随机点的坐标,那么 $F(x)$是指 X 落在无穷区间$(-\infty,x]$上的概率。

由定义 2.3.1 知,若 $F(x)$是 X 的分布函数,注意到差事件的概率公式 $P\{a<X\leqslant b\}=P\{X\leqslant b\}-P\{X\leqslant a\}$,则 $P\{a<X\leqslant b\}=F(b)-F(a)$。

2.3.2 分布函数的性质

设 $F(x)$是 X 的分布函数,则有:

(1) $F(x)$是单调不减的函数,即 $x_1<x_2$ 时,有 $F(x_1)\leqslant F(x_2)$;

(2) $0\leqslant F(x)\leqslant 1$,且 $F(-\infty)=\lim\limits_{x\to-\infty}F(x)=0$,$F(+\infty)=\lim\limits_{x\to+\infty}F(x)=1$;

(3) $F(x+0)=F(x)$,即 $F(x)$是右连续的。

反之可证明,对于任意一个函数,若满足上述三条性质,则它一定是某随机变量的分布函数。

例 2.3.1 $F(x)=\dfrac{1}{\pi}\left(\arctan x+\dfrac{\pi}{2}\right)$是否是某一随机变量 X 的分布函数?

解 (1) 显然 $F(x)$连续。

(2) $F'(x)=\dfrac{1}{\pi}\left(\dfrac{1}{1+x^2}\right)>0$,则 $F(x)$是单调递增的。

(3) $0\leqslant F(x)\leqslant 1$,且 $F(-\infty)=0$,$F(+\infty)=1$。

综上所述,$F(x)$是某一随机变量 X 的分布函数。

2.3.3 离散型随机变量的分布函数

若 X 是离散型随机变量,则分布函数为 $F(x)=P\{X\leqslant x\}=\sum\limits_{x_i\leqslant x}P\{X=x_i\}$。

例 2.3.2 设随机变量 X 的分布律为

X	-1	1	2
p_k	0.2	0.3	0.5

求 X 的分布函数。

解 由分布函数的定义,有

(1) $x<-1$,$\{X\leqslant x\}$为空集,所以 $F(x)=P\{X\leqslant x\}=P(\varnothing)=0$;

(2) $-1\leqslant x<1$,$\{X\leqslant x\}$中包含一个样本点 -1,所以 $F(x)=P\{X\leqslant x\}=P\{X=-1\}=0.2$;

(3) $1\leqslant x<2$,$\{X\leqslant x\}$中包含两个样本点 $-1,1$,所以 $F(x)=P\{X=-1\}+P\{X=1\}=0.2+0.3=0.5$;

(4) $x \geqslant 2$，$\{X \leqslant x\}$中包含全部样本点$-1,1,2$，所以$F(x)=P\{X=-1\}+P\{X=1\}+P\{X=2\}=0.2+0.3+0.5=1$。

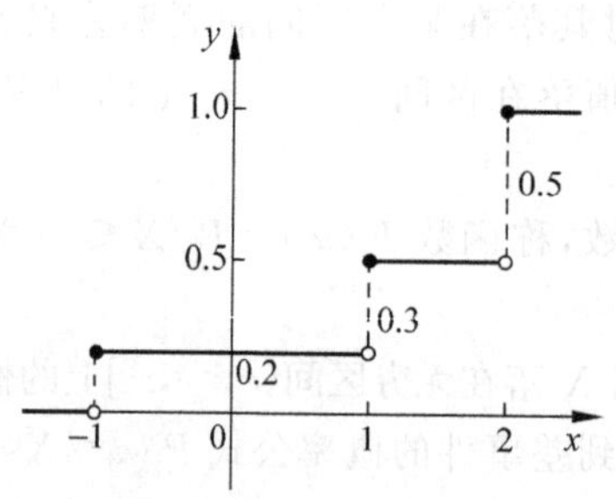

图 2-2　离散型随机变量分布函数 $F(x)$图示

综上，X 的分布函数为

$$F(x)=\begin{cases}0, & x<-1,\\ 0.2, & -1 \leqslant x<1,\\ 0.5 & 1 \leqslant x<2,\\ 1 & x \geqslant 2.\end{cases}$$

$F(x)$的图形如图 2-2 所示，它是一条阶梯形的曲线，在$x=-1,1,2$处有跳跃点，跳跃值分别为$0.2,0.3,0.5$。

一般地，离散型随机变量 X 的分布律为

X	x_1	x_2	$\cdots$	x_k	$\cdots$
p_k	p_1	p_2	$\cdots$	p_k	$\cdots$

其中$x_1<x_2<\cdots<x_k<\cdots$，则其分布函数为

$$F(x)=\begin{cases}0, & x<x_1,\\ p_1, & x_1 \leqslant x<x_2,\\ p_1+p_2, & x_2 \leqslant x<x_3,\\ \vdots & \vdots\\ p_1+p_2+\cdots+p_{k-1}, & x_{k-1} \leqslant x<x_k,\\ \vdots & \vdots\end{cases}$$

不难看出，离散型随机变量的分布函数$F(x)$实质上是概率值的累积函数，它的图形有如下特点：

(1) 阶梯型；

(2) 仅在$x=x_k(k=1,2,\cdots)$处有跳跃点；

(3) 跳跃值分别为$p_k=P\{X=x_k\}$。

例 2.3.3　设随机变量 X 的分布函数为

$$F(x)=\begin{cases}0, & x<1,\\ 0.3, & 1 \leqslant x<2,\\ 0.7, & 2 \leqslant x<3,\\ 1, & x \geqslant 3.\end{cases}$$

求 X 的分布律。

解　由于$F(x)$是一个阶梯型函数，故 X 是一个离散型随机变量。$F(x)$的跳跃点分别为$1,2,3$，对应的跳跃高度分别为$0.3,0.4,0.3$，如图 2-3 所示。故 X 的分布律为

X	1	2	3
p_k	0.3	0.4	0.3

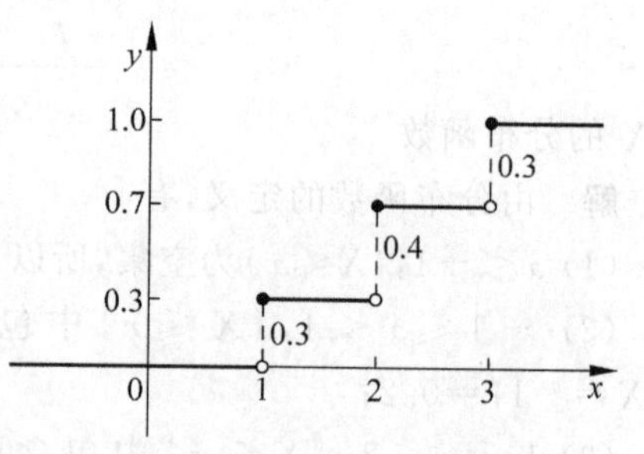

图 2-3　离散型随机变量分布函数 $F(x)$图示

由例2.3.2和例2.3.3可见,分布律与分布函数可以互相确定。所以分布函数也可以完整地刻画离散型随机变量的概率分布。

2.3.4 利用分布函数求事件的概率

已知 X 的分布函数为 $F(x)$,则有:

(1) $P\{a<X\leqslant b\}=F(b)-F(a)$;

(2) $P\{X\leqslant b\}=F(b)$;

(3) $P\{X<b\}=F(b)-P\{X=b\}$;

(4) $P\{X>b\}=1-F(b)$;

(5) $P\{X=a\}=F(a)-F(a-0)$。

例 2.3.4 在例2.3.3中,求 $P\left\{X\leqslant\frac{3}{2}\right\}$,$P\{1<X\leqslant 3\}$,$P\{X\geqslant 2\}$,$P\left\{\frac{3}{2}<X<3\right\}$。

解 $P\left\{X\leqslant\frac{3}{2}\right\}=F\left(\frac{3}{2}\right)=0.3$;

$P\{1<X\leqslant 3\}=F(3)-F(1)=1-0.3=0.7$;

$P\{X\geqslant 2\}=1-F(2)+P\{X=2\}=1-0.7+0.4=0.7$;

$P\left\{\frac{3}{2}<X<3\right\}=F(3)-F\left(\frac{3}{2}\right)-P\{X=3\}=1-0.3-0.3=0.4$。

由于分布函数可以完整地刻画离散型随机变量的概率分布,所以利用分布函数可以求任意事件的概率,但研究分布律远比研究分布函数要简单。

2.4 连续型随机变量

2.4.1 连续型随机变量的概率密度函数

已知分布函数 $F(x)=\begin{cases}0, & x<0,\\ x^2, & 0\leqslant x\leqslant 1,\\ 1, & x>1\end{cases}$,它的图形是一条连续曲线(见图2-4)。另外对于任意 x,$F(x)=\int_{-\infty}^{x}f(t)\mathrm{d}t$,其中 $f(x)=\begin{cases}2x, & 0\leqslant x\leqslant 1,\\ 0, & 其他。\end{cases}$ 在这种情况下,我们称 X 为连续型随机变量。下面给出连续型随机变量的一般定义。

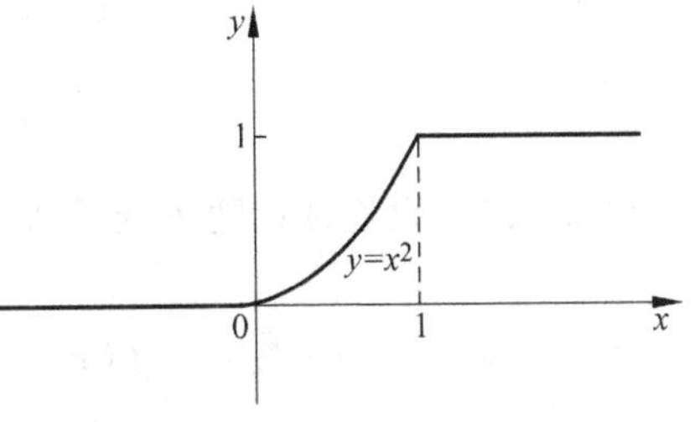

图2-4 分布函数 $F(x)$ 图示

定义 2.4.1 随机变量 X 的分布函数为 $F(x)$,如果存在非负可积函数 $f(x)$,使得对于任意实数 x,有 $F(x)=\int_{-\infty}^{x}f(t)\mathrm{d}t$,则称 X 为连续型随机变量,其中 $f(x)$ 称为 X 的概率密度函数,简称概率密度。

由上述定义可知,概率密度函数 $f(x)$ 具有以下性质:

(1) 非负性 $f(x)\geqslant 0$;

(2) 规范性 $\int_{-\infty}^{+\infty} f(x)\mathrm{d}x = 1$。

证明 (1) 由定义可知。

(2) 由于 $F(+\infty)=\int_{-\infty}^{+\infty} f(x)\mathrm{d}x$，而 $F(+\infty)=1$。

任意一个满足以上两条性质的函数，都可以作为某连续型随机变量的概率密度函数。

概率密度函数 $f(x)$ 除了上述性质(1)、(2)外，常用的性质还有：

(3) 若 $f(x)$ 在 x 处是连续的，则 $F'(x)=f(x)$。

(4) 连续型随机变量取特定值的概率为 0，即 $P\{X=a\}=0$。这可以作为反例说明概率为零的事件不一定是不可能事件。

(5) $P\{a<X\leqslant b\}=P\{a<X<b\}=P\{a\leqslant X<b\}=P\{a\leqslant X\leqslant b\}=\int_a^b f(x)\mathrm{d}x$。

一般地，若 $f(x)$ 为 X 的概率密度函数，则 $P\{X\in I\}=\int\limits_{x\in I} f(x)\mathrm{d}x$，其中 I 为区间。利用概率密度函数可以求任意事件的概率，所以概率密度函数可以完整地刻画连续型随机变量的分布。

证明 下面仅证(4)、(5)。

(4) 对任意 $\Delta x>0$，有 $0\leqslant P\{X=a\}\leqslant P\{a-\Delta x<X\leqslant a\}=F(a)-F(a-\Delta x)$，由 $F(x)$ 的连续性可知，$P\{X=a\}=0$。

(5) 由(4)知 $P\{a<X\leqslant b\}=P\{a<X<b\}=P\{a\leqslant X<b\}=P\{a\leqslant X\leqslant b\}$，而 $P\{a<x\leqslant b\}=F(b)-F(a)=\int_{-\infty}^{b} f(x)\mathrm{d}x-\int_{-\infty}^{a} f(x)\mathrm{d}x=\int_a^b f(x)\mathrm{d}x$。

例 2.4.1 已知 X 的概率密度函数为

$$f(x)=\begin{cases} k\mathrm{e}^{-2x}, & x>0, \\ 0, & \text{其他。} \end{cases}$$

求：(1) 常数 k；(2) $P\{-1<X<0.5\}$。

解 (1) 由概率密度函数的规范性知

$$1=\int_{-\infty}^{+\infty} f(x)\mathrm{d}x=\int_0^{+\infty} k\mathrm{e}^{-2x}\mathrm{d}x=\left[-\frac{1}{2}k\mathrm{e}^{-2x}\right]_0^{+\infty}=\frac{k}{2},$$

所以 $k=2$。

$$\begin{aligned}(2)\ P\{-1<X<0.5\}&=\int_{-1}^{0.5} f(x)\mathrm{d}x=\int_{-1}^{0} f(x)\mathrm{d}x+\int_0^{0.5} f(x)\mathrm{d}x \\ &=0+\int_0^{0.5} 2\mathrm{e}^{-2x}\mathrm{d}x=1-\mathrm{e}^{-1}。\end{aligned}$$

例 2.4.2 设连续型随机变量 X 具有概率密度函数

$$f(x)=\begin{cases} x, & 0<x\leqslant 1, \\ k-x, & 1<x\leqslant 2, \\ 0, & \text{其他。} \end{cases}$$

求：(1)常数 k；(2) X 的分布函数 $F(x)$；(3) $P\left\{1<X<\frac{5}{2}\right\}$。

解 (1) 由概率密度函数的规范性可得

$$1=\int_0^1 x\mathrm{d}x+\int_1^2(k-x)\mathrm{d}x=\left[\frac{1}{2}x^2\right]_0^1+\left[kx-\frac{1}{2}x^2\right]_1^2=k-1,$$

于是 $k=2$。

(2) 由公式 $F(x)=\int_{-\infty}^{x}f(t)\mathrm{d}t$ 可得

当 $x<0$ 时，$F(x)=\int_{-\infty}^{x}f(t)\mathrm{d}t=0$；

当 $0\leqslant x<1$ 时，$F(x)=\int_{-\infty}^{x}f(t)\mathrm{d}t=\int_{-\infty}^{0}0\mathrm{d}t+\int_0^x t\mathrm{d}t=\frac{1}{2}x^2$；

当 $1\leqslant x<2$ 时，$F(x)=\int_{-\infty}^{x}f(t)\mathrm{d}t=\int_{-\infty}^{1}0\mathrm{d}t+\int_0^1 t\mathrm{d}t+\int_1^x(2-t)\mathrm{d}t=-\frac{x^2}{2}+2x-1$；

当 $x\geqslant 2$ 时，$F(x)=1$。

所以

$$F(x)=\begin{cases}0, & x<0,\\ \frac{1}{2}x^2, & 0\leqslant x<1,\\ -\frac{x^2}{2}+2x-1, & 1\leqslant x<2,\\ 1, & x\geqslant 2。\end{cases}$$

(3) $P\left\{1<X<\frac{5}{2}\right\}=F\left(\frac{5}{2}\right)-F(1)=1-\frac{1}{2}=\frac{1}{2}$。

2.4.2 常用的三种连续型随机变量的分布

1. 均匀分布

若连续型随机变量 X 的概率密度函数为

$$f(x)=\begin{cases}\frac{1}{b-a}, & a\leqslant x\leqslant b,\\ 0, & \text{其他},\end{cases}$$

则称随机变量 X 在区间 $[a,b]$ 上服从均匀分布，记为 $X\sim U(a,b)$。

当 $a\leqslant x_1<x_2\leqslant b$ 时，X 落在区间 (x_1,x_2) 内的概率为

$$P\{x_1<X<x_2\}=\frac{x_2-x_1}{b-a}。$$

可见，若随机变量 X 在区间 $[a,b]$ 上服从均匀分布，则 X 落入该区间中任一相等长度的子区间内的概率相同，即 X 落入任何子区间的概率仅与该区间的长度成正比，而与其位置无关。反之，如果 X 落入任何子区间的概率仅与该区间的长度成正比，则随机变量 X 在区间 $[a,b]$ 上服从均匀分布。

均匀分布常见于下列情形：某一事件等可能地在某一时间段发生，如通过某站的地铁 10min 一趟，则乘客候车时间 X 就是在 $[0,10]$ 上服从均匀分布的随机变量；数值计算中的四舍五入引起的随机误差 X 是一个在 $[-0.5,0.5]$ 上服从均匀分布的随机变量。

2. 指数分布

若 X 的概率密度函数为

$$f(x)=\begin{cases}\lambda e^{-\lambda x}, & x>0,\\ 0, & \text{其他},\end{cases}$$

则称 X 服从参数为 λ 的指数分布，记为 $X\sim e(\lambda)$，其中 $\lambda>0$ 是一常数。

指数分布常用于可靠性统计研究中，如元件的寿命、动植物的寿命、服务系统的服务时间等，其中参数 λ 的实际含义将在第4章介绍。

例 2.4.3 已知某种电子元件的寿命 X(以年计)服从参数 $\lambda=3$ 的指数分布。

(1) 求该电子元件寿命超过2年的概率；

(2) 已知该电子元件已使用了1.5年，求它还能再使用2年的概率。

解 由已知，X 的概率密度函数为 $f(x)=\begin{cases}3e^{-3x}, & x>0,\\ 0, & \text{其他}。\end{cases}$

(1) $P\{X>2\}=\int_2^{+\infty}3e^{-3x}\,dx=e^{-6}$。

(2) $P\{X>3.5\mid X>1.5\}=\dfrac{P\{X>3.5,X>1.5\}}{P\{X>1.5\}}=\dfrac{\int_{3.5}^{+\infty}3e^{-3x}\,dx}{\int_{1.5}^{+\infty}3e^{-3x}\,dx}=e^{-6}$。

3. 正态分布

若随机变量 X 的概率密度函数为

$$f(x)=\frac{1}{\sqrt{2\pi}\sigma}e^{-\frac{(x-\mu)^2}{2\sigma^2}},\quad -\infty<x<+\infty,$$

则称随机变量服从参数为 μ,σ 的正态分布或高斯分布，记为 $X\sim N(\mu,\sigma^2)$。其中 $\mu,\sigma(\sigma>0)$ 为常数，如图2-5所示。

(1) 正态分布的概率密度函数有下列性质：

① $f(x)$ 的图形呈钟形，其特点是“两头小，中间大，左右对称”。

② 正态分布的概率密度函数的图形关于 $x=\mu$ 对称；当 $x\to\pm\infty$ 时，图形以 x 轴为渐近线。

③ μ 决定了图形的中心位置，当 μ 取不同值时，图形沿着 x 轴平移，而不改变其形状；σ 决定了图形的高低，当 σ 由小变大时，图形由高变低。

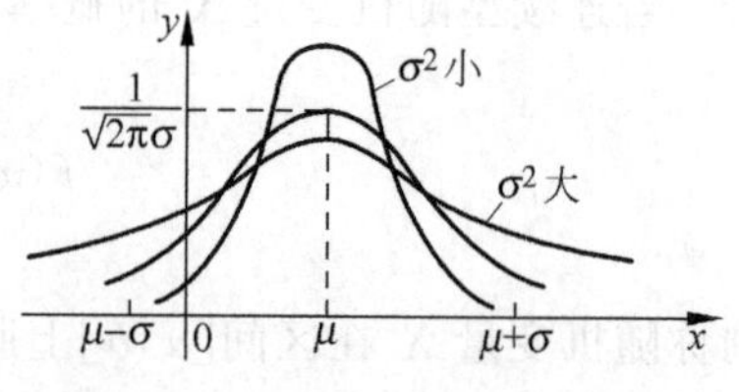

图 2-5 $f(x)=\dfrac{1}{\sqrt{2\pi}\sigma}e^{-\frac{(x-\mu)^2}{2\sigma^2}}$ 图示

(2) 标准正态分布

当 $\mu=0,\sigma=1$ 时的正态分布称为标准正态分布，记为 $X\sim N(0,1)$。其概率密度函数和分布函数分别用 $\varphi(x)$ 和 $\Phi(x)$ 表示：

$$\varphi(x)=\frac{1}{\sqrt{2\pi}}e^{-x^2/2},\quad -\infty<x<+\infty,$$

$$\Phi(x)=\int_{-\infty}^{x}\frac{1}{\sqrt{2\pi}}e^{-x^2/2}\,dx,\quad -\infty<x<+\infty。$$

关于分布函数 $\Phi(x)$ 有以下性质：

① $\Phi(0)=0.5$；

② $\Phi(-x)=1-\Phi(x)$；

③ $\Phi(x)=\int_{-\infty}^{x}\frac{1}{\sqrt{2\pi}}\mathrm{e}^{-t^2/2}\mathrm{d}t$，该积分的原函数无法求出，其函数值已编制成表可供查用。书末附录B中有标准正态分布表(表B-2)，表中给出的是当$x\geqslant 0$时$\Phi(x)$的值。对于$x<0$时，用关系式$\Phi(x)=1-\Phi(-x)$计算。用常见的数学软件(MATLAB，Excel)也可以求得分布函数的值。

例2.4.4 设$X\sim N(0,1)$，求$P\{|X|\leqslant 2\}$，$P\{-1<X\leqslant 0.5\}$，$P\{X>0.96\}$。

解
$$\begin{aligned}P\{|X|\leqslant 2\}&=P\{-2\leqslant X\leqslant 2\}\\&=\Phi(2)-\Phi(-2)=2\Phi(2)-1=0.9546,\end{aligned}$$
$$\begin{aligned}P\{-1<X\leqslant 0.5\}&=\Phi(0.5)-\Phi(-1)=\Phi(0.5)-1+\Phi(1)\\&=0.6915-1+0.8413=0.5328,\end{aligned}$$
$$P\{X>0.96\}=1-P\{X\leqslant 0.96\}=1-\Phi(0.96)=1-0.8315=0.1685。$$

(3) 一般的正态分布与标准正态分布的关系

标准正态分布的重要性在于，任何一个一般的正态分布都可以通过线性变换转化为标准正态分布。

定理2.4.1 如果$X\sim N(\mu,\sigma^2)$，则$Z=\frac{X-\mu}{\sigma}\sim N(0,1)$。

证明 设$Z=\frac{X-\mu}{\sigma}$的分布函数和密度函数分别为$F_Z(x)$和$f_Z(x)$，则

$$F_Z(x)=P\{Z\leqslant x\}=P\left\{\frac{X-\mu}{\sigma}\leqslant x\right\}=P\{X\leqslant \mu+\sigma x\}=\int_{-\infty}^{\mu+\sigma x}\frac{1}{\sqrt{2\pi}\sigma}\mathrm{e}^{-\frac{(t-\mu)^2}{2\sigma^2}}\mathrm{d}t。$$

上式两边同时求导得

$$f_Z(x)=\frac{1}{\sqrt{2\pi}\sigma}\mathrm{e}^{-\frac{(\mu+\sigma x-\mu)^2}{2\sigma^2}}(\mu+\sigma x)'=\frac{1}{\sqrt{2\pi}}\mathrm{e}^{-x^2/2},$$

由此知$Z=\frac{X-\mu}{\sigma}\sim N(0,1)$。

根据定理2.4.1，一般的正态分布的概率计算问题，先转化成标准正态分布，再查表。

(4) 一般的正态分布的概率计算

若$X\sim N(\mu,\sigma^2)$，则它的分布函数为

$$F(x)=P\{X\leqslant x\}=P\left\{\frac{X-\mu}{\sigma}\leqslant\frac{x-\mu}{\sigma}\right\}=\Phi\left(\frac{x-\mu}{\sigma}\right)。$$

由此可见，标准正态分布函数$\Phi(x)$与一般正态分布函数$F(x)$的转换关系为

$$F(x)=\Phi\left(\frac{x-\mu}{\sigma}\right)。$$

例如，若$X\sim N(\mu,\sigma^2)$，则

$$P\{x_1<X\leqslant x_2\}=F(x_2)-F(x_1)=\Phi\left(\frac{x_2-\mu}{\sigma}\right)-\Phi\left(\frac{x_1-\mu}{\sigma}\right)。$$

例2.4.5 设$X\sim N(3,2^2)$。(1)求：$P\{3<X\leqslant 5\}$，$P\{-3<X<8\}$，$P\{|X|>1\}$，$P\{X>2\}$；(2) 决定C使得$P\{X>C\}=P\{X\leqslant C\}$。

解 (1) 若 $X\sim N(\mu,\sigma^2)$，则 $P\{x_1<X\leqslant x_2\}=\Phi\left(\frac{x_2-\mu}{\sigma}\right)-\Phi\left(\frac{x_1-\mu}{\sigma}\right)$，有

$$P\{3<X\leqslant 5\}=\Phi\left(\frac{5-3}{2}\right)-\Phi\left(\frac{3-3}{2}\right)=\Phi(1)-\Phi(0)=0.8413-0.5=0.3413,$$

$$P\{-3<X<8\}=\Phi\left(\frac{8-3}{2}\right)-\Phi\left(\frac{-3-3}{2}\right)=\Phi(2.5)-\Phi(-3)$$

$$=0.9938-(1-0.9987)=0.9925,$$

$$P\{|X|>1\}=1-P\{|X|\leqslant 1\}=1-P\{-1\leqslant X\leqslant 1\}=1-\left[\Phi\left(\frac{1-3}{2}\right)-\Phi\left(\frac{-1-3}{2}\right)\right]$$

$$=1-[\Phi(-1)-\Phi(-2)]=1-0.9773+0.8413=0.864,$$

$$P\{X>2\}=1-P\{X\leqslant 2\}=1-\Phi\left(\frac{2-3}{2}\right)=0.6915。$$

(2) 因为 $P\{X>C\}=1-P\{X\leqslant C\}=P\{X\leqslant C\}$，得

$$P\{X\leqslant C\}=\frac{1}{2}。$$

又 $P\{X\leqslant C\}=\Phi\left(\frac{C-3}{2}\right)=0.5$，查表可得 $\frac{C-3}{2}=0$，所以 $C=3$。

例 2.4.6 公共汽车车门的高度是按男子与车门碰头的机会在 0.01 以下来设计的，设男子的身高(单位：cm)$X\sim N(168,7^2)$，求车门的高度应如何确定？

解 设车门的高度为 h，根据题意有 $P\{X>h\}\leqslant 0.01$，则 $P\{X\leqslant h\}>0.99$，即

$$P\{X\leqslant h\}=P\left\{\frac{X-168}{7}\leqslant\frac{h-168}{7}\right\}=\Phi\left(\frac{h-168}{7}\right)>0.99。$$

由标准正态分布表知，$\frac{h-168}{7}=2.35$，计算得 $h=184.45$，即，在车门高度为 184.45cm 的情况下男子与车门碰头的机会在 0.01 以下。

为了在数理统计部分使用正态分布，对于标准正态分布，我们引入上 α 分位点的定义。

设 $X\sim N(0,1)$，给定 $\alpha(0<\alpha<1)$，若 z_α 满足条件

$$P\{X>z_\alpha\}=\alpha,$$

则称点 z_α 为标准正态分布的上 α 分位点。

上 α 分位点的计算可以由 $\Phi(z_\alpha)=P\{X\leqslant z_\alpha\}=1-P\{X>z_\alpha\}=1-\alpha$ 得到。如

$$z_{0.001}=3.090,\quad z_{0.005}=2.576,\quad z_{0.025}=1.960。$$

另外，$z_{1-\alpha}=-z_\alpha$。于是 $z_{0.999}=-3.090$，$z_{0.995}=-2.576$，$z_{0.975}=-1.960$。

2.5 随机变量的函数的分布

在实际中，我们常对某些随机变量的函数更感兴趣。例如，在讨论正态分布与标准正态分布的关系时，若 $X\sim N(\mu,\sigma^2)$，取 $Y=\frac{X-\mu}{\sigma}$，这样的 $Y\sim N(0,1)$，Y 是随机变量 X 的函数。由于 X 是随机变量，所以 Y 也是随机变量。本节讨论如何利用随机变量 X 的分布去求 $Y=g(X)$ 的分布(其中 $g(x)$ 是已知的连续函数)。

2.5.1 离散型随机变量的函数的分布

例 2.5.1 已知随机变量 X 的分布律如下表所示：

X	-1	0	1
p_k	0.1	0.3	0.6

求 $Y=2X$，$Z=X^2+1$ 的分布律。

解 当 X 取值为 $-1,0,1$ 时，Y 对应取值为 $-2,0,2$。

$$P\{Y=-2\}=P\{2X=-2\}=P\{X=-1\}=0.1,$$
$$P\{Y=0\}=P\{2X=0\}=P\{X=0\}=0.3,$$
$$P\{Y=2\}=P\{2X=2\}=P\{X=1\}=0.6。$$

所以随机变量 Y 的分布律为

Y	-2	0	2
p_k	0.1	0.3	0.6

当 X 取值为 $-1,0,1$ 时，随机变量 Z 对应取值为 $1,2$。

$$P\{Z=1\}=P\{X^2+1=1\}=P\{X=0\}=0.3,$$
$$P\{Z=2\}=P\{X^2+1=2\}=P\{X=1\text{或}X=-1\}=P\{X=1\}+P\{X=-1\}=0.7。$$

所以随机变量 Z 的分布律为

Z	1	2
p_k	0.3	0.7

一般地，X 服从分布律

X	x_1	x_2	$\cdots$	x_k	$\cdots$
p_k	p_1	p_2	$\cdots$	p_k	$\cdots$

则随机变量 X 的函数 $Y=g(X)$ 服从分布律

Y	$g(x_1)$	$g(x_2)$	$\cdots$	$g(x_k)$	$\cdots$
p_k	p_1	p_2	$\cdots$	p_k	$\cdots$

2.5.2 连续型随机变量的函数的分布

设 X 为连续型随机变量，其概率密度函数已知，又 $Y=g(X)$，且 Y 也是连续型随机变量，现在来讨论如何求 Y 的概率密度函数。

例 2.5.2 设随机变量 X 具有概率密度函数

$$f(x)=\begin{cases} e^{-x}, & x>0, \\ 0, & \text{其他}, \end{cases}$$

求随机变量 $Y=2X+3$ 的概率密度函数。

解 设随机变量 Y 的分布函数和概率密度函数分别为 $F_Y(y)$ 和 $f_Y(y)$，则

$$F_Y(y)=P\{Y\leqslant y\}=P\{2X+3\leqslant y\}=P\left\{X\leqslant\frac{y-3}{2}\right\}=\int_{-\infty}^{\frac{y-3}{2}}f(x)\mathrm{d}x,$$

上式两边对 y 求导，得

$$f_Y(y)=f\left(\frac{y-3}{2}\right)\cdot\left(\frac{y-3}{2}\right)'=\frac{1}{2}f\left(\frac{y-3}{2}\right)=\begin{cases}\frac{1}{2}\mathrm{e}^{\frac{3-y}{2}}, & y>3,\\ 0, & \text{其他。}\end{cases}$$

通过例 2.5.2 可知，若求 Y 的概率密度函数 $f_Y(y)$，可以先求 Y 的分布函数 $F_Y(y)$，即 $F_Y(y)=P\{Y\leqslant y\}=P\{g(X)\leqslant y\}=P\{X\in S\}$，其中 $S=\{x\mid g(x)\leqslant y\}$；再通过对 $F_Y(y)$ 求导得 $f_Y(y)$。

例 2.5.3 设 $X\sim N(0,1)$，求 $Y=X^2$ 的概率密度函数。

解 先求 Y 的分布函数 $F_Y(y)$。

当 $y\leqslant 0$ 时，$F_Y(y)=P\{Y\leqslant y\}=P\{X^2\leqslant y\}=P(\varnothing)=0$；

当 $y>0$ 时，$F_Y(y)=P\{Y\leqslant y\}=P\{X^2\leqslant y\}=P\{-\sqrt{y}\leqslant X\leqslant\sqrt{y}\}=\int_{-\sqrt{y}}^{\sqrt{y}}\varphi(x)\mathrm{d}x$。

上式两边对 y 求导，得

$$f_Y(y)=\varphi(\sqrt{y})\frac{1}{2\sqrt{y}}-\varphi(-\sqrt{y})\frac{1}{-2\sqrt{y}}=\frac{1}{2\sqrt{y}}\left[\varphi(\sqrt{y})+\varphi(-\sqrt{y})\right]。$$

于是，$Y=X^2$ 的概率密度为

$$f_Y(y)=\begin{cases}\frac{1}{\sqrt{2\pi y}}\mathrm{e}^{-y/2}, & y>0,\\ 0, & y\leqslant 0。\end{cases}$$

此时称 Y 服从自由度为 1 的 χ^2 分布。

通过例 2.5.2 和例 2.5.3 可以看出，求 Y 的概率密度函数分为两个步骤：①从 $g(X)\leqslant y$ 中反解出 X；②利用积分变限函数的求导公式求出概率密度函数。

定理 2.5.1 设 X 为连续型随机变量，其概率密度函数为 $f_X(x)$，又设函数 $y=g(x)$ 处处可导且严格单调，其反函数为 $h(y)$，则 $Y=g(X)$ 的概率密度函数为

$$f_Y(y)=\begin{cases}f_X[h(y)]\,|h'(y)|, & y\in g(x)\text{ 的值域},\\ 0, & \text{其他。}\end{cases}$$

例 2.5.4 设 $X\sim N(\mu,\sigma^2)$，证明 $Y=aX+b\sim N(a\mu+b,a^2\sigma^2)(a\neq 0)$。

证明 设 $f_Y(y)$ 是 Y 的概率密度函数。已知 $X\sim N(\mu,\sigma^2)$，它的概率密度函数为

$$f_X(x)=\frac{1}{\sqrt{2\pi}\sigma}\mathrm{e}^{-\frac{(x-\mu)^2}{2\sigma^2}}。$$

$y=ax+b$ 为单调函数，且值域为 $(-\infty,+\infty)$，它的反函数为 $x=\dfrac{y-b}{a}$，所以

$$f_Y(y)=f_X\left(\frac{y-b}{a}\right)\left|\left(\frac{y-b}{a}\right)'\right|=\frac{1}{\sqrt{2\pi}\sigma|a|}\mathrm{e}^{-\frac{(y-a\mu-b)^2}{2\sigma^2a^2}}。$$

于是 $Y=aX+b\sim N(a\mu+b,a^2\sigma^2)$。

正态分布随机变量的线性函数仍服从正态分布。特别地，当 $a=\frac{1}{\sigma}, b=-\frac{\mu}{\sigma}$ 时，有 $Y=\frac{X-\mu}{\sigma}\sim N(0,1)$。

习题 2

1. 思考题

(1) 随机变量与普通函数有什么区别?

(2) 在分布函数的定义中，x，X 皆为变量，二者有什么区别? x 起什么作用? $F(x)$是不是概率?

(3) 函数 $F(x)=\begin{cases} e^{-x}, & x\leqslant 0, \\ 1-e^{-x}, & x>0 \end{cases}$ 是否是某个随机变量的分布函数?

(4) 构成离散随机变量 X 的分布律的条件是什么? 它与分布函数 $F(x)$之间的关系是什么?

(5) 离散型随机变量的分布律 $P\{X=k\}$满足 $P\{X=k\}\leqslant 1$，问连续型随机变量的概率密度函数 $f(x)$是否也有 $f(x)\leqslant 1$?

(6) 构成连续随机变量 X 的概率密度函数的条件是什么? 它与分布函数 $F(x)$之间的关系是什么?

(7) 举例说明正态分布和伯努利概型的应用。

(8) 如何理解“随机变量的函数”;

2. 有 10 件产品，其中有 3 件次品，X 表示取得的产品中的次品数。

(1) 不放回地任取 2 件，求 X 的分布律;

(2) 有放回地依次取 2 件，求 X 的分布律。

3. 盒中有 8 个白球、2 个黑球，每次取一球，直到取到白球为止(不放回)。用 X 表示抽取的次数，求 X 的分布律。

4. 已知随机变量 X 只能取 $-1,0,1,2$ 四个值，且取这四个值的相应概率依次为$\frac{1}{2c},\frac{3}{4c},\frac{5}{8c},\frac{7}{16c}$，试确定常数 c。

5. 设随机变量 X 的分布律为 $P\{X=k\}=\frac{c}{k!}(k=0,1,2,\cdots)$，求 c。

6. 设随机变量 X 的分布律为

X	0	1	2
p_k	0.2	0.3	0.5

求：(1)$P\{1\leqslant X<2\}$；(2)分布函数 $F(x)$。

7. 设甲、乙击中目标的概率分别是 0.7 和 0.4，如果各射击两次。求：

(1) 两人击中目标次数相同的概率；

(2) 甲击中的次数多的概率。

8. 设事件 A 在每次试验中发生的概率均为 0.4,当 A 发生 3 次或 3 次以上时,指示灯发出信号。求下列事件的概率：

(1) 进行 4 次独立试验,指示灯发出信号；

(2) 进行 5 次独立试验,指示灯发出信号。

9. 设 $X \sim \pi(\lambda)$,且已知 $P\{X=3\}=2P\{X=4\}$。求：(1)λ；(2)$P\{X>1\}$。

10. 设随机变量 $X \sim b(2,p)$和 $Y \sim b(4,p)$,已知 $P\{X \geqslant 1\}=\dfrac{5}{9}$,求 $P\{Y \geqslant 1\}$。

11. 设随机变量 X 的分布函数为 $F(x)=A+B\arctan x$,用 MATLAB 语言求：(1)常数 A,B；(2)$P\{|X|<1\}$；(3)随机变量 X 的概率密度函数。

12. 设 X 是一个连续型随机变量,用分布函数为 $F(x)$表示下列事件的概率：(1)$P\{|X|<1\}$；(2)$P\{X<4\}$。

13. 设随机变量 X 具有概率密度函数

$$f(x)=\begin{cases} \dfrac{1}{2}x, & 0 \leqslant x \leqslant 2, \\ 0, & \text{其他}。 \end{cases}$$

求：(1)$P\{X \leqslant 1\}$；(2) $P\left\{\dfrac{1}{3}<X<2\right\}$。

14. 设随机变量 $X \sim e(2)$,求 c,使 $P\{X>c\}=\dfrac{1}{2}$。

15. 设随机变量 X 的分布函数为

$$F(x)=\begin{cases} 0, & x<1, \\ \ln x, & 1 \leqslant x<\mathrm{e}, \\ 1, & x \geqslant \mathrm{e}。 \end{cases}$$

求：(1)X 取值在区间$(-\infty,2)$的概率；(2)X 的概率密度。

16. 设随机变量 $X \sim U(1,6)$,求方程 $t^2+Xt+1=0$ 有实根的概率。

17. 设随机变量 $Y \sim e(1)$,a 为常数且大于零,求 $P\{Y \leqslant a+1 | Y>a\}$。

18. 设随机变量 X 的概率密度函数为

$$f(x)=\begin{cases} 2^{-x}\ln 2, & x>0, \\ 0, & x \leqslant 0。 \end{cases}$$

对 X 进行独立重复的观察,直到第 2 个大于 3 的观察值出现时停止,记 Y 为观察次数,求 Y 的分布律。

19. 设随机变量 $X_1 \sim N(0,1)$,$X_2 \sim N(0,4)$,$X_3 \sim N(5,9)$,$p_i=P\{|X_i| \leqslant 2\}$ $(i=1,2,3)$,比较 p_1,p_2,p_3 的大小。

20. 设 $X \sim N(0,1)$,求：(1)$P\{X<2\}$；(2)$P\{X<-0.55\}$；(3)$P\{|X|<1.5\}$；(4)$P\{|X|>1.57\}$。

21. 设 $X \sim N(10,2^2)$,求：(1)$P\{X<9\}$；(2)$P\{7 \leqslant X<12\}$；(3)$P\{X>13\}$。

22. 设随机变量 $X \sim U(1,5)$,对 X 独立观察 3 次,求至少有 2 次观察值大于 3 的概率。

23. 已知随机变量 X 的分布律如下：

X	-2	-1	0	1	2
p_k	0.1	0.25	0.3	0.15	0.2

求：(1) $Y=X+1$ 的分布律；(2) $Z=X^2$ 的分布律。

24. 设随机变量 X 的概率密度函数为

$$f(x)=\begin{cases}\dfrac{2}{\pi(1+x^2)}, & x\geqslant 0,\\ 0, & x<0。\end{cases}$$

求随机变量 $Y=\ln X$ 的概率密度函数。

25. 设随机变量 $X\sim N(0,1)$，求下列随机变量 Y 的概率密度函数：(1) $Y=2X-1$；(2) $Y=\mathrm{e}^{-X}$。

26. 设随机变量 $X\sim U(-1,1)$，求 X^2 的概率密度函数。

27. 设随机变量 $X\sim N(\mu,\sigma^2)$，求 $Y=|X-\mu|$ 的概率密度函数。

28. 某公共汽车站从上午 7:00 起每 15min 来一辆班车，某乘客在 7:00～7:30 间任何时刻到达此站是等可能的，用 MATLAB 语言求他候车时间不到 5min 的概率。

29. 设随机变量 X 的概率密度函数为 $f(x)=\begin{cases}c\mathrm{e}^{-2|x|}, & x>-1,\\ 0, & \text{其他},\end{cases}$

(1) 用 MATLAB 语言求常数 c 和 $P\{1<X<2\}$；(2)求 X 的分布函数。

第3章

多维随机变量及其分布

由于在实际问题中,有些随机试验的结果需要同时用两个或更多个随机变量来描述,并且这些随机变量往往并非是彼此孤立的,要研究这些随机变量以及彼此之间的关系,我们需要将它们作为一个整体来考虑,为此我们引进多维随机变量的概念。本章我们将重点介绍二维随机变量及其分布,二维随机变量是随机变量的延伸,而多维随机变量的研究可由二维随机变量研究适当地推广得到。

在本章,我们首先介绍二维随机变量以及二维随机变量的分布函数,分布函数决定了二维随机变量的一切性质,研究二维随机变量就是研究分布函数,对二维随机变量的概念进行推广得到多维随机变量的概念。本章中,我们只介绍两类重要的二维随机变量:二维离散型随机变量和二维连续型随机变量。

本章要用到的准备知识:概率计算公式,定积分与二重积分计算。

通过本章的学习可以解决如下问题。

问题1 用某一型号导弹攻击一固定目标,每枚导弹的弹着点的位置需要由纵坐标和横坐标两个变量确定,如果导弹的杀伤半径为 r,确定导弹摧毁目标的概率。

问题2 在研究某一地区学龄儿童的发育情况过程中,仅研究儿童身高的分布或体重的分布是不够的,需要同时考虑身高和体重。求儿童身高和体重落在固定范围内的概率。

3.1 二维随机变量的分布函数及其性质

定义 3.1.1 设 S 为随机试验 E 的样本空间,X 和 Y 是定义在 S 上的随机变量,称它们构成的向量 (X,Y) 为二维随机变量或二维随机向量,称二元函数

$$F(x,y)=P\{(X\leqslant x)\cap(Y\leqslant y)\}=P\{X\leqslant x,Y\leqslant y\}$$

为二维随机变量 (X,Y) 的分布函数,或称为 X 和 Y 的联合分布函数,其中 x 和 y 为任意实数。

如果将二维随机变量 (X,Y) 视为 xOy 平面上随机点的坐标,则分布函数 $F(x,y)$ 在点 (x,y) 处的函数值就是随机点 (X,Y) 落在平面上以点 (x,y) 为顶点且位于该点左下方的无

界矩形区域内的概率(见图 3-1)。

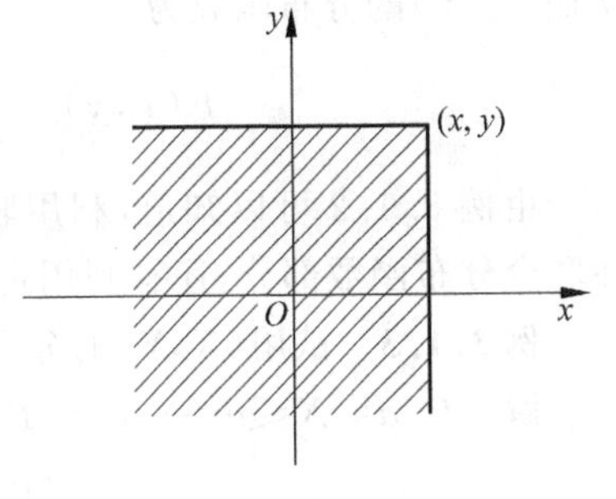

图 3-1　对应分布函数值 $F(x,y)$，(X,Y)能够落在的区域(阴影部分)

二维随机变量(X,Y)的分布函数 $F(x,y)$具有以下性质。

性质 1　$F(x,y)$对于 x 和 y 都是单调非减函数，即如果固定 x 不变，当 $y_1<y_2$ 时，有 $F(x,y_1)\leqslant F(x,y_2)$；如果固定 y 不变，当 $x_1<x_2$ 时，有 $F(x_1,y)\leqslant F(x_2,y)$。

性质 2　$0\leqslant F(x,y)\leqslant 1$，并且

$$F(-\infty,y)=0,\quad F(x,-\infty)=0,$$

$$F(-\infty,-\infty)=0,\quad F(+\infty,+\infty)=1。$$

性质 3　$F(x,y)$关于 x 右连续，关于 y 右连续，即

$$F(x,y)=F(x+0,y)\quad 及\quad F(x,y)=F(x,y+0)。$$

性质 4　对于任意的 $x_1<x_2,y_1<y_2$，有

$$P\{x_1<X\leqslant x_2,y_1<Y\leqslant y_2\}=F(x_2,y_2)-F(x_1,y_2)-F(x_2,y_1)+F(x_1,y_1)\geqslant 0。$$

需要指出的是，二维随机变量的分布函数必须具有上述四条性质。如果一个函数 $F(x,y)$不满足其中的某一条，则它就不是随机变量的分布函数。反之，如果一个函数满足了上述四条性质，则该函数一定可以作为某个二维随机变量的分布函数。

例 3.1.1　设 $F(x,y)=\begin{cases}1, & x+2y\geqslant 1,\\ 0, & x+2y<1。\end{cases}$ 容易验证 $F(x,y)$具备性质 1、2、3，由于 $P\{0<X\leqslant 1,0<Y\leqslant 1\}=F(1,1)-F(1,0)-F(0,1)+F(0,0)=-1<0$，即性质 4 不满足，所以 $F(x,y)$不能作为二维随机变量的分布函数。

例 3.1.2　设二维随机变量(X,Y)的分布函数为

$$F(x,y)=A(B+\arctan x)(C+\arctan y)\quad(-\infty<x,y<+\infty),$$

确定常数 A,B,C。

解　由分布函数的性质，有

$$\lim_{\substack{x\to+\infty\\ y\to+\infty}}F(x,y)=\lim_{\substack{x\to+\infty\\ y\to+\infty}}A(B+\arctan x)(C+\arctan y)$$

$$=A\left(B+\frac{\pi}{2}\right)\left(C+\frac{\pi}{2}\right)=1,$$

$$\lim_{\substack{x\to-\infty\\ y\to+\infty}}F(x,y)=\lim_{\substack{x\to-\infty\\ y\to+\infty}}A(B+\arctan x)(C+\arctan y)$$

$$=A\left(B-\frac{\pi}{2}\right)\left(C+\frac{\pi}{2}\right)=0,$$

$$\lim_{\substack{y\to-\infty\\ x\to+\infty}}F(x,y)=\lim_{\substack{y\to-\infty\\ x\to+\infty}}A(B+\arctan x)(C+\arctan y)$$

$$=A\left(B+\frac{\pi}{2}\right)\left(C-\frac{\pi}{2}\right)=0。$$

联立以上三个结果，解得

$$A=\frac{1}{\pi^2},\quad B=\frac{\pi}{2},\quad C=\frac{\pi}{2}。$$

从而(X,Y)的分布函数为

$$F(x,y)=\frac{1}{\pi^2}\left(\frac{\pi}{2}+\arctan x\right)\left(\frac{\pi}{2}+\arctan y\right)。$$

由例3.1.2可以知道,利用联合分布函数的性质2可以确定分布函数中未知的常数。在联合分布函数部分,还有利用定义及性质求概率的相关题目。

例3.1.3 试用(X,Y)的分布函数$F(x,y)$表示概率$P\{a\leqslant X\leqslant b,Y<c\}$。

解 $P\{a\leqslant X\leqslant b,Y<c\}=F(X\leqslant b,Y<c)-F(X<a,Y<c)$

$$=F(b,c-0)-F(a-0,c-0)。$$

此处$F(b,c-0)$表示固定$x=b$时,函数的$F(b,y)$在$y=c$处的左极限。

在本节的最后,我们将二维随机变量及分布函数的概念推广到n维随机变量的情形。

定义3.1.2 设S为随机试验E的样本空间,$X_1,X_2,\cdots,X_n$是定义在S上的n个随机变量,则称n维向量$(X_1,X_2,\cdots,X_n)$为n维随机变量或n维随机向量,称n元函数

$$F(x_1,x_2,\cdots,x_n)=P\{X_1\leqslant x_1,X_2\leqslant x_2,\cdots,X_n\leqslant x_n\}$$

为n维随机变量$(X_1,X_2,\cdots,X_n)$的分布函数,或称为$X_1,X_2,\cdots,X_n$的联合分布函数,其中$x_1,x_2,\cdots,x_n$为任意实数。

n维随机变量$(X_1,X_2,\cdots,X_n)$的分布函数具有与二维随机变量分布函数相类似的性质。

3.2 二维离散型随机变量

3.2.1 二维离散型随机变量的分布律与边缘分布律

定义3.2.1 若二维随机变量(X,Y)的所有可能取值为有限对或可列无限多对时,则称(X,Y)为二维离散型随机变量。

显然,当且仅当X和Y都是离散型随机变量时,(X,Y)为二维离散型随机变量。

定义3.2.2 设二维离散型随机变量(X,Y)的所有可能取值为(x_i,y_j),并且

$$P\{X=x_i,Y=y_j\}=p_{ij},\quad i,j=1,2,\cdots,$$

则称上式为二维离散型随机变量(X,Y)的分布律,或称为随机变量X和Y的联合分布律。

容易验证,(X,Y)的分布律满足下列性质。

性质1(非负性) $p_{ij}\geqslant 0,i,j=1,2,\cdots$;

性质2(规范性) $\sum\limits_{i=1}^{+\infty}\sum\limits_{j=1}^{+\infty}p_{ij}=1$。

二维随机变量(X,Y)的分布律还可以用表格的形式表示,称其为二维离散型随机变量的联合概率分布表:

X \ Y	y_1	y_2	$\cdots$	y_j	$\cdots$
x_1	p_{11}	p_{12}	$\cdots$	p_{1j}	$\cdots$
x_2	p_{21}	p_{22}	$\cdots$	p_{2j}	$\cdots$
$\vdots$	$\vdots$	$\vdots$		$\vdots$	
x_i	p_{i1}	p_{i2}	$\cdots$	p_{ij}	$\cdots$
$\vdots$	$\vdots$	$\vdots$	$\cdots$	$\vdots$	$\cdots$

由于随机变量 X 和 Y 都是一维离散型随机变量，因此 X 和 Y 也有各自的分布律，我们称其为 X,Y 的边缘分布律，且 X 和 Y 的边缘分布律可由(X,Y)的分布律得到，X 和 Y 的边缘分布律分别为

$$P\{X=x_i\}=P\{X=x_i,Y<+\infty\}=\sum_{j=1}^{+\infty}p_{ij}=p_{i\cdot},\quad i=1,2,\cdots;$$

$$P\{Y=y_j\}=P\{Y=y_j,X<+\infty\}=\sum_{i=1}^{+\infty}p_{ij}=p_{\cdot j},\quad j=1,2,\cdots。$$

实际上，二维随机变量(X,Y)关于 X 的边缘分布律 $p_{i\cdot}$ 是由联合概率分布表中 p_{ij} 按行求和得到的，关于 Y 的边缘分布律 $p_{\cdot j}$ 是 p_{ij} 按列求和得到的。对应的 $p_{i\cdot}$ 和 $p_{\cdot j}$ 也可以放在联合概率分布表中，形成如下的表格，仍称为联合概率分布表：

X	Y					$P\{X=x_i\}=p_{i\cdot}$
	y_1	y_2	$\cdots$	y_j	$\cdots$	
x_1	p_{11}	p_{12}	$\cdots$	p_{1j}	$\cdots$	$\sum_j p_{1j}$
x_2	p_{21}	p_{22}	$\cdots$	p_{2j}	$\cdots$	$\sum_j p_{2j}$
$\vdots$	$\vdots$	$\vdots$		$\vdots$		
x_i	p_{i1}	p_{i2}	$\cdots$	p_{ij}	$\cdots$	$\sum_j p_{1j}$
$\vdots$	$\vdots$	$\vdots$		$\vdots$		
$P\{Y=y_j\}=p_{\cdot j}$	$\sum_i p_{i1}$	$\sum_i p_{i2}$	$\cdots$	$\sum_i p_{ij}$	$\cdots$	$\sum_{i=1}\sum_{j=1}p_{ij}=1$

例 3.2.1 口袋中装有 10 个球，其中 4 个白球、6 个红球，从口袋中任取两次，每次取一个球。定义随机变量 $X=0$ 表示第一次取到的是白球，$X=1$ 表示第一次取到的是红球；$Y=0$ 表示第二次取到的是白球，$Y=1$ 表示第二次取到的是红球。试分别在有放回和无放回两种情况下，求(X,Y)的分布律、边缘分布律以及分布函数。

解 不放回的情况下，由于

$$P\{X=0,Y=0\}=\frac{4}{10}\times\frac{3}{9}=\frac{2}{15},\quad P\{X=0,Y=1\}=\frac{4}{10}\times\frac{6}{9}=\frac{4}{15},$$

$$P\{X=1,Y=0\}=\frac{6}{10}\times\frac{4}{9}=\frac{4}{15},\quad P\{X=1,Y=1\}=\frac{6}{10}\times\frac{5}{9}=\frac{5}{15},$$

所以，(X,Y)的分布律为

X \ Y	0	1
0	$\frac{2}{15}$	$\frac{4}{15}$
1	$\frac{4}{15}$	$\frac{5}{15}$

由边缘分布律的定义,得(X,Y)的边缘分布律为

X	0	1
p_k	$\frac{2}{5}$	$\frac{3}{5}$

Y	0	1
p_k	$\frac{2}{5}$	$\frac{3}{5}$

由分布函数的定义得(X,Y)的分布函数为

$$F(x,y)=\begin{cases}0, & x<0 \text{ 或 } y<0,\\ \dfrac{2}{15}, & 0\leqslant x<1, 0\leqslant y<1,\\ \dfrac{6}{15}, & 0\leqslant x<1, y\geqslant 1 \text{ 或 } x\geqslant 1, 0\leqslant y<1,\\ 1, & x\geqslant 1, y\geqslant 1。\end{cases}$$

有放回的情况下,由于

$$P\{X=0,Y=0\}=\frac{4}{10}\times\frac{4}{10}=\frac{4}{25},\quad P\{X=0,Y=1\}=\frac{4}{10}\times\frac{6}{10}=\frac{6}{25},$$

$$P\{X=1,Y=0\}=\frac{6}{10}\times\frac{4}{10}=\frac{6}{25},\quad P\{X=1,Y=1\}=\frac{6}{10}\times\frac{6}{10}=\frac{9}{25},$$

所以,(X,Y)的分布律为

X \ Y	0	1
0	$\frac{4}{25}$	$\frac{6}{25}$
1	$\frac{6}{25}$	$\frac{9}{25}$

由边缘分布律的定义得(X,Y)的边缘分布律为

X	0	1
p_k	$\frac{2}{5}$	$\frac{3}{5}$

Y	0	1
p_k	$\frac{2}{5}$	$\frac{3}{5}$

由分布函数的定义得(X,Y)的分布函数为

$$F(x,y)=\begin{cases}0, & x<0 \text{ 或 } y<0,\\ \dfrac{4}{25}, & 0\leqslant x<1, 0\leqslant y<1,\\ \dfrac{2}{5}, & 0\leqslant x<1, y\geqslant 1 \text{ 或 } x\geqslant 1, 0\leqslant y<1,\\ 1, & x\geqslant 1, y\geqslant 1。\end{cases}$$

由例3.2.1可以看出,在两种不同的取球方式下,(X,Y)具有不同的分布律,但它们相应的边缘分布律是相同的。这一事实表明虽然二维随机变量的分布律决定了它们的边缘分布律,可是边缘分布律却不能决定联合分布律。另外,两种方式下边缘分布律相同再一次证明了第1章中提到的抽签的公平性,即有放回和不放回抽样,不影响球被抽

中的概率。

例 3.2.2 设 X 等可能地从 1,2,3,4 中取一个数值,Y 等可能地在 1 到 X 之间取一个数值,求(X,Y)的分布律。

解 (X,Y)的所有可能取值为$\{(i,j)\mid i,j\in\{1,2,3,4\}\}$,则

$$P\{X=i,Y=j\}=P\{Y=j\mid X=i\}P\{X=i\}=\begin{cases}\frac{1}{4}\cdot\frac{1}{i}, & i=1,2,3,4;\ j=1,\cdots,i。\\ 0, & j>i\end{cases}$$

因此(X,Y)的分布律为

$X \backslash Y$	1	2	3	4
1	$\frac{1}{4}$	0	0	0
2	$\frac{1}{4}\times\frac{1}{2}$	$\frac{1}{4}\times\frac{1}{2}$	0	0
3	$\frac{1}{4}\times\frac{1}{3}$	$\frac{1}{4}\times\frac{1}{3}$	$\frac{1}{4}\times\frac{1}{3}$	0
4	$\frac{1}{4}\times\frac{1}{4}$	$\frac{1}{4}\times\frac{1}{4}$	$\frac{1}{4}\times\frac{1}{4}$	$\frac{1}{4}\times\frac{1}{4}$

例 3.2.3 设随机变量 U 服从区间$[-2,2]$上的均匀分布,随机变量 X 和 Y 的定义如下:

$$X=\begin{cases}-1, & U\leqslant -1,\\ 1, & U>-1,\end{cases}\quad Y=\begin{cases}-1, & U\leqslant 1,\\ 1, & U>1。\end{cases}$$

求(X,Y)的分布律以及 $P\{X+Y=0\}$。

解 (X,Y)的所有可能取值为$(-1,-1)$,$(-1,1)$,$(1,-1)$,$(1,1)$。

$$P\{X=-1,Y=-1\}=P\{U\leqslant -1,U\leqslant 1\}=P\{U\leqslant -1\}=\frac{1}{4},$$

$$P\{X=-1,Y=1\}=P\{U\leqslant -1,U>1\}=0,$$

$$P\{X=1,Y=-1\}=P\{U>-1,U\leqslant 1\}=P\{-1<U\leqslant 1\}=\frac{1}{2},$$

$$P\{X=1,Y=1\}=P\{U>-1,U>1\}=P\{1<U\}=\frac{1}{4}。$$

因此(X,Y)的分布律为

$X \backslash Y$	-1	1
-1	$\frac{1}{4}$	0
1	$\frac{1}{2}$	$\frac{1}{4}$

所以 $P\{X+Y=0\}=P\{X=-1,Y=1\}+P\{X=1,Y=-1\}=\frac{1}{2}$。

3.2.2 二维离散型随机变量的独立性

在例 3.2.1 中"有放回"抽样和"不放回"抽样并不影响(X,Y)的边缘分布律，特别是在有放回的情况下，X 的取值并不影响 Y 的取值。一般情况下(X,Y)的两个分量 X,Y 的取值如果互不影响，我们就认为 X 与 Y 是相互独立的。

定义 3.2.3 若二维随机变量(X,Y)的分布律与边缘分布律满足

$$p_{ij}=p_{i\cdot}\cdot p_{\cdot j},\quad i,j=1,2,\cdots,$$

则称随机变量 X 与 Y 是相互独立的。

如前所述，一般情况下，边缘分布律不能决定联合分布律，但在 X,Y 满足相互独立的条件下，根据定义 3.2.3 可以验证(X,Y)的分布律与它的两个边缘分布律是可以相互确定的。

根据定义 3.2.3 可以验证在例 3.2.1 中"有放回"取球的情况下，X 与 Y 是相互独立；而"不放回"情形下，随机变量 X 与 Y 是不相互独立的。例 3.2.2 和例 3.2.3 中的 X 与 Y 都是不相互独立的。

由相互独立的定义可知，离散型随机变量 X 与 Y 相互独立的充分必要条件是：对于任意的 i,j 均有 $p_{ij}=p_{i\cdot}\cdot p_{\cdot j}$ 成立。并且在 X 与 Y 相互独立的条件下必有：(X,Y)分布律表中任意的两行(列)对应成比例。读者可以根据定义自己推导此结论。

例 3.2.4 设(X,Y)是二维离散型随机变量，X 和 Y 的边缘分布律如下：

X	-1	0	1
p	$\frac{1}{4}$	$\frac{1}{2}$	$\frac{1}{4}$

Y	0	1
p	$\frac{1}{2}$	$\frac{1}{2}$

已知 X 和 Y 相互独立，求随机变量 X 和 Y 的联合分布律。

解 设

$$p_{ij}=P\{X=x_i,Y=x_j\}\qquad(i=1,2;j=1,2,3)。$$

由于 X 和 Y 相互独立，故存在正数 k，使得 $p_{1j}=kp_{2j}\ (j=1,2,3)$。由 Y 边缘分布律得

$$p_{11}+p_{12}+p_{13}=p_{21}+p_{22}+p_{23}=\frac{1}{2}。$$

而

$$p_{11}+p_{12}+p_{13}+p_{21}+p_{22}+p_{23}=1,$$

所以，$k=1$。再由 X 边缘分布律得(X,Y)的分布律为

Y \ X	-1	0	1
0	$\frac{1}{8}$	$\frac{1}{4}$	$\frac{1}{8}$
1	$\frac{1}{8}$	$\frac{1}{4}$	$\frac{1}{8}$

例 3.2.5　设(X,Y)是二维离散型随机变量，X 和 Y 的联合分布律如下：

X \ Y	1	2	3
1	$\frac{1}{6}$	$\frac{1}{9}$	$\frac{1}{18}$
2	$\frac{1}{3}$	α	β

如果 X 与 Y 相互独立，求 α,β。

解　由 X 与 Y 相互独立，根据上述结论可知

$$\frac{1}{6}\Big/\frac{1}{3}=\frac{1}{9}\Big/\alpha,\quad \frac{1}{6}\Big/\frac{1}{3}=\frac{1}{18}\Big/\beta\ 。$$

所以 $\alpha=\frac{2}{9},\beta=\frac{1}{9}$。

3.2.3　二维离散型随机变量的条件分布律

在第 1 章中，我们给出了随机事件条件概率的概念，即在事件 A 发生条件下事件 B 发生的概率为

$$P(B|A)=\frac{P(AB)}{P(A)},\quad P(A)>0。$$

现在我们有了离散型随机变量 X 和 Y 的联合分布律和边缘分布律的概念，很自然地想到在二维离散型随机变量(X,Y)中某个分量 X(或 Y)的取值会影响到另外一个分量取值的概率，这就是二维随机变量(X,Y)的条件分布问题。

定义 3.2.4　设(X,Y)是二维离散型随机变量，其分布律为

$$P\{X=x_i,Y=y_j\}=p_{ij},\quad i,j=1,2,\cdots。$$

(X,Y)关于 X 和 Y 的边缘分布律分别为

$$P\{X=x_i\}=p_{i\cdot},\quad i=1,2,\cdots,$$

$$P\{Y=y_j\}=p_{\cdot j},\quad j=1,2,\cdots。$$

对于固定的 j，若 $p_{\cdot j}>0$，则在事件$\{Y=y_j\}$已经发生的条件下，事件$\{X=x_i\}$发生的条件概率为

$$P\{X=x_i|Y=y_j\}=\frac{P\{X=x_i,Y=y_j\}}{P\{Y=y_j\}}=\frac{p_{ij}}{p_{\cdot j}},\quad i=1,2,\cdots$$

我们称上式为在给定 $Y=y_j$ 条件下随机变量 X 的条件分布律。

同理，对于固定的 i，若 $p_{i\cdot}>0$，则称

$$P\{Y=y_j|X=x_i\}=\frac{P\{X=x_i,Y=y_j\}}{P\{X=x_i\}}=\frac{p_{ij}}{p_{i\cdot}},\quad j=1,2,\cdots$$

为在 $X=x_i$ 条件下随机变量 Y 的条件分布律。

容易验证，条件分布律有下面的性质：

(1) (非负性)$P\{X=x_i|Y=y_j\}\geqslant 0(P\{Y=y_j|X=x_i\}\geqslant 0)$；

(2) (规范性)$\sum\limits_{i=1}^{\infty}P\{X=x_i|Y=y_j\}=\sum\limits_{i=1}^{\infty}\frac{p_{ij}}{p_{\cdot j}}=\frac{1}{p_{\cdot j}}\sum\limits_{i=1}^{\infty}p_{ij}=1\Big(\sum\limits_{j=1}^{\infty}P\{Y=y_j|X=x_i\}=$

$\sum\limits_{j=1}^{\infty}\frac{p_{ij}}{p_{i\cdot}}=\frac{1}{p_{i\cdot}}\sum\limits_{j=1}^{\infty}p_{ij}=1\Big)$。

根据第1章条件概率部分的乘法公式,很容易得到二维随机变量的乘法公式为

$$\begin{aligned}p_{ij}&=P\{X=x_i,Y=y_j\}\\&=P\{X=x_i|Y=y_j\}P\{Y=y_j\}\\&=P\{X=x_i|Y=y_j\}\cdot p_{\cdot j}\\&=P\{Y=y_j|X=x_i\}P\{X=x_i\}\\&=P\{Y=y_j|X=x_i\}\cdot p_{i\cdot}。\end{aligned}$$

二维随机变量(X,Y)的联合分布、边缘分布和条件分布有如下关系：由X和Y的联合分布可以确定X和Y的边缘分布和条件分布；反之,如果知道了X和Y的边缘分布和条件分布,则(X,Y)的联合分布也可以确定。

例 3.2.6 对于例 3.2.2,求出在$X=2$的情况下Y的条件分布。

解 (X,Y)的联合分布律为

X \ Y	1	2	3	4
1	$\frac{1}{4}$	0	0	0
2	$\frac{1}{4}\times\frac{1}{2}$	$\frac{1}{4}\times\frac{1}{2}$	0	0
3	$\frac{1}{4}\times\frac{1}{3}$	$\frac{1}{4}\times\frac{1}{3}$	$\frac{1}{4}\times\frac{1}{3}$	0
4	$\frac{1}{4}\times\frac{1}{4}$	$\frac{1}{4}\times\frac{1}{4}$	$\frac{1}{4}\times\frac{1}{4}$	$\frac{1}{4}\times\frac{1}{4}$

$$\begin{aligned}&P\{X=2\}=\frac{1}{4},\\&P\{Y=1|X=2\}=\frac{P\{X=2,Y=1\}}{P\{X=2\}}=\frac{1}{2},\\&P\{Y=2|X=2\}=\frac{P\{X=2,Y=2\}}{P\{X=2\}}=\frac{1}{2},\\&P\{Y=3|X=2\}=P\{Y=4|X=2\}=0。\end{aligned}$$

所以在$X=2$的情况下Y的条件分布律为

Y	1	2
$P\{Y=y_j\|X=2\}$	$\frac{1}{2}$	$\frac{1}{2}$

例 3.2.7 设(X,Y)的联合分布律为

X \ Y	1	2	3
1	0.2	0.25	0.3
2	0.1	0.08	0.07

求：(1) X 和 Y 的边缘分布律；

(2) 在 $X=1$ 的条件下 Y 的条件分布律。

解 (1) 由公式

$$P\{X=x_i\}=P\{X=x_i,Y<+\infty\}=\sum_{j=1}^{+\infty}p_{ij}=p_{i\cdot},\quad i=1,2,\cdots;$$

$$P\{Y=y_j\}=P\{Y=y_j,X<+\infty\}=\sum_{i=1}^{+\infty}p_{ij}=p_{\cdot j},\quad j=1,2,\cdots$$

可得 X 和 Y 的边缘分布律为

X	1	2
$p_{i\cdot}$	0.75	0.25

Y	1	2	3
$p_{\cdot j}$	0.3	0.33	0.37

(2) 由公式

$$P\{Y=y_j\mid X=x_i\}=\frac{P\{X=x_i,Y=y_j\}}{P\{X=x_i\}}=\frac{p_{ij}}{p_{i\cdot}}$$

计算条件概率：

$$P\{Y=1\mid X=1\}=\frac{P\{X=1,Y=1\}}{P\{X=1\}}=\frac{0.2}{0.75}=\frac{4}{15},$$

$$P\{Y=2\mid X=1\}=\frac{P\{X=1,Y=2\}}{P\{X=1\}}=\frac{0.25}{0.75}=\frac{1}{3},$$

$$P\{Y=3\mid X=1\}=\frac{P\{X=1,Y=3\}}{P\{X=1\}}=\frac{0.3}{0.75}=\frac{2}{5}。$$

所以在 $X=1$ 的条件下 Y 的条件分布律为

Y	1	2	3
$P\{Y=y_j\mid X=1\}$	$\frac{4}{15}$	$\frac{1}{3}$	$\frac{2}{5}$

3.3 二维连续型随机变量

3.3.1 二维连续型随机变量的概率密度与边缘概率密度

定义 3.3.1 设二维随机变量 (X,Y) 的分布函数为 $F(x,y)$，如果存在非负函数 $f(x,y)$ 使对于任意的实数 x,y 都有

$$F(x,y)=\int_{-\infty}^{x}\int_{-\infty}^{y}f(u,v)\mathrm{d}u\mathrm{d}v,$$

则称 (X,Y) 为二维连续型随机变量，称非负函数 $f(x,y)$ 为 (X,Y) 的概率密度或称 $f(x,y)$ 为 X 和 Y 的联合概率密度。

按照定义，概率密度 $f(x,y)$ 具有以下性质：

(1) $f(x,y)\geqslant 0$；

(2) $\int_{-\infty}^{+\infty}\int_{-\infty}^{+\infty}f(x,y)\mathrm{d}x\mathrm{d}y=1$；

(3) 设 D 为 xOy 平面上的一个区域,有

$$P\{(X,Y)\in D\}=\iint_D f(x,y)\mathrm{d}x\mathrm{d}y;$$

(4) 如果 $f(x,y)$ 在点 (x,y) 处连续,则有

$$f(x,y)=\frac{\partial^2 F(x,y)}{\partial x\partial y}。$$

这表示若 $f(x,y)$ 在点 (x,y) 处连续,则当 $\Delta x,\Delta y$ 很小时,(X,Y) 落在矩形区域 $(x,x+\Delta x]\times(y,y+\Delta y]$ 内的概率为

$$P\{x<X\leqslant x+\Delta x,\quad y<Y\leqslant y+\Delta y\}\approx f(x,y)\Delta x\Delta y。$$

在几何上,$z=f(x,y)$ 表示空间中的一个曲面。由性质(1)和性质(2)可知,概率密度函数 $z=f(x,y)$ 与 xOy 平面所围空间区域的体积为1。由性质(3)可知,随机点 (X,Y) 落在区域平面 D 内的概率 $P\{(X,Y)\in D\}$ 等于以 D 为底、以曲面 $z=f(x,y)$ 为顶面的曲顶柱体的体积。

需要指出的是,如果二元函数 $f(x,y)$ 满足性质(1)和性质(2),则其一定能够作为某个二维随机变量 (X,Y) 的概率密度。

例 3.3.1 已知二维随机变量 (X,Y) 的概率密度为

$$f(x,y)=\begin{cases}kxy, & 0<x<1,0<y<1,\\ 0, & \text{其他}。\end{cases}$$

求:(1)常数 k 的值;(2)$P\{X\leqslant Y\}$;(3)$F(x,y)$。

解 (1) 由 $\int_{-\infty}^{+\infty}\int_{-\infty}^{+\infty}f(x,y)\mathrm{d}x\mathrm{d}y=\int_0^1\int_0^1 kxy\mathrm{d}x\mathrm{d}y=k\int_0^1 x\left[\int_0^1 y\mathrm{d}y\right]\mathrm{d}x$

$$=k\int_0^1\frac{1}{2}x\mathrm{d}x=\frac{k}{4}=1$$

得 $k=4$。

(2) $\{X\leqslant Y\}$ 所对应的区域如图3-2所示,点 (X,Y) 落在阴影区域内的概率为

$$P\{X\leqslant Y\}=\iint_{x\leqslant y}f(x,y)\mathrm{d}x\mathrm{d}y=4\int_0^1 x\mathrm{d}x\int_x^1 y\mathrm{d}y=\frac{1}{2}。$$

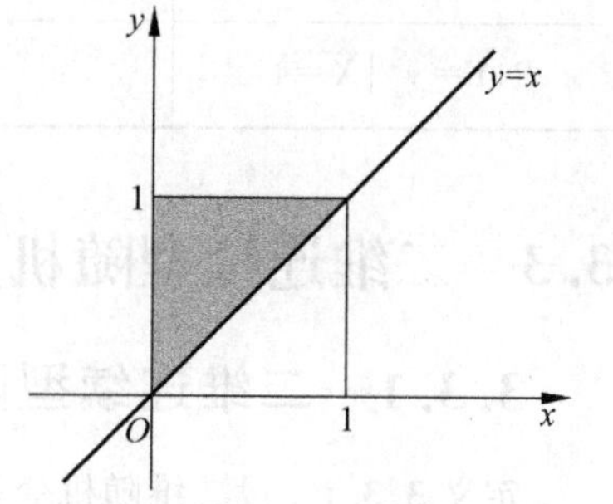

图 3-2 $f(x,y)$ 的非零区域与 $\{x\leqslant y\}$ 交集部分

(3) 由分布函数的定义可知,

$$F(x,y)=\int_{-\infty}^{x}\int_{-\infty}^{y}f(u,v)\mathrm{d}u\mathrm{d}v。$$

当 $x<0$ 或 $y<0$ 时,得

$$F(x,y)=0;$$

当 $0\leqslant x<1,0\leqslant y<1$ 时,得

$$F(x,y)=\int_{-\infty}^{x}\int_{-\infty}^{y}f(u,v)\mathrm{d}u\mathrm{d}v=\int_0^x\left[\int_0^y 4uv\mathrm{d}v\right]\mathrm{d}u=x^2y^2;$$

当 $0\leqslant x<1,y\geqslant 1$ 时,得

$$F(x,y)=\int_0^x\left[\int_0^1 4uv\mathrm{d}v\right]\mathrm{d}u=x^2;$$

当 $x\geqslant 1,0\leqslant y<1$ 时，得

$$F(x,y)=\int_0^1\left[\int_0^y 4uv\,\mathrm{d}v\right]\mathrm{d}u=y^2;$$

当 $x\geqslant 1,y\geqslant 1$ 时，$F(x,y)=\int_0^1\left[\int_0^1 4uv\,\mathrm{d}v\right]\mathrm{d}u=1$。

因此，得

$$F(x,y)=\begin{cases}0, & x<0 \text{ 或 } y<0,\\ x^2y^2, & 0\leqslant x<1,0\leqslant y<1,\\ x^2, & 0\leqslant x<1,y\geqslant 1,\\ y^2, & x\geqslant 1,0\leqslant y<1,\\ 1, & x\geqslant 1,y\geqslant 1。\end{cases}$$

定义 3.3.2 设二维连续型随机变量(X,Y)的概率密度为 $f(x,y)$，我们称

$$F_X(x)=F(x,+\infty)=\int_{-\infty}^{x}\left[\int_{-\infty}^{+\infty}f(u,v)\mathrm{d}v\right]\mathrm{d}u$$

为二维连续型随机变量(X,Y)关于 X 的边缘分布函数。同理，称

$$F_Y(y)=F(+\infty,y)=\int_{-\infty}^{y}\left[\int_{-\infty}^{+\infty}f(u,v)\mathrm{d}u\right]\mathrm{d}v$$

为二维连续型随机变量(X,Y)关于 Y 的边缘分布函数。

此处，X 与 Y 均为连续型随机变量，其概率密度函数分别为 $f_X(x)=\int_{-\infty}^{\infty}f(x,y)\mathrm{d}y$，$f_Y(y)=\int_{-\infty}^{\infty}f(x,y)\mathrm{d}x$。我们分别称 $f_X(x)$，$f_Y(y)$ 为二维随机变量(X,Y) 关于 X 和关于 Y 的边缘概率密度。

例 3.3.2 已知二维随机变量(X,Y)的概率密度为

$$f(x,y)=\begin{cases}6\mathrm{e}^{-(3x+2y)}, & x>0,y>0,\\ 0, & \text{其他}。\end{cases}$$

求边缘概率密度 $f_X(x)$，$f_Y(y)$。

解 由边缘概率密度的定义，关于 X 的边缘概率密度为

$$f_X(x)=\int_{-\infty}^{+\infty}f(x,y)\mathrm{d}y=\begin{cases}\int_0^{+\infty}6\mathrm{e}^{-(3x+2y)}\mathrm{d}y, & x>0,\\ 0, & x\leqslant 0,\end{cases}$$

$$=\begin{cases}3\mathrm{e}^{-3x}\int_0^{+\infty}\mathrm{e}^{-2y}\mathrm{d}(2y), & x>0,\\ 0, & x\leqslant 0,\end{cases}$$

$$=\begin{cases}3\mathrm{e}^{-3x}, & x>0,\\ 0, & x\leqslant 0。\end{cases}$$

关于 Y 的边缘概率密度为

$$f_Y(y)=\int_{-\infty}^{+\infty}f(x,y)\mathrm{d}x=\begin{cases}\int_0^{+\infty}6\mathrm{e}^{-(3x+2y)}\mathrm{d}x, & y>0,\\ 0, & y\leqslant 0,\end{cases}$$

$$=\begin{cases}2\mathrm{e}^{-2y}\int_0^{+\infty}\mathrm{e}^{-3x}\mathrm{d}(3x), & y>0,\\ 0, & y\leqslant 0,\end{cases}$$

$$=\begin{cases}2\mathrm{e}^{-2y}, & y>0,\\ 0, & y\leqslant 0。\end{cases}$$

3.3.2 两个重要的二维连续型分布

1. 二维均匀分布

设 D 为 xOy 平面上的有界区域,其面积为 S_D,如果二维连续型随机变量(X,Y)的概率密度为

$$f(x,y)=\begin{cases}\dfrac{1}{S_D}, & (x,y)\in D,\\ 0, & \text{其他},\end{cases}$$

则称(X,Y)服从区域 D 上的均匀分布。

如果(X,Y)在区域 D 上服从均匀分布,则对于任一平面区域 G,有

$$P\{(X,Y)\in G\}=\iint\limits_G f(x,y)\mathrm{d}x\mathrm{d}y=\iint\limits_{D\cap G}\frac{1}{S_D}\mathrm{d}x\mathrm{d}y=\frac{1}{S_D}\iint\limits_{D\cap G}\mathrm{d}x\mathrm{d}y=\frac{S_{D\cap G}}{S_D},$$

其中 $S_{D\cap G}$ 为平面区域 D 与 G 的公共部分的面积。

特别地,如果 G 为 D 的子区域,有

$$P\{(X,Y)\in G\}=\frac{S_G}{S_D}。$$

其中 S_G 为区域 G 的面积。上式表明服从区域 D 上二维均匀分布的随机变量(X,Y)落在 D 内任意子区域 G 内的概率与 G 的面积成正比,与 G 的形状及位置无关。

例 3.3.3 已知平面区域 D 由曲线 $y^2=2x$ 和 $y=x-4$ 所围成,随机变量(X,Y)在 D 上服从均匀分布。求(X,Y)关于 X 和关于 Y 的边缘概率密度。

解 $S_D=\iint\limits_D\mathrm{d}x\mathrm{d}y=\int_{-2}^4\mathrm{d}y\int_{y^2/2}^{y+4}\mathrm{d}x=18$,所以$(X,Y)$的概率密度为

$$f(x,y)=\begin{cases}\dfrac{1}{18}, & (x,y)\in D,\\ 0, & \text{其他}。\end{cases}$$

区域 $D=\left\{(X,Y)\mid -2\leqslant y\leqslant 4,\dfrac{y^2}{2}\leqslant x\leqslant y+4\right\}$,(见图 3-3)。

关于 X 的边缘概率密度 $f_X(x)=\int_{-\infty}^{+\infty}f(x,y)\mathrm{d}y$。因为 x 取值不同,y 的积分限不是由同一函数给出的,因此分段计算。

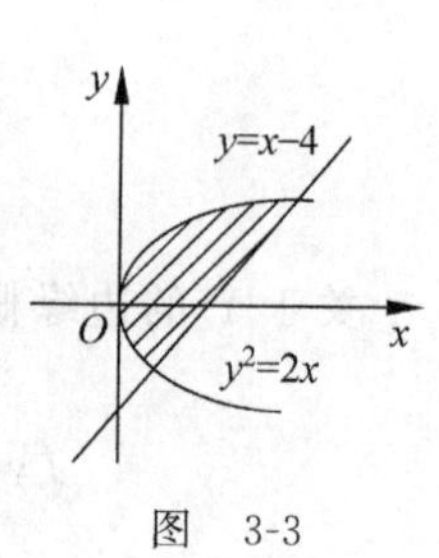

图 3-3

当 $0\leqslant x\leqslant 2$ 时,$f_X(x)=\int_{-\sqrt{2x}}^{\sqrt{2x}}\dfrac{1}{18}\mathrm{d}y=\dfrac{\sqrt{2x}}{9}$;

当 $2<x\leqslant 8$ 时,$f_X(x)=\int_{x-4}^{\sqrt{2x}}\dfrac{1}{18}\mathrm{d}y=\dfrac{1}{18}(\sqrt{2x}-x+4)$。

综上

$$f_X(x)=\begin{cases}\dfrac{\sqrt{2x}}{9}, & 0\leqslant x\leqslant 2,\\ \dfrac{1}{18}(\sqrt{2x}-x+4), & 2<x\leqslant 8,\\ 0, & \text{其他。}\end{cases}$$

关于 Y 的边缘概率密度 $f_Y(y)=\int_{-\infty}^{+\infty}f(x,y)\mathrm{d}x$。

当 $-2\leqslant y\leqslant 4$ 时，$f_Y(y)=\int_{y^2/2}^{y+4}\frac{1}{18}\mathrm{d}x=\frac{1}{18}(y+4-y^2/2)$，所以

$$f_Y(y)=\begin{cases}\dfrac{1}{18}(y+4-y^2/2), & -2\leqslant y\leqslant 4,\\ 0, & \text{其他。}\end{cases}$$

从上例，我们可以看出二维均匀分布的边缘概率分布不再服从一维的均匀分布。但是如果区域为矩形 $D=\{(x,y)\mid a\leqslant x\leqslant b,c\leqslant y\leqslant d\}$ 的话，则其边缘概率分布服从均匀分布，读者可以自己加以验证。

2. 二维正态分布

如果二维随机变量 (X,Y) 的概率密度为

$$f(x,y)=\frac{1}{2\pi\sigma_1\sigma_2\sqrt{1-\rho^2}}\exp\left\{-\frac{1}{2(1-\rho^2)}\left[\frac{(x-\mu_1)^2}{\sigma_1^2}-2\rho\frac{(x-\mu_1)(y-\mu_2)}{\sigma_1\sigma_2}+\frac{(y-\mu_2)^2}{\sigma_2^2}\right]\right\},\quad x,y\in\mathbb{R}。$$

其中，$\mu_1,\mu_2,\sigma_1,\sigma_2,\rho$ 均为常数，且 $\sigma_1>0,\sigma_2>0,|\rho|<1$，则称 (X,Y) 服从参数为 $\mu_1,\mu_2,\sigma_1,\sigma_2,\rho$ 的二维正态分布，记作 $(X,Y)\sim N(\mu_1,\mu_2,\sigma_1^2,\sigma_2^2,\rho)$。

二维正态分布是一类非常重要的二维连续分布，其参数 $\mu_1,\mu_2,\sigma_1,\sigma_2,\rho$ 都有明确的实际意义，在后续课程中有重要应用。

例 3.3.4 设二维随机变量 (X,Y) 服从参数为 $\mu_1,\mu_2,\sigma_1,\sigma_2,\rho$ 的二维正态分布，求 (X,Y) 关于 X 和关于 Y 的边缘概率密度。

解 由于

$$\begin{aligned}&-\frac{1}{2(1-\rho^2)}\left[\frac{(x-\mu_1)^2}{\sigma_1^2}-2\rho\frac{(x-\mu_1)(y-\mu_2)}{\sigma_1\sigma_2}+\frac{(y-\mu_2)^2}{\sigma_2^2}\right]\\ &=-\frac{1}{2(1-\rho^2)}\left\{\frac{(x-\mu_1)^2}{\sigma_1^2}+\left[\frac{(y-\mu_2)^2}{\sigma_2^2}-2\rho\frac{(x-\mu_1)(y-\mu_2)}{\sigma_1\sigma_2}+\rho^2\frac{(x-\mu_1)^2}{\sigma_1^2}\right]-\rho^2\frac{(x-\mu_1)^2}{\sigma_1^2}\right\}\\ &=-\frac{(x-\mu_1)^2}{2\sigma_1^2}+\frac{-1}{2(1-\rho^2)}\left(\frac{y-\mu_2}{\sigma_2}-\rho\frac{x-\mu_1}{\sigma_1}\right)^2,\end{aligned}$$

由此可得 (X,Y) 关于 X 的边缘密度为

$$f_X(x)=\int_{-\infty}^{+\infty}f(x,y)\mathrm{d}y$$

$$=\frac{1}{2\pi\sigma_1\sigma_2\sqrt{1-\rho^2}}\exp\left\{\frac{(x-\mu_1)^2}{-2\sigma_1^2}\right\}\cdot\int_{-\infty}^{+\infty}\exp\left\{\frac{-1}{2(1-\rho^2)}\left(\frac{y-\mu_2}{\sigma_2}-\rho\frac{x-\mu_1}{\sigma_1}\right)^2\right\}\mathrm{d}y。$$

对于任意给定的实数 x，令 $t=\frac{1}{\sqrt{1-\rho^2}}\left(\frac{y-\mu_2}{\sigma_2}-\rho\frac{x-\mu_1}{\sigma_1}\right)$，则 $\mathrm{d}t=\frac{1}{\sigma_2\sqrt{1-\rho^2}}\mathrm{d}y$。因为 $\int_{-\infty}^{+\infty}\frac{1}{\sqrt{2\pi}}\exp\left\{-\frac{t^2}{2}\right\}\mathrm{d}t=1$，所以

$$f_X(x)=\frac{1}{\sqrt{2\pi}\sigma_1}\exp\left\{\frac{(x-\mu_1)^2}{-2\sigma_1^2}\right\}\cdot\int_{-\infty}^{+\infty}\frac{1}{\sqrt{2\pi}}\exp\left\{-\frac{t^2}{2}\right\}\mathrm{d}t$$

$$=\frac{1}{\sqrt{2\pi}\sigma_1}\exp\left\{-\frac{(x-\mu_1)^2}{2\sigma_1^2}\right\},\quad -\infty<x<+\infty。$$

同理

$$f_Y(y)=\frac{1}{\sqrt{2\pi}\sigma_2}\exp\left\{-\frac{(y-\mu_2)^2}{2\sigma_2^2}\right\},\quad -\infty<y<+\infty。$$

这表明二维正态分布的边缘分布都是一维的正态分布，并且两个边缘分布中都不包含参数 ρ，这意味着尽管不同的参数 ρ 对应不同的二维正态分布 $N(\mu_1,\mu_2,\sigma_1^2,\sigma_2^2,\rho)$，但是这些正态分布都具有相同的边缘分布，即二维正态分布的边缘分布与 ρ 无关。这一事实表明，仅仅根据 (X,Y) 关于 X 和关于 Y 的边缘分布，一般不能确定随机变量 X 和 Y 的联合分布。

3.3.3 二维连续型随机变量的独立性

定义 3.2.3 给出了离散型随机变量相互独立的定义。由于随机变量的独立性是概率统计中的一个重要概念，下面给出随机变量相互独立的一般定义。

定义 3.3.3 二维随机变量 (X,Y) 的分布函数以及关于 X 和关于 Y 的边缘分布函数分别为 $F(x,y)$，$F_X(x)$ 和 $F_Y(y)$，如果对于任意实数 x 和 y，都有

$$F(x,y)=F_X(x)F_Y(y),$$

则称随机变量 X 和 Y 相互独立。

设 (X,Y) 为二维连续型随机变量，其概率密度和边缘概率密度分别为 $f(x,y)$，$f_X(x)$ 和 $f_Y(y)$，如果对于任意实数 x,y，都有

$$f(x,y)=f_X(x)f_Y(y),$$

则随机变量 X 和 Y 相互独立。

例 3.3.5 验证例 3.3.2 中 X 和 Y 是相互独立的。

解 由于 (X,Y) 的概率密度为

$$f(x,y)=\begin{cases}6\mathrm{e}^{-(3x+2y)}, & x>0,y>0,\\ 0, & \text{其他。}\end{cases}$$

关于 X 的边缘概率密度为 $f_X(x)=\begin{cases}3\mathrm{e}^{-3x}, & x>0,\\ 0, & x\leqslant 0,\end{cases}$

关于 Y 的边缘概率密度为 $f_Y(y)=\begin{cases}2e^{-2y} & y>0,\\ 0, & y\leqslant 0。\end{cases}$

因为有 $f(x,y)=f_X(x)f_Y(y)$ 成立，所以 X 和 Y 是相互独立的。

例 3.3.6 设二维随机变量(X,Y)服从参数为 $\mu_1,\mu_2,\sigma_1,\sigma_2,\rho$ 的二维正态分布，验证当 $\rho=0$ 时，X 和 Y 是相互独立的。

解 当 $\rho=0$ 时，(X,Y)的概率密度为

$$
\begin{aligned}
f(x,y)&=\frac{1}{2\pi\sigma_1\sigma_2}\exp\left\{-\frac{1}{2}\left[\frac{(x-\mu_1)^2}{\sigma_1^2}+\frac{(y-\mu_2)^2}{\sigma_2^2}\right]\right\}\\
&=\frac{1}{\sqrt{2\pi}\sigma_1}\exp\left[-\frac{(x-\mu_1)^2}{2\sigma_1^2}\right]\cdot\frac{1}{\sqrt{2\pi}\sigma_2}\exp\left[-\frac{(y-\mu_2)^2}{2\sigma_2^2}\right]\\
&=f_X(x)f_Y(y),
\end{aligned}
$$

所以 $\rho=0$ 时，X 和 Y 是相互独立的。

实际上，对于二维随机变量$(X,Y)\sim N(\mu_1,\mu_2,\sigma_1^2,\sigma_2^2,\rho)$，随机变量 X 和 Y 相互独立的充分必要条件是参数 $\rho=0$。

例 3.3.7 设 X 和 Y 是相互独立的随机变量，$X\sim U[0,1]$，Y 的概率密度为

$$
f_Y(y)=\begin{cases}\dfrac{1}{2}e^{-y/2}, & y>0,\\ 0, & y\leqslant 0。\end{cases}
$$

求：(1) X 和 Y 的联合概率密度；

(2) 以 a 为未知数的二次方程 $a^2+2Xa+Y=0$ 有实根的概率。

解 (1) 关于 X 的边缘概率密度为

$$
f_X(x)=\begin{cases}1, & 0\leqslant x\leqslant 1,\\ 0, & \text{其他。}\end{cases}
$$

X 和 Y 的联合概率密度为

$$
f(x,y)=f_X(x)f_Y(y)=\begin{cases}\dfrac{1}{2}e^{-y/2}, & 0\leqslant x\leqslant 1,y>0,\\ 0, & \text{其他。}\end{cases}
$$

(2) $a^2+2Xa+Y=0$ 有实根，要求 $\Delta=(2X)^2-4Y=4(X^2-Y)\geqslant 0$，记

$$
D=\{(x,y)\mid 0<x<1,y>0,x^2\geqslant y\}\text{(见图 3-4)。}
$$

所以得

$$
\begin{aligned}
P\{Y\leqslant X^2\}&=\iint_D f(x,y)\mathrm{d}x\mathrm{d}y=\int_0^1\mathrm{d}x\int_0^{x^2}\frac{1}{2}e^{-y/2}\mathrm{d}y\\
&=\int_0^1(-e^{-y/2})\Big|_0^{x^2}\mathrm{d}x=\int_0^1(1-e^{-x^2/2})\mathrm{d}x\\
&=1-\sqrt{2\pi}\int_0^1\frac{1}{\sqrt{2\pi}}e^{-x^2/2}\mathrm{d}x\\
&=1-\sqrt{2\pi}[\Phi(1)-\Phi(0)]=0.1445。
\end{aligned}
$$

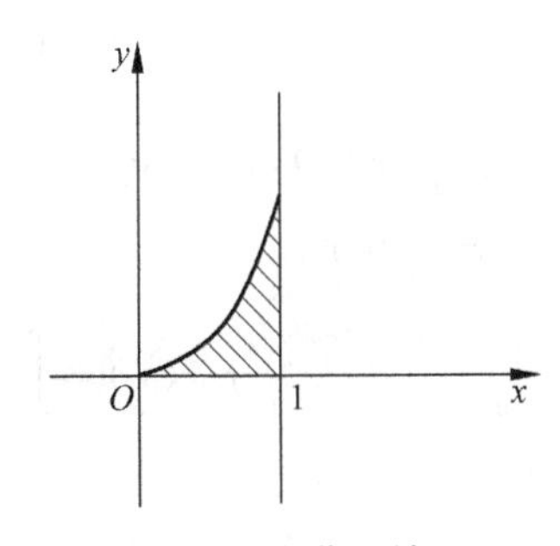

图 3-4 积分区域 D

关于独立性,还有下面一个重要的结论。

定理 3.3.1 设随机变量 X 和 Y 是相互独立的,$f(x)$,$g(y)$为变量 x,y 的函数,则随机变量 $f(X)$,$g(Y)$也是相互独立的。

3.3.4 二维连续型随机变量的条件概率密度

与二维离散型随机变量类似,二维连续型随机变量也存在条件分布问题。设(X,Y)为二维连续型随机变量,由于对于任意的 x,y,有 $P\{X=x\}=0$,$P\{Y=y\}=0$,因此,不能直接由条件概率公式引入条件分布函数以及条件概率密度的概念了。

定义 3.3.4 设(X,Y)为二维连续型随机变量,$F(x,y)$和 $f(x,y)$分别为分布函数和概率密度函数。对于给定的 $\varepsilon>0$ 及给定的实数 y(设 $P\{y<Y\leqslant y+\varepsilon\}>0$),如果对于任意实数 x,极限

$$\lim_{\varepsilon\to 0^+} P\{X\leqslant x \mid y<Y\leqslant y+\varepsilon\}$$

存在,则称此极限值为在 $Y=y$ 条件下 X 的条件分布函数,记为 $F_{X|Y}(x|y)$。

如果在点(x,y)处 $f(x,y)$连续,相对于 Y 的边缘概率密度为 $f_Y(y)$,且 $f_Y(y)>0$,则根据条件概率公式有

$$F_{X|Y}(x|y)=\lim_{\varepsilon\to 0^+}\frac{P\{X\leqslant x,y<Y\leqslant y+\varepsilon\}}{P\{y<Y\leqslant y+\varepsilon\}}=\lim_{\varepsilon\to 0^+}\frac{\int_{-\infty}^{x}\mathrm{d}x\int_{y}^{y+\varepsilon}f(x,y)\mathrm{d}y}{\int_{y}^{y+\varepsilon}f_Y(y)\mathrm{d}y}$$

$$=\lim_{\varepsilon\to 0^+}\frac{\int_{-\infty}^{x}f(x,y+\varepsilon)\mathrm{d}x}{f_Y(y+\varepsilon)}=\int_{-\infty}^{x}\frac{f(x,y)}{f_Y(y)}\mathrm{d}x,$$

因此 $F_{X|Y}(x|y)=\int_{-\infty}^{x}\frac{f(x,y)}{f_Y(y)}\mathrm{d}x$。

我们称$\frac{f(x,y)}{f_Y(y)}$为在 $Y=y$ 条件下 X 的条件概率密度,记为 $f_{X|Y}(x|y)$,即

$$f_{X|Y}(x|y)=\frac{f(x,y)}{f_Y(y)}。$$

同理,可以定义在 $X=x$ 的条件下 Y 的条件分布函数 $F_{Y|X}(y|x)$和在 $X=x$ 条件下 Y 的条件概率密度 $f_{Y|X}(y|x)=\frac{f(x,y)}{f_X(x)}$。

例 3.3.8 设二维随机变量(X,Y)的概率密度为

$$f(x,y)=\begin{cases}x\mathrm{e}^{-x(1+y)}, & x>0,y>0,\\ 0, & 其他。\end{cases}$$

求 $f_{X|Y}(x|y)$,$f_{Y|X}(y|x)$及概率 $P\{Y>1|X=3\}$。

解 由于

$$f_X(x)=\int_{-\infty}^{+\infty}f(x,y)\mathrm{d}y=\begin{cases}\int_0^{+\infty}x\mathrm{e}^{-x(1+y)}\mathrm{d}y, & x>0,\\ 0, & x\leqslant 0\end{cases}$$

$$=\begin{cases}\mathrm{e}^{-x}, & x>0,\\ 0, & x\leqslant 0,\end{cases}$$

$$f_Y(y)=\int_{-\infty}^{+\infty} f(x,y)\mathrm{d}x=\begin{cases}\int_0^{+\infty} x\mathrm{e}^{-x(1+y)}\mathrm{d}x, & y>0,\\ 0, & y\leqslant 0\end{cases}$$

$$=\begin{cases}\dfrac{1}{(y+1)^2}, & y>0,\\ 0, & y\leqslant 0,\end{cases}$$

当 $y>0$ 时,有

$$f_{X|Y}(x|y)=\frac{f(x,y)}{f_Y(y)}=\begin{cases}\dfrac{x\mathrm{e}^{-x(1+y)}}{\dfrac{1}{(y+1)^2}}, & x>0,\\ 0, & x\leqslant 0\end{cases}$$

$$=\begin{cases}x(y+1)^2\mathrm{e}^{-x(1+y)}, & x>0,\\ 0, & x\leqslant 0。\end{cases}$$

当 $x>0$ 时,有

$$f_{Y|X}(y|x)=\frac{f(x,y)}{f_X(x)}=\begin{cases}\dfrac{x\mathrm{e}^{-x(1+y)}}{\mathrm{e}^{-x}}, & y>0,\\ 0, & y\leqslant 0\end{cases}$$

$$=\begin{cases}x\mathrm{e}^{-xy}, & y>0,\\ 0, & y\leqslant 0。\end{cases}$$

当 $X=3$ 时,有

$$P\{Y>1|X=3\}=\int_1^{+\infty} f_{Y|X}(y|3)\mathrm{d}y=\int_1^{+\infty} 3\mathrm{e}^{-3y}\mathrm{d}y=\mathrm{e}^{-3}。$$

由条件概率密度的定义,我们可以得到二维连续型随机变量中的乘法公式:

(1) 若 $f_Y(y)>0$,则 $f(x,y)=f_{X|Y}(x|y)\cdot f_Y(y)$;

(2) 若 $f_X(x)>0$,则 $f(x,y)=f_{Y|X}(y|x)\cdot f_X(x)$。

例 3.3.9 设随机变量 $X\sim U(0,1)$,当给定 $X=x$ 时,随机变量 Y 的条件概率密度为

$$f_{Y|X}(y|x)=\begin{cases}x, & 0<y<\dfrac{1}{x},\\ 0, & \text{其他}。\end{cases}$$

求:(1) X 和 Y 的联合概率密度 $f(x,y)$;

(2) 边缘概率密度 $f_Y(y)$;

(3) $P\{X>Y\}$。

解 (1) 由题意知,$x\leqslant 0$ 时 $f_X(x)=0$,$1>x>0$ 时 $f_X(x)=1>0$,所以

$$f(x,y)=f_{Y|X}(y|x)\cdot f_X(x)=\begin{cases}x, & 0<y<\dfrac{1}{x},0<x<1,\\ 0, & \text{其他};\end{cases}$$

(2) 根据边缘概率密度的定义

$$f_Y(y)=\int_{-\infty}^{+\infty} f(x,y)\mathrm{d}x=\begin{cases}\int_0^{\frac{1}{y}} x\mathrm{d}x, & 1<y,\\ \int_0^1 x\mathrm{d}x, & 0<y\leqslant 1,\\ 0, & \text{其他},\end{cases}$$

$$=\begin{cases}\dfrac{1}{2y^2}, & 1<y,\\ \dfrac{1}{2}, & 0<y\leqslant 1,\\ 0, & \text{其他};\end{cases}$$

(3) $P\{X>Y\}=\iint_D f(x,y)\mathrm{d}x\mathrm{d}y=\int_0^1\mathrm{d}x\int_0^x x\mathrm{d}y=\dfrac{1}{3}$(区域 D 见图 3-5)。

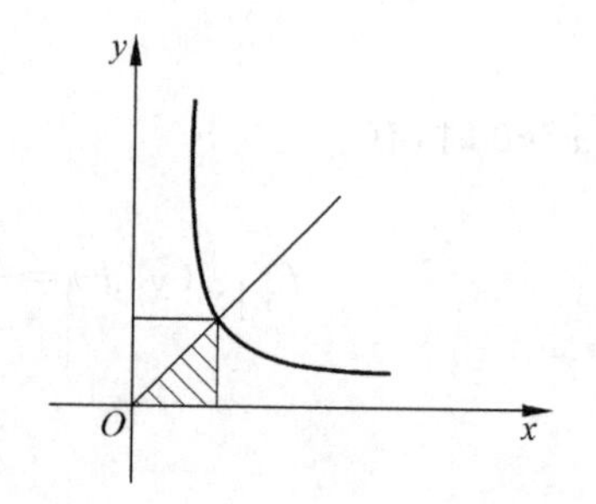

图 3-5 积分区域 $D=\{(x,y)\mid 0<x<1,x<y\}$

在本节的最后,我们将把二维随机变量的一些概念推广到 n 维随机变量$(X_1,X_2,\cdots,X_n)$的情形,现列举如下:

(1) 如果 n 维随机变量$(X_1,X_2,\cdots,X_n)$的所有可能取值是有限或可列无限个 n 元数组时,则称为 n 维离散型随机变量,其概率分布律为

$$P\{X_1=x_{i_1},X_2=x_{i_2},\cdots,X_n=x_{i_n}\}=p_{i_1i_2\cdots i_n},\quad i_1,i_2,\cdots,i_n=1,2,\cdots。$$

(2) 如果存在非负 n 元函数 $f(x_1,x_2,\cdots,x_n)$,使得对于任意 n 个实数 $x_1,x_2,\cdots,x_n$,都有

$$F(x_1,x_2,\cdots,x_n)=\int_{-\infty}^{x_1}\int_{-\infty}^{x_2}\cdots\int_{-\infty}^{x_n} f(u_1,u_2,\cdots,u_n)\mathrm{d}u_n\cdots\mathrm{d}u_2\mathrm{d}u_1,$$

则称$(X_1,X_2,\cdots,X_n)$为 n 维连续型随机变量,并称 $f(x_1,x_2,\cdots,x_n)$为$(X_1,X_2,\cdots,X_n)$的概率密度或随机变量 $X_1,X_2,\cdots,X_n$ 的联合概率密度。

(3) 设 n 维随机变量$(X_1,X_2,\cdots,X_n)$的分布函数 $F(x_1,x_2,\cdots,x_n)$为已知,则可确定$(X_1,X_2,\cdots,X_n)$的 $k(1\leqslant k\leqslant n)$维边缘分布函数,即在 $F(x_1,x_2,\cdots,x_n)$中保留相应的 k 个变量,让其余变量趋向$+\infty$。例如$(X_1,X_2,\cdots,X_n)$关于 X_1,关于(X_1,X_2,X_3)的边缘分布函数分别为

$$F_{X_1}(x_1)=F(x_1,+\infty,\cdots,+\infty),$$

$$F_{X_1X_2X_3}(x_1,x_2,x_3)=F(x_1,x_2,x_3,+\infty,\cdots,+\infty)。$$

又若 $f(x_1,x_2,\cdots,x_n)$是 n 维连续型随机变量$(X_1,X_2,\cdots,X_n)$的概率密度,则$(X_1,X_2,\cdots,X_n)$关于 X_1,关于(X_1,X_2,X_3)的边缘概率密度分别为

$$f_{X_1}(x_1)=\int_{-\infty}^{+\infty}\int_{-\infty}^{+\infty}\cdots\int_{-\infty}^{+\infty} f(x_1,x_2,\cdots,x_n)\mathrm{d}x_2\mathrm{d}x_3\cdots\mathrm{d}x_n,$$

$$f_{X_1X_2X_3}(x_1,x_2,x_3)=\int_{-\infty}^{+\infty}\int_{-\infty}^{+\infty}\cdots\int_{-\infty}^{+\infty}f(x_1,x_2,\cdots,x_n)\mathrm{d}x_4\mathrm{d}x_5\cdots\mathrm{d}x_n。$$

(4) 如果对于所有的 $x_1,x_2,\cdots,x_n$,都有

$$F(x_1,x_2,\cdots,x_n)=F_{X_1}(x_1)F_{X_2}(x_2)\cdots F_{X_n}(x_n)=\prod_{i=1}^{n}F_{X_i}(x_i),$$

则称随机变量 $X_1,X_2,\cdots,X_n$ 相互独立。

如果$(X_1,X_2,\cdots,X_n)$是 n 维离散型随机变量,则 $X_1,X_2,\cdots,X_n$ 相互独立的充分必要条件是:对于$(X_1,X_2,\cdots,X_n)$任意一组值$(x_{i_1},x_{i_2},\cdots,x_{i_n})$,有

$$\begin{aligned}&P\{X_1=x_{i_1},X_2=x_{i_2},\cdots,X_n=x_{i_n}\}\\&=P\{X_1=x_{i_1}\}P\{X_2=x_{i_2}\}\cdots P\{X_n=x_{i_n}\}\\&=\prod_{j=1}^{n}P\{X_j=x_{i_j}\}。\end{aligned}$$

如果$(X_1,X_2,\cdots,X_n)$为 n 维连续型随机变量,则$(X_1,X_2,\cdots,X_n)$相互独立的充分必要条件是:对任意的 $x_1,x_2,\cdots,x_n$ 有

$$f(x_1,x_2,\cdots,x_n)=f_{X_1}(x_1)f_{X_2}(x_2)\cdots f_{X_n}(x_n)=\prod_{i=1}^{n}f_{X_i}(x_i)。$$

(5) 如果所有的 $x_1,x_2,\cdots,x_m$; $y_1,y_2,\cdots,y_n$,有

$$F(x_1,x_2,\cdots,x_m,y_1,y_2,\cdots,y_n)=F_1(x_1,x_2,\cdots,x_m)F_2(y_1,y_2,\cdots,y_n),$$

式中,F,F_1,F_2 分别是 $m+n$ 维随机变量$(X_1,X_2,\cdots,X_m,Y_1,Y_2,\cdots,Y_n)$,$m$ 维随机变量$(X_1,X_2,\cdots,X_m)$和 n 维随机变量$(Y_1,Y_2,\cdots,Y_n)$的分布函数,则称 m 维随机变量$(X_1,X_2,\cdots,X_m)$和 n 维随机变量$(Y_1,Y_2,\cdots,Y_n)$是相互独立的。

对于多维随机变量函数的独立性,以下结论在数理统计中是很有用的。

定理 3.3.2 设$(X_1,X_2,\cdots,X_m)$和$(Y_1,Y_2,\cdots,Y_n)$相互独立,则 $X_i(i=1,2,\cdots,m)$和 $Y_j(j=1,2,\cdots,n)$也相互独立。又若 h,g 是连续函数,则 $h(X_1,X_2,\cdots,X_m)$和 $g(Y_1,Y_2,\cdots,Y_n)$也相互独立。

3.4 二维随机变量函数的分布

在第 2 章中,我们已经讨论了一维随机变量函数的分布,本节将对二维离散型及二维连续型随机变量的函数的分布情况进行讨论。

3.4.1 二维离散型随机变量函数的分布

设(X,Y)为二维离散型随机变量,其分布律为 $P\{X=x_i,Y=y_j\}=p_{ij}(i,j=1,2,\cdots)$,则二维随机变量$(X,Y)$函数 $Z=g(X,Y)$的分布律为

$$P\{Z=z_k\}=\sum_{i,j:g(x_i,y_j)=z_k}P\{X=x_i,Y=y_j\},\quad k=1,2,\cdots。$$

例 3.4.1 已知(X,Y)的分布律如下：

$Y \backslash X$	-1	1
-1	$\frac{1}{4}$	0
1	$\frac{1}{4}$	$\frac{1}{2}$

求 $Z=XY$ 的分布律。

解 Z 的可能取值为$-1,1$。

$$P\{Z=-1\}=P\{X=-1,Y=1\}+P\{X=1,Y=-1\}=\frac{1}{4}+0=\frac{1}{4},$$

$$P\{Z=1\}=P\{X=-1,Y=-1\}+P\{X=1,Y=1\}=\frac{1}{4}+\frac{1}{2}=\frac{3}{4}。$$

所以 Z 的分布律为

Z	-1	1
p_k	$\frac{1}{4}$	$\frac{3}{4}$

例 3.4.2 证明泊松分布具有可加性。设随机变量 X 和 Y 相互独立，且 $X\sim\pi(\lambda_1)$，$Y\sim\pi(\lambda_2)$，证明：$X+Y\sim\pi(\lambda_1+\lambda_2)$。

证明 由于

$$P\{X=i\}=\frac{\lambda_1^i}{i!}\mathrm{e}^{-\lambda_1},\quad i=0,1,2,\cdots;$$

$$P\{Y=j\}=\frac{\lambda_2^j}{j!}\mathrm{e}^{-\lambda_2},\quad j=0,1,2,\cdots。$$

$X+Y$ 的所有可能值为$0,1,2,\cdots$，由于 X 和 Y 相互独立，对于任意非负整数 k，有

$$\begin{aligned}P\{X+Y=k\}&=\sum_{l=0}^{k}(P\{X=l\}\cdot P\{Y=k-l\})\\&=\sum_{l=0}^{k}\left[\frac{\lambda_1^l\mathrm{e}^{-\lambda_1}}{l!}\cdot\frac{\lambda_2^{k-l}\mathrm{e}^{-\lambda_2}}{(k-l)!}\right]\\&=\frac{\mathrm{e}^{-(\lambda_1+\lambda_2)}}{k!}\sum_{l=0}^{k}\frac{k!}{l!\,(k-l)!}\lambda_1^l\lambda_2^{k-l}\\&=\frac{(\lambda_1+\lambda_2)^k}{k!}\mathrm{e}^{-(\lambda_1+\lambda_2)},\quad k=0,1,2,\cdots,\end{aligned}$$

即

$$X+Y\sim\pi(\lambda_1+\lambda_2)。$$

3.4.2 二维连续型随机变量函数的分布

当(X,Y)为二维连续型随机变量时，我们可以采用与一维随机变量类似的方法，从$Z=g(X,Y)$的分布函数入手，通过求导获得Z的概率密度函数，即先求出Z的分布函数$F_Z(z)$，再利用性质$f_Z(z)=F'_Z(z)$求得Z的概率密度$f_Z(z)$。

1. $Z=X+Y$ 的概率密度

设(X,Y)为二维连续型随机变量，其概率密度为$f(x,y)$，我们来求随机变量X和Y的和函数$Z=X+Y$的概率密度。

首先求Z的分布函数，由分布函数定义得到

$$\begin{aligned}F_Z(z)&=P\{Z\leqslant z\}=P\{X+Y\leqslant z\}\\&=\iint\limits_{x+y\leqslant z}f(x,y)\mathrm{d}x\mathrm{d}y\\&=\int_{-\infty}^{+\infty}\left[\int_{-\infty}^{z-x}f(x,y)\mathrm{d}y\right]\mathrm{d}x。\end{aligned}$$

对固定的z和x，作变量代换$y=u-x$，得到(见图3-6)

$$\int_{-\infty}^{z-x}f(x,y)\mathrm{d}y=\int_{-\infty}^{z}f(x,u-x)\mathrm{d}u,$$

因此

$$\begin{aligned}F_Z(z)&=\int_{-\infty}^{+\infty}\left[\int_{-\infty}^{z}f(x,u-x)\mathrm{d}u\right]\mathrm{d}x\\&=\int_{-\infty}^{z}\left[\int_{-\infty}^{+\infty}f(x,u-x)\mathrm{d}x\right]\mathrm{d}u。\end{aligned}$$

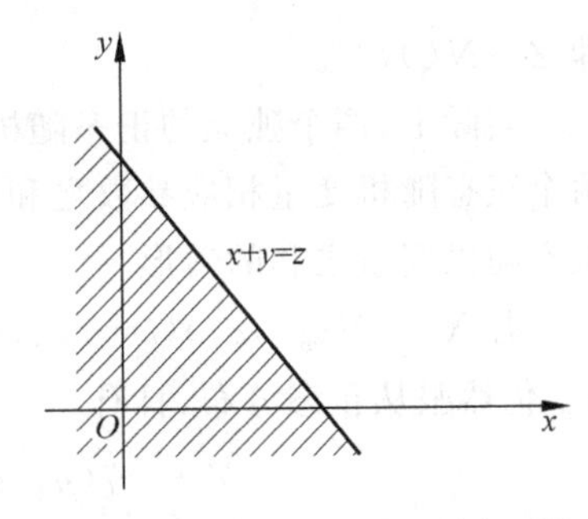

图3-6 事件$\{x+y\leqslant z\}$对应区域

于是由概率密度的定义知随机变量Z的概率密度为

$$f_Z(z)=\int_{-\infty}^{+\infty}f(x,z-x)\mathrm{d}x。$$

同理

$$f_Z(z)=\int_{-\infty}^{+\infty}f(z-y,y)\mathrm{d}y。$$

特别地，如果X和Y相互独立，$f_X(x)$，$f_Y(y)$为二维随机变量(X,Y)关于X和关于Y的边缘概率密度，则有

$$f_Z(z)=\int_{-\infty}^{+\infty}f_X(x)f_Y(z-x)\mathrm{d}x,$$

$$f_Z(z)=\int_{-\infty}^{+\infty}f_X(z-y)f_Y(y)\mathrm{d}y。$$

这两个公式称为$f_X(x)$和$f_Y(y)$的卷积公式，记作f_X*f_Y，即

$$f_X*f_Y=\int_{-\infty}^{+\infty}f_X(x)f_Y(z-x)\mathrm{d}x=\int_{-\infty}^{+\infty}f_X(z-y)f_Y(y)\mathrm{d}y。$$

例3.4.3 设X和Y是两个相互独立的随机变量，均服从$N(0,1)$分布，求$Z=X+Y$的概率密度。

解 X和Y的概率密度分别为

$$f(x)=\frac{1}{\sqrt{2\pi}}e^{-\frac{x^2}{2}},\quad -\infty<x<+\infty,$$

$$f(y)=\frac{1}{\sqrt{2\pi}}e^{-\frac{y^2}{2}},\quad -\infty<y<+\infty。$$

根据卷积公式,则 $Z=X+Y$ 的概率密度为

$$f_Z(z)=\int_{-\infty}^{+\infty}f_X(x)f_Y(z-x)\mathrm{d}x=\int_{-\infty}^{+\infty}\frac{1}{\sqrt{2\pi}}e^{-\frac{x^2}{2}}\frac{1}{\sqrt{2\pi}}e^{-\frac{(z-x)^2}{2}}\mathrm{d}x$$

$$=\frac{e^{-\frac{z^2}{4}}}{\sqrt{2\pi}}\int_{-\infty}^{+\infty}\frac{1}{\sqrt{2\pi}}e^{-\left(x-\frac{z}{2}\right)^2}\mathrm{d}x=\frac{e^{-\frac{z^2}{4}}}{2\pi}\int_{-\infty}^{+\infty}e^{-\left(x-\frac{z}{2}\right)^2}\mathrm{d}x。$$

令 $t=x-\frac{z}{2}$,得

$$f_Z(z)=\frac{e^{-\frac{z^2}{4}}}{2\pi}\int_{-\infty}^{+\infty}e^{-t^2}\mathrm{d}t=\frac{1}{2\sqrt{\pi}}e^{-\frac{z^2}{4}}。$$

即 $Z\sim N(0,2)$。

实际上,两个独立的正态随机变量之和仍为正态随机变量,并且其两个参数恰好为原来两个正态随机变量相应参数之和,利用数学归纳法,不难将此结论推广到 n 个相互独立的正态随机变量之和的情形。

若 $X_i\sim N(\mu_i,\sigma_i^2)(i=1,2,\cdots,n)$,且它们相互独立,则它们的和 $Z=X_1+X_2+\cdots+X_n$ 仍然服从正态分布,且有

$$Z\sim N(\mu_1+\mu_2+\cdots+\mu_n,\sigma_1^2+\sigma_2^2+\cdots+\sigma_n^2)。$$

例 3.4.4 设 X 和 Y 是两个相互独立的随机变量,且都服从[0,1]上的均匀分布,求随机变量 $Z=X+Y$ 的概率密度。

解 由均匀分布的定义,可得

$$f_X(x)=\begin{cases}1, & 0\leqslant x\leqslant 1,\\ 0, & \text{其他},\end{cases}\qquad f_Y(y)=\begin{cases}1, & 0\leqslant y\leqslant 1,\\ 0, & \text{其他}。\end{cases}$$

由卷积公式,得

$$f_Z(z)=\int_{-\infty}^{+\infty}f_X(z-y)f_Y(y)\mathrm{d}y=\int_0^1 f_X(z-y)\mathrm{d}y,$$

令 $z-y=t$,则 $-\mathrm{d}y=\mathrm{d}t$,上式变成

$$f_Z(z)=\int_{z-1}^{z}f_X(t)\mathrm{d}t,\quad -\infty<z<+\infty。$$

由于 $f_X(x)$ 在[0,1]上的值为 1,在其余点的值为 0,因此有:

(1) 当 $z<0$ 时,$f_Z(z)=\int_{z-1}^{z}0\mathrm{d}t=0$;

(2) 当 $0\leqslant z\leqslant 1$ 时,$f_Z(z)=\int_{z-1}^{z}f_X(t)\mathrm{d}t=\int_{z-1}^{0}0\mathrm{d}t+\int_0^z 1\mathrm{d}t=z$;

(3) 当 $1<z<2$ 时,$f_Z(z)=\int_{z-1}^{z}f_X(t)\mathrm{d}t=\int_{z-1}^{1}1\mathrm{d}t+\int_1^z 0\mathrm{d}t=2-z$;

(4) 当 $z \geqslant 2$ 时，$f_Z(z)=\int_{z-1}^{z} f_X(t)\mathrm{d}t=\int_{z-1}^{z} 0\mathrm{d}t=0$。

综上，随机变量 $Z=X+Y$ 的概率密度为

$$f_Z(z)=\begin{cases} z, & 0 \leqslant z \leqslant 1, \\ 2-z, & 1<z<2, \\ 0, & \text{其他。} \end{cases}$$

2. $U=\max\{X,Y\}$ 和 $V=\min\{X,Y\}$ 的分布

设 X 和 Y 是相互独立的随机变量，分布函数分别为 $F_X(x)$ 和 $F_Y(y)$。现在来求 $U=\max\{X,Y\}$ 和 $V=\min\{X,Y\}$ 的分布函数 $F_{\max}(u)$ 和 $F_{\min}(v)$。

根据分布函数的定义有

$$\begin{aligned} F_{\max}(u) &= P\{U \leqslant u\}=P\{X \leqslant u, Y \leqslant u\} \\ &= P\{X \leqslant u\}P\{Y \leqslant u\}=F_X(u)F_Y(u)。\end{aligned}$$

类似地，可以得到 $V=\min\{X,Y\}$ 的分布函数为

$$\begin{aligned} F_{\min}(v) &= P\{V \leqslant v\}=1-P\{V>v\} \\ &= 1-P\{X>v\}P\{Y>v\} \\ &= 1-[1-P\{X \leqslant v\}][1-P\{Y \leqslant v\}] \\ &= 1-[1-F_X(v)][1-F_Y(v)]。\end{aligned}$$

以上结果容易推广到 n 个相互独立的随机变量的情况。设 $X_1, X_2, \cdots, X_n$ 是 n 个相互独立的随机变量，它们的分布函数分别为 $F_{X_i}(x_i)(i=1,2,\cdots,n)$，则 $U=\max\{X_1, X_2, \cdots, X_n\}$ 和 $V=\min\{X_1, X_2, \cdots, X_n\}$ 的分布函数分别为

$$F_{\max}(u)=F_{X_1}(u)F_{X_2}(u)\cdots F_{X_n}(u),$$

$$F_{\min}(v)=1-[1-F_{X_1}(v)][1-F_{X_2}(v)]\cdots[1-F_{X_n}(v)]。$$

特别地，当 $X_1, X_2, \cdots, X_n$ 相互独立且有相同的分布函数 $F(x)$ 时，有

$$F_{\max}(u)=[F(x)]^n,$$

$$F_{\min}(v)=1-[1-F(v)]^n。$$

例 3.4.5 设某种型号的电子元件使用寿命服从参数为 $\lambda>0$ 的指数分布，在电子元件中任取三个，求三个电子元件使用寿命都大于 $t(t>0)$ 的概率。

解 以 $X_i(i=1,2,3)$ 表示第 i 个元件的使用寿命，记 $T=\min\{X_1, X_2, X_3\}$，三个电子元件使用寿命都大于 t，相当于求 $P\{\min\{X_1, X_2, X_3\}>t\}=P\{T>t\}$。根据题意知，$X_1$，$X_2$，$X_3$ 相互独立且同分布，其分布函数为

$$F(x)=\begin{cases} 1-\mathrm{e}^{-\lambda x}, & x>0, \\ 0, & x \leqslant 0。\end{cases}$$

所以得

$$\begin{aligned} P\{\min\{X_1, X_2, X_3\}>t\} &= P\{T>t\}=1-P\{T \leqslant t\} \\ &= 1-P\{X_1 \leqslant t, X_2 \leqslant t, X_3 \leqslant t\} \\ &= 1-P\{X_1 \leqslant t\} \cdot P\{X_2 \leqslant t\} \cdot P\{X_3 \leqslant t\} \end{aligned}$$

$$=1-F(t)^3=1-(1-\mathrm{e}^{-\lambda t})^3。$$

下面我们再举几个有关二维随机变量函数的概率分布的例子。

例 3.4.6 设随机变量 X 和 Y 相互独立，且有 $X\sim e(2)$，$Y\sim e(3)$，求随机变量 $Z=\dfrac{X}{Y}$ 的概率密度。

解 由题设，二维随机变量(X,Y)的概率密度为

$$f(x,y)=f_X(x)\cdot f_Y(y)=\begin{cases}6\mathrm{e}^{-(2x+3y)}, & x>0,y>0,\\ 0, & \text{其他}。\end{cases}$$

由于 X,Y 均取正值，因此当 $z\leqslant 0$ 时，随机变量 $Z=\dfrac{X}{Y}$ 的分布函数 $F_Z(z)=0$；当 $z>0$ 时，有(见图 3-7)

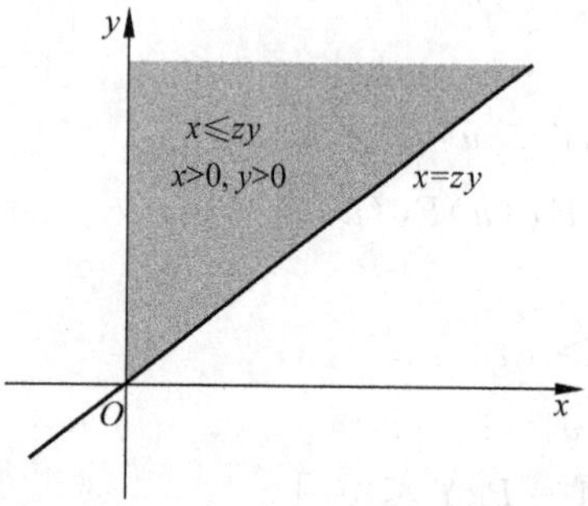

$$\begin{aligned}F_Z(z)&=P\{Z\leqslant z\}=P\left\{\frac{X}{Y}\leqslant z\right\}\\&=\iint\limits_{\frac{x}{y}\leqslant z}f(x,y)\mathrm{d}x\mathrm{d}y\\&=\int_0^{+\infty}\mathrm{d}y\int_0^{zy}6\mathrm{e}^{-(2x+3y)}\mathrm{d}x\\&=\frac{2z}{2z+3}。\end{aligned}$$

图 3-7 $f(x,y)$的非零区域与事件$\left\{\dfrac{x}{y}\leqslant z\right\}$的交集部分

于是，$Z=\dfrac{X}{Y}$的概率密度为

$$f_Z(z)=F'_Z(z)=\begin{cases}\dfrac{6}{(2z+3)^2}, & z>0,\\ 0, & z\leqslant 0。\end{cases}$$

例 3.4.7 设二维随机变量(X,Y)在矩形 $D=\{(x,y)\mid 0\leqslant x\leqslant 2,0\leqslant y\leqslant 1\}$ 上服从均匀分布，求边长为 X 和 Y 的矩形面积 S 的概率密度。

解 二维随机变量(X,Y)的概率密度为 $f(x,y)=\begin{cases}\dfrac{1}{2}, & 0\leqslant x\leqslant 2,0\leqslant y\leqslant 1,\\ 0, & \text{其他}。\end{cases}$

设 $F(s)=P\{S\leqslant s\}$ 为 S 的分布函数。显然 $s<0$ 时，$F(s)=0$；当 $s\geqslant 2$ 时，$F(s)=1$；当 $0\leqslant s<2$ 时，曲线 $xy=s$ 与矩形 D 交于点$(s,1)$和$\left(2,\dfrac{s}{2}\right)$(见图 3-8)，位于曲线 $xy=s$ 上方的点满足 $xy>s$，位于曲线 $xy=s$ 下方的点满足 $xy<s$，于是

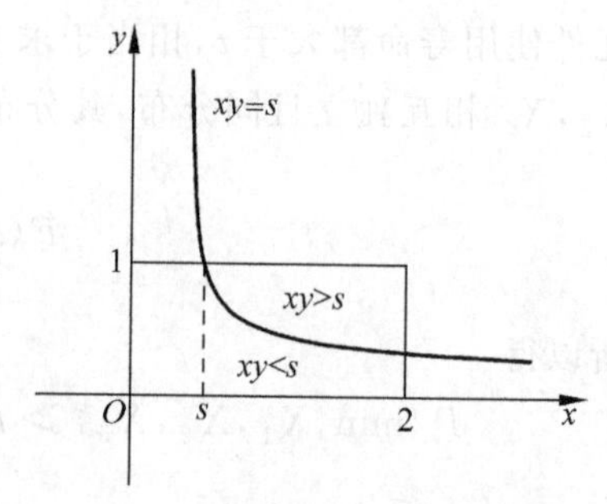

图 3-8 $f(x,y)$非零区域与相关事件交集

$$\begin{aligned}F(s)&=P\{S\leqslant s\}=P\{XY\leqslant s\}=1-P\{XY>s\}\\&=1-\iint\limits_{xy>s}\frac{1}{2}\mathrm{d}x\mathrm{d}y=1-\frac{1}{2}\int_s^2\mathrm{d}x\int_{\frac{s}{x}}^1\mathrm{d}y\end{aligned}$$

$$=\frac{s}{2}(1+\ln 2-\ln s)。$$

于是

$$F(s)=\begin{cases}0, & s\leqslant 0,\\ \frac{s}{2}(1+\ln 2-\ln s), & 0<s<2,\\ 1, & s\geqslant 2。\end{cases}$$

从而，S 的概率密度为

$$f(s)=F'(s)=\begin{cases}\frac{1}{2}(\ln 2-\ln s), & 0<s<2,\\ 0, & 其他。\end{cases}$$

习题 3

1. 思考题

(1) 如何理解二维随机变量的分布函数的概念及性质，并与一维随机变量分布函数作比较。

(2) 两个分布函数的和是不是分布函数，两个分布函数的乘积还是不是分布函数？

(3) 二维正态分布的边缘分布还是正态分布，能否由此得出联合分布与边缘分布是同类型分布的结论？对于矩形区域上的二维均匀分布和二维圆形区域上的均匀分布验证你的结论。

(4) 均匀分布是否具有可加性？设 X,Y 相互独立且服从均匀分布，求 $Z=X+Y$ 的概率密度函数，验证你的结论。

(5) 如果两个二维离散型随机变量的边缘分布相同，其联合分布是否相同？请举例说明。

(6) 设随机变量 X 和 Y 都服从正态分布，则 $X+Y$ 一定服从正态分布？

2. 设函数 $F(x,y)=\begin{cases}1, & x+y>1,\\ 0, & 其他,\end{cases}$ 问 $F(x,y)$ 是不是某二维随机变量 (X,Y) 的分布函数？说明理由。

3. 设 $g(x)\geqslant 0$，且 $\int_0^{+\infty}g(x)\mathrm{d}x=1$，函数

$$f(x,y)=\begin{cases}\frac{2g(\sqrt{x^2+y^2})}{\pi\sqrt{x^2+y^2}}, & 0<x,y<+\infty,\\ 0, & 其他。\end{cases}$$

证明：$f(x,y)$ 可作为二维连续型随机变量的概率密度函数。

4. 在一箱子中装有 12 只开关，其中 2 只是次品，在其中取两次，每一次任取一只，考虑两种试验：(1) 放回抽样；(2) 不放回抽样。我们定义随机变量 X,Y 如下：

$$X=\begin{cases}0, & 若第一次取出的是正品,\\ 1, & 若第一次取出的是次品,\end{cases}\qquad Y=\begin{cases}0, & 若第一次取出的是正品,\\ 1, & 若第一次取出的是次品。\end{cases}$$

试分别就 (1)，(2) 两种情况，写出 X 和 Y 的联合分布律及边缘分布律。

5. 盒子里装有 3 个黑球、2 个红球、2 个白球，在其中任取 4 个球，以 X 表示取到黑球的个数，以 Y 表示取到红球的个数。求：

(1) X 和 Y 的联合分布律；

(2) X 和 Y 的边缘分布律；

(3) $P\{X>Y\}$，$P\{Y=2X\}$。

6. 随机变量 X 与 Y 相互独立，下表列出二维随机变量(X,Y)的联合分布律及关于 X 和关于 Y 的边缘分布律中的部分数值，试将其余数值填入表中空白处。

X \ Y	y_1	y_2	y_3	$P\{X=x_i\}=p_{i\cdot}$
x_1		1/8		
x_2	1/8			
$P\{Y=y_j\}=p_{\cdot j}$	1/6			1

7. 设二维离散型随机变量(X,Y)的联合分布律为

X \ Y	1	2	3	4
1	1/4	0	0	1/16
2	1/16	1/4	0	1/4
3	0	1/16	1/16	0

求：(1) $P\left\{\frac{1}{2}<X<\frac{3}{2},0<Y<4\right\}$；

(2) $P\{1\leqslant X\leqslant 2,3\leqslant Y\leqslant 4\}$。

8. 已知二维随机变量(X,Y)的联合分布律为

X \ Y	1	2	3
1	0.1	0.3	0.2
2	0.2	0.05	0.15

求：(1) 在 $X=1$ 条件下，Y 的条件分布律；

(2) 在 $Y=1$ 条件下，X 的条件分布律。

9. 将某一医药公司 8 月份和 9 月份收到的青霉素针剂的订货单数分别用 X 和 Y 表示，根据经验，二维离散型随机变量(X,Y)的联合分布律为

X \ Y	51	52	53	54	55
51	0.06	0.05	0.05	0.01	0.01
52	0.07	0.05	0.01	0.01	0.01
53	0.05	0.10	0.10	0.05	0.05
54	0.05	0.02	0.01	0.01	0.03
55	0.05	0.06	0.05	0.01	0.03

求：(1) 关于 X 的边缘分布律；

(2) 关于 Y 的边缘分布律；

(3) 当 8 月份的订单数为 51 时，9 月份订单数的条件分布律。

10. 班车起点站上客人数 X 服从参数为 λ 的泊松分布，每位乘客在中途下车的概率为 $p(0<p<1)$，且中途下车与否相互独立。以 Y 表示在中途下车人数。求：

(1) 发车时有 n 个乘客的条件下，中途有 m 人下车的概率；

(2) 二维随机变量 (X,Y) 的分布律。

11. 设随机变量 (X,Y) 的概率密度为

$$f(x,y)=\begin{cases}x^2+xy/3, & 0\leqslant x\leqslant 1,0\leqslant y\leqslant 2,\\ 0, & \text{其他。}\end{cases}$$

用 MATLAB 语言求 $P\{X+Y\geqslant 1\}$。

12. 设随机变量 (X,Y) 的概率密度为

$$f(x,y)=\begin{cases}k(6-x-y), & 0<x<2,2<y<4,\\ 0, & \text{其他。}\end{cases}$$

求：(1) 常数 k；

(2) $P\{X<1,Y<3\}$；

(3) $P\{X<1.5\}$；

(4) 用 MATLAB 语言 $P\{X+Y\leqslant 4\}$。

13. 已知二维随机变量 (X,Y) 在区域 $G=\{(x,y)\mid 0\leqslant x\leqslant 2,0\leqslant y\leqslant 1\}$ 上服从均匀分布。求：

(1) 关于 X 和 Y 的边缘概率密度；

(2) (X,Y) 的分布函数；

(3) $P\left\{X<\frac{3}{2},Y>\frac{1}{2}\right\}$；

(4) $P\{Y<X^2\}$。

14. 设随机变量 (X,Y) 在矩形区域 $D=\{(x,y)\mid a\leqslant x\leqslant b,c\leqslant y\leqslant d\}$ 上服从均匀分布。求：

(1) 联合概率密度及边缘概率密度；

(2) 随机变量 X,Y 是否相互独立。

15. 随机变量 (X,Y) 的分布函数为

$$F(x,y)=\begin{cases}1-3^{-x}-3^{-y}+3^{-x-y}, & x>0,y>0,\\ 0, & \text{其他。}\end{cases}$$

(1) 求关于 X,Y 的边缘概率密度；

(2) 用 MATLAB 语言验证 X,Y 是否相互独立。

16. 已知二维随机变量 (X,Y) 的概率密度为

$$f(x,y)=\begin{cases}c(3x^2+xy), & 0<x<1,0<y<2,\\ 0, & \text{其他。}\end{cases}$$

(1) 求关于 X,Y 的边缘概率密度；

(2) 判断随机变量 X,Y 是否相互独立。

17. 一电子器件包含两部分，分别以 X,Y 记这两部分的寿命(以小时记)，设(X,Y)的分布函数为

$$F(x,y)=\begin{cases}1-\mathrm{e}^{-0.01x}-\mathrm{e}^{-0.01y}+\mathrm{e}^{-0.01(x+y)}, & x>0,y>0,\\ 0, & \text{其他。}\end{cases}$$

(1) 问随机变量 X,Y 是否相互独立；

(2) 用 MATLAB 语言求 $P\{X>120,Y>120\}$。

18. 设随机变量(X,Y)在区域 D 上服从均匀分布，其中 D 为 x 轴、y 轴和直线 $y=2-2x$ 所围成的三角形区域。求：

(1) $f_{X|Y}(x|y)$；

(2) $f_{Y|X}(y|x)$。

19. 设二维随机变量(X,Y)的概率密度为

$$f(x,y)=\begin{cases}\mathrm{e}^{-x}, & 0<y<x,\\ 0, & \text{其他。}\end{cases}$$

求：(1) 条件概率密度 $f_{Y|X}(y|x),f_{X|Y}(x|y)$；

(2) 条件概率 $P\{X\leqslant 1|Y\leqslant 1\}$。

20. 设随机变量 X,Y 相互独立，且服从同一分布。试证明

$$P\{a<\min\{X,Y\}\leqslant b\}=[P\{X>a\}]^2-[P\{X>b\}]^2。$$

21. 设 X,Y 是相互独立的随机变量，$X\sim b(n_1,p),Y\sim b(n_2,p)$。证明：$Z=X+Y$ 服从参数为 n_1+n_2,p 的二项分布。

22. 设二维随机变量(X,Y)的联合概率分布为

X \ Y	0	1	2
1	0.3	0.2	0.1
3	0.1	0.1	k

求：(1) 常数 k；

(2) $X+Y$ 的概率分布；

(3) $\max\{X,Y\}$的分布律。

23. 设随机变量(X,Y)的联合分布律为

X \ Y	0	1	2	3	4	5
0	0.00	0.01	0.03	0.05	0.07	0.09
1	0.01	0.02	0.04	0.05	0.06	0.08
2	0.01	0.03	0.05	0.05	0.05	0.06
3	0.01	0.02	0.04	0.06	0.06	0.05

求：(1) $P\{X=2|Y=2\}, P\{X=3, Y=0\}$；

(2) $V=\max\{X,Y\}$的分布律；

(3) $U=\min\{X,Y\}$的分布律；

(4) $W=X+Y$ 的分布律。

24. 设 X 与 Y 是独立同分布的随机变量，它们都服从均匀分布 $U[0,1]$。求：

(1) $Z=X+Y$ 的分布函数与概率密度函数；

(2) $U=2X-Y$ 的概率密度函数。

25. 设 X 和 Y 相互独立，其概率密度函数分别为

$$f_X(x)=\begin{cases}1, & 0<x<1,\\ 0, & \text{其他},\end{cases} \quad f_Y(y)=\begin{cases}Ae^{-y}, & y>0,\\ 0, & y\leqslant 0。\end{cases}$$

求：(1) 常数 A；

(2) 随机变量 $Z=X+Y$ 的概率密度函数。

26. 随机变量 X 与 Y 的联合密度函数为

$$f(x,y)=\begin{cases}12e^{-3x-4y}, & x>0, y>0,\\ 0, & \text{其他}。\end{cases}$$

分别求下列概率密度函数：

(1) $Z=X+Y$；

(2) $M=\max\{X,Y\}$；

(3) $N=\min\{X,Y\}$。

27. 设随机变量 X 和 Y 相互独立，且都服从正态分布 $N(0,\sigma^2)(\sigma>0)$，求随机变量 $Z=\sqrt{X^2+Y^2}$ 的概率密度。

28. 设随机变量 X 与 Y 相互独立，且都服从正态分布 $N(\mu,\sigma^2)$，求 $P\{|X-Y|<1\}$。

29. 设随机变量 X 与 Y 相互独立，X 的概率分布为 $P\{X=-1\}=P\{X=1\}=\frac{1}{2}$，$Y$ 服从参数为λ 的泊松分布。令 $Z=XY$，求 Z 的概率分布。

30. 设随机变量 X 与 Y 相互独立，X 的概率分布为 $P\{X=0\}=P\{X=2\}=\frac{1}{2}$，$Y$ 的概率密度为

$$f(y)=\begin{cases}2y, & 0<y<1,\\ 0, & \text{其他}。\end{cases}$$

求 $Z=X+Y$ 的概率密度。

31. 设随机变量 $X_i\ (i=1,2,\cdots,n)$ 服从(0-1)分布，且相互独立，$P\{X_i=1\}=p$，$P\{X_i=0\}=1-p$，求 $X=\sum_{k=0}^{n} X_i$ 的分布律。

32. 设二维随机变量(X,Y)在区域 $D=\{(x,y)|0<x<1, x^2<y<\sqrt{x}\}$上服从均匀分布。令

$$U=\begin{cases}1, & X\leqslant Y,\\0, & X>Y。\end{cases}$$

(1) 写出(X,Y)的概率密度。

(2) U与X是否相互独立？说明理由。

(3) 求$Z=U+X$的分布函数$F(z)$。

33. 设二维随机变量$(X,Y)\sim N(1,0,1,1,0)$，求$P\{XY-Y<0\}$。

第4章

随机变量的数字特征

随机变量的概率分布完整地描述了随机变量的统计规律。但是在实际问题中求得随机变量的分布并不容易，况且对某些问题来说，只需了解或掌握随机变量的某些性质和特征即可，其中最重要的是数字特征。数字特征从一定的角度，可以简单明了地刻画随机变量的性质和特点。

本章主要研究随机变量的数学期望、方差、协方差、相关系数等特征，由于其计算结果都是实数，因此称为数字特征。数学期望反映了随机变量取值的平均水平和集中位置，是重要的位置特征数，其他所有的数字特征的计算都依赖于数学期望。方差是表示随机变量取值分散程度的数字特征。对于一个随机变量，数学期望和方差是最重要的两个数字特征。

协方差和相关系数只对多个随机变量才有意义，其中相关系数用来刻画两个变量之间线性相关性。而对于两个变量之间的非线性相关关系，判别的参数种类繁多，至今尚无实用指标来区分。

本章要用到的准备知识：随机变量的分布及积分的运算。

通过本章的学习可以解决如下问题。

问题1 现有甲、乙两个班级，人数相同，分别用 X,Y 表示两个班级的英语考试成绩。此时，这两个班级的成绩会出现下列两种现象：

(1) 两个班级平均成绩相差较大；

(2) 两个班级平均成绩相差无几，但是甲班学生成绩比较集中，而乙班成绩两极分化很明显。

上述两种情况用 X,Y 如何描述？

问题2 在国际市场上，每年对我国某种出口商品的需求量记为 X(单位：t)，设 X 服从$[2000,4000]$上的均匀分布。如果每售出1t可得外汇3万元；若销售不出而积压，需浪费保养费1万元/t。问应组织多少货源，才能使得平均收益最大？

4.1 数学期望

4.1.1 数学期望的定义

我们先从一个例子谈起。

引例 从甲、乙两个射击选手中选择一位参加比赛,作为教练该如何选择？很显然,选拔的基本原则是成绩较好的选手参加比赛。预选时甲、乙两人射击多次,成绩分别如下：

环数	7	8	9	10
次数	3	7	8	2

环数	7	8	9	10
次数	2	6	4	4

如果直接比较两人总成绩,则不太合理。因为甲射击 20 次,而乙射击 16 次,所以较合适的做法是比较两人的平均射击环数。

甲的平均成绩为

$$\frac{7\times 3+8\times 7+9\times 8+10\times 2}{20}=8.45(\text{环})。$$

类似地,可计算乙的平均成绩为 8.625 环,因此应该选择成绩较好的乙选手参加比赛。

换一种描述方法：用随机变量 X 表示甲射击环数,Y 表示乙射击环数,则 X 和 Y 均为离散型随机变量,它们的取值频率分布分别为

X	7	8	9	10
f_k	$\frac{3}{20}$	$\frac{7}{20}$	$\frac{8}{20}$	$\frac{2}{20}$

Y	7	8	9	10
f_k	$\frac{2}{16}$	$\frac{6}{16}$	$\frac{4}{16}$	$\frac{4}{16}$

甲的平均成绩也可以表示为 $7\times\frac{3}{20}+8\times\frac{7}{20}+9\times\frac{8}{20}+10\times\frac{2}{20}=8.45$(环)。

在此例中,随机变量 X 的取值乘以取该值的频率,再求和就是平均成绩。在第 5 章中将会讲到,在一定意义下频率接近于概率。对于一般的随机变量,我们给出如下定义：

定义 4.1.1 设离散型随机变量 X 的分布律为 $P\{X=x_k\}=p_k(k=1,2,\cdots)$,若级数 $\sum\limits_{k=1}^{\infty}x_kp_k$ 绝对收敛,则称级数

$$\sum_{k=1}^{\infty}x_kp_k$$

为随机变量 X 的数学期望,记为 $E(X)$。

类似地,我们可以给出连续型随机变量数学期望的定义,只要把分布律中的概率 p_k 改为概率密度 $f(x)$,将求和改为求积分即可。因此,有如下定义：

定义 4.1.2 设连续型随机变量 X 的概率密度为 $f(x)$,若积分 $\int_{-\infty}^{+\infty}xf(x)\mathrm{d}x$ 绝对收敛,则称

$$\int_{-\infty}^{+\infty}xf(x)\mathrm{d}x$$

为随机变量 X 的数学期望,记为 $E(X)$。

数学期望简称期望,又称为均值。

注 数学期望定义中要求满足绝对收敛这个条件,意味着并不是每个随机变量的数学期望都存在,只有满足绝对收敛条件的那些随机变量,数学期望才可以计算出来。

例 4.1.1 设连续型随机变量 X 的概率密度为 $f(x)=\frac{1}{\pi}\cdot\frac{1}{1+x^2},-\infty<x<+\infty$,问

其数学期望是否存在？

解 要判断数学期望是否存在，需要先判断$\int_{-\infty}^{+\infty} xf(x)\mathrm{d}x$是否绝对收敛，由于

$$\int_{0}^{+\infty} xf(x)\mathrm{d}x=\frac{1}{\pi}\int_{0}^{+\infty}\frac{x}{1+x^2}\mathrm{d}x=\frac{1}{2\pi}\ln(1+x^2)\Big|_0^{+\infty}=+\infty,$$

故$\int_{-\infty}^{+\infty} xf(x)\mathrm{d}x$发散，随机变量$X$的数学期望不存在。

例 4.1.2 设$X\sim b(1,p)$，求$E(X)$。

解 X的分布律为

X	0	1
p_k	$1-p$	p

由定义知，X的数学期望为

$$E(X)=0\times(1-p)+1\times p=p。$$

例 4.1.3 设$X\sim\pi(\lambda)$，求$E(X)$。

解 X的分布律为

$$P\{X=k\}=\frac{\lambda^k}{k!}\mathrm{e}^{-\lambda},\quad k=0,1,2,\cdots,$$

由定义知，X的数学期望为

$$E(X)=\sum_{k=0}^{\infty}k\cdot\frac{\lambda^k}{k!}\mathrm{e}^{-\lambda}=\sum_{k=1}^{\infty}k\frac{\lambda^k}{k!}\mathrm{e}^{-\lambda}=\lambda\mathrm{e}^{-\lambda}\sum_{k=1}^{\infty}\frac{\lambda^{k-1}}{(k-1)!}=\lambda\mathrm{e}^{-\lambda}\cdot\mathrm{e}^{\lambda}=\lambda。$$

例 4.1.4 设$X\sim U(a,b)$，求$E(X)$。

解 X的概率密度为

$$f(x)=\begin{cases}\dfrac{1}{b-a}, & a\leqslant x\leqslant b,\\ 0, & 其他。\end{cases}$$

由定义知

$$E(X)=\int_{-\infty}^{+\infty}x\cdot f(x)\mathrm{d}x=\int_a^b x\cdot\frac{1}{b-a}\mathrm{d}x=\frac{a+b}{2}。$$

例 4.1.5 设$X\sim e(\lambda)$，求$E(X)$。

解 X的概率密度为

$$f(x)=\begin{cases}\lambda\mathrm{e}^{-\lambda x}, & x>0,\\ 0, & x\leqslant 0。\end{cases}$$

由定义知

$$E(X)=\int_{-\infty}^{+\infty}xf(x)\mathrm{d}x=\int_0^{+\infty}x\cdot\lambda\mathrm{e}^{-\lambda x}\mathrm{d}x=\frac{1}{\lambda}\int_0^{+\infty}\lambda x\mathrm{e}^{-\lambda x}\mathrm{d}(\lambda x)\overset{t=\lambda x}{=}\frac{1}{\lambda}\int_0^{+\infty}t\mathrm{e}^{-t}\mathrm{d}t。$$

而$\int_0^{+\infty}t\mathrm{e}^{-t}\mathrm{d}t=-\int_0^{+\infty}t\mathrm{d}(\mathrm{e}^{-t})=-t\mathrm{e}^{-t}\Big|_0^{+\infty}+\int_0^{+\infty}\mathrm{e}^{-t}\mathrm{d}t=1$，从而$E(X)=\dfrac{1}{\lambda}$。

例 4.1.6 设$X\sim N(\mu,\sigma^2)$，求$E(X)$。

解 X的概率密度为

$$f(x)=\frac{1}{\sqrt{2\pi}\sigma}\mathrm{e}^{-\frac{(x-\mu)^2}{2\sigma^2}},\quad x\in\mathbb{R}。$$

由定义知,X 的数学期望为

$$E(X)=\int_{-\infty}^{+\infty}xf(x)\mathrm{d}x=\int_{-\infty}^{+\infty}x\frac{1}{\sqrt{2\pi}\sigma}\mathrm{e}^{-\frac{(x-\mu)^2}{2\sigma^2}}\mathrm{d}x。$$

令 $t=\frac{x-\mu}{\sigma}$,则

$$E(X)=\frac{1}{\sqrt{2\pi}}\int_{-\infty}^{+\infty}(\sigma t+\mu)\mathrm{e}^{-\frac{t^2}{2}}\mathrm{d}t=\frac{\mu}{\sqrt{2\pi}}\int_{-\infty}^{+\infty}\mathrm{e}^{-\frac{t^2}{2}}\mathrm{d}t=\mu。$$

例 4.1.7 设随机变量 X 的概率密度为

$$f(x)=\begin{cases}x, & 0<x\leqslant 1,\\ 2-x, & 1<x\leqslant 2,\\ 0, & 其他。\end{cases}$$

求 $E(X)$。

解 X 为连续型随机变量,由定义知

$$E(X)=\int_{-\infty}^{+\infty}x\cdot f(x)\mathrm{d}x=\int_0^1 x\cdot x\mathrm{d}x+\int_1^2 x\cdot(2-x)\mathrm{d}x=1。$$

例 4.1.8 为了普查某种疾病,要化验 N 个人的血。可以用以下两种方法进行:

(1) 将每个人的血单独检验,共需化验 N 次;

(2) 按 k 个人一组进行分组,把每组的血液混合在一起,如果为阴性,则这 k 个人的血只需化验一次;若呈阳性,则再对该组血液分别进行化验,此时这 k 个人共要化验 $k+1$ 次。

假设每个人化验呈阳性的概率为 p,且这些人的试验反应相互独立。求方法(2)平均需要化验多少次,并与方法(1)进行比较。

解 每个人化验呈阴性的概率为 $q=1-p$,由于反应相互独立,因此 k 个人混合呈阴性的概率为 q^k,呈阳性的概率为 $1-q^k$。

方法(2)中,设 X 表示一个人需要化验的次数,则 X 为离散型随机变量,分布律为

X	$\frac{1}{k}$	$1+\frac{1}{k}$
p_k	q^k	$1-q^k$

所以 X 的数学期望为

$$E(X)=\frac{1}{k}\cdot q^k+\left(1+\frac{1}{k}\right)\cdot(1-q^k)=1-q^k+\frac{1}{k}。$$

在方法(1)中,每个人需化验 1 次,当 $1-q^k+\frac{1}{k}<1$ 时,方法(2)化验的次数要小于方法(1)。由上可知,对于固定的 p,我们可以选择合适的 k,使 $1-q^k+\frac{1}{k}$ 取得最小值,即可以得到最好的分组方法。

例 4.1.9 设在一规定时间间隔里,某电气设备用于最大负荷的时间 X(单位: min)是一个随机变量,其概率密度为

$$f(x)=\begin{cases}\dfrac{1}{200^2}x, & 0\leqslant x\leqslant 200,\\ \dfrac{400-x}{200^2}, & 200<x\leqslant 400,\\ 0, & \text{其他}。\end{cases}$$

求 $E(X)$。

解 由定义知,X 的数学期望为

$$\begin{aligned}E(X)&=\int_{-\infty}^{+\infty}xf(x)\mathrm{d}x=\int_0^{200}xf(x)\mathrm{d}x+\int_{200}^{400}xf(x)\mathrm{d}x\\&=\int_0^{200}x\cdot\frac{x}{200^2}\mathrm{d}x+\int_{200}^{400}x\cdot\frac{400-x}{200^2}\mathrm{d}x\\&=\frac{1}{200^2}\cdot\frac{x^3}{3}\bigg|_0^{200}+\frac{1}{200^2}\cdot\left(400\cdot\frac{x^2}{2}-\frac{x^3}{3}\right)\bigg|_{200}^{400}\\&=200。\end{aligned}$$

4.1.2 随机变量函数的数学期望

前面我们介绍了随机变量 X 的数学期望的计算,但在实际中,我们往往需要求的是随机变量函数的数学期望,例如求 $X^2,\dfrac{1}{X},\ln X$ 等的数学期望。在第 2 章中,我们介绍了如何求随机变量函数的分布,如果先求出随机变量 X 的函数的分布,然后再计算其数学期望是可以的,但是比较繁琐,对于随机变量函数的数学期望我们有如下定理:

定理 4.1.1 设随机变量 Y 是随机变量 X 的函数,即 $Y=g(X)$(其中 g 为一元连续函数)。

(1) 若 X 是离散型随机变量,其分布律为

$$P\{X=x_k\}=p_k,\quad k=1,2,\cdots,$$

当无穷级数 $\sum\limits_{k=1}^{\infty}g(x_k)p_k$ 绝对收敛时,随机变量 Y 的数学期望为

$$E(Y)=E[g(X)]=\sum_{k=1}^{\infty}g(x_k)p_k。$$

(2) 若 X 是连续型随机变量,其概率密度为 $f(x)$,当广义积分 $\int_{-\infty}^{+\infty}g(x)f(x)\mathrm{d}x$ 绝对收敛时,随机变量 Y 的数学期望为

$$E(Y)=E[g(X)]=\int_{-\infty}^{+\infty}g(x)f(x)\mathrm{d}x。$$

注 这一定理的重要意义在于,求 $E(Y)$ 时,只需利用 X 的分布律或概率密度就可以了,无须求 Y 的分布,这给我们计算随机变量函数的数学期望提供了极大的方便。

定理的证明超出了本书的范围,略。

例 4.1.10 设随机变量 X 的分布律为

X	-1	0	2
p_k	0.3	0.5	0.2

若 $Y=2X^2+1$，求 $E(Y)$。

解 由定理 4.1.1 知

$$E(Y)=E(2X^2+1)$$
$$=[2\times(-1)^2+1]\times 0.3+(2\times 0^2+1)\times 0.5+(2\times 2^2+1)\times 0.2=3.2。$$

例 4.1.11 一工厂生产的某种设备的寿命 X(单位：年)服从指数分布，概率密度为

$$f(x)=\begin{cases}\frac{1}{5}e^{-\frac{x}{5}}, & x>0,\\ 0, & x\leqslant 0。\end{cases}$$

工厂规定，出售的设备若在售出一年之内损坏可予以调换。若该工厂售出一台设备盈利 100 元，调换一台设备需花费 300 元。试求厂方出售一台设备净盈利的数学期望。

解 一台设备在一年内调换的概率为

$$p=P\{X<1\}=\int_0^1\frac{1}{5}e^{-\frac{x}{5}}dx=1-e^{-\frac{1}{5}}。$$

以 Y 表示工厂售出一台设备的净盈利值，则 Y 的分布律为

Y	100	-200
p	$e^{-\frac{1}{5}}$	$1-e^{-\frac{1}{5}}$

故有

$$E(Y)=100\times e^{-\frac{1}{5}}-200\times(1-e^{-\frac{1}{5}})=300e^{-\frac{1}{5}}-200=45.62(\text{元})。$$

4.1.3 二维随机变量的数学期望

定理 4.1.1 还可以推广到二维或二维以上随机变量的函数的情况，我们有如下定理。

定理 4.1.2 设 Z 是随机变量 (X,Y) 的函数，且 $Z=g(X,Y)$，其中 g 为二元连续函数，则有：

(1) 如果 (X,Y) 为离散型随机变量，其分布律为

$$P\{X=x_i,Y=y_j\}=p_{ij},\quad i,j=1,2,\cdots,$$

且 $\sum_{j=1}^{\infty}\sum_{i=1}^{\infty}g(x_i,y_j)p_{ij}$ 绝对收敛，则随机变量 $Z=g(X,Y)$ 的数学期望为

$$E(Z)=E[g(X,Y)]=\sum_{j=1}^{\infty}\sum_{i=1}^{\infty}g(x_i,y_j)p_{ij};$$

(2) 如果二维随机变量 (X,Y) 的概率密度为 $f(x,y)$，且

$$\int_{-\infty}^{+\infty}\int_{-\infty}^{+\infty}g(x,y)f(x,y)dxdy$$

绝对收敛，则随机变量 $Z=g(X,Y)$ 的数学期望为

$$E(Z)=E[g(X,Y)]=\int_{-\infty}^{+\infty}\int_{-\infty}^{+\infty}g(x,y)f(x,y)\mathrm{d}x\mathrm{d}y。$$

例 4.1.12 设二维离散型随机变量(X,Y)的联合分布律为

$Y \backslash X$	0	1
0	$\frac{1}{3}$	0
1	$\frac{1}{2}$	$\frac{1}{6}$

求：(1) $E(2X+3Y)$；(2) $E(XY)$。

解 (1) 由定理 4.1.2,得

$$\begin{aligned}E(2X+3Y)&=\sum_{j=1}^{2}\sum_{i=1}^{2}(2x_i+3y_j)p_{ij}\\&=(2\times0+3\times0)\times\frac{1}{3}+(2\times0+3\times1)\times\frac{1}{2}+(2\times1+3\times1)\times\frac{1}{6}\\&=\frac{7}{3}。\end{aligned}$$

(2) 由定理 4.1.2,得

$$\begin{aligned}E(XY)&=\sum_{j=1}^{2}\sum_{i=1}^{2}(x_iy_j)p_{ij}\\&=(0\times0)\times\frac{1}{3}+(0\times1)\times\frac{1}{2}+(1\times1)\times\frac{1}{6}=\frac{1}{6}。\end{aligned}$$

例 4.1.13 设二维连续型随机变量(X,Y)的概率密度为

$$f(x,y)=\begin{cases}12y^2, & 0\leqslant y\leqslant x\leqslant 1,\\0, & \text{其他},\end{cases}$$

求：(1) $E(XY)$；(2) $E(X^2)$。

解 (1) 由定理 4.1.2,得

$$E(XY)=\int_{-\infty}^{+\infty}\int_{-\infty}^{+\infty}xyf(x,y)\mathrm{d}x\mathrm{d}y=\int_0^1 x\mathrm{d}x\int_0^x y\cdot 12y^2\mathrm{d}y=\frac{1}{2};$$

(2) 将 X^2 看成是函数 $Z=g(X,Y)$的特殊情况,从而利用定理 4.1.2 进行求解,即

$$E(X^2)=\int_{-\infty}^{+\infty}\int_{-\infty}^{+\infty}x^2f(x,y)\mathrm{d}x\mathrm{d}y=\int_0^1 x^2\mathrm{d}x\int_0^x 12y^2\mathrm{d}y=\frac{2}{3}。$$

注 本题在求解 $E(X^2)$时,也可以先求出(X,Y)关于 X 的边缘概率密度 $f_X(x)$，再利用公式 $E(X^2)=\int_{-\infty}^{+\infty}x^2f_X(x)\mathrm{d}x$ 求解 $E(X^2)$。

4.1.4 数学期望的性质

设 C 为常数,随机变量 X,Y 的数学期望都存在。关于数学期望有如下性质成立：

性质 1 $E(C)=C$。

性质 2 $E(CX)=CE(X)$。

性质 3 $E(X+Y)=E(X)+E(Y)$。

性质 3 可以推广到任意有限个随机变量的情况，即若 $X_1,X_2,\cdots,X_n$ 为 n 个随机变量，有

$$E\left(\sum_{i=1}^{n}X_i\right)=\sum_{i=1}^{n}E(X_i)。$$

性质 4 如果随机变量 X 和 Y 相互独立，则 $E(XY)=E(X)E(Y)$。

性质 4 可以推广到任意有限个相互独立的随机变量之积的情况。

对于上述 4 个性质，我们逐一进行如下证明。

证明 性质 1 中，常数 C 可以看成只取一个值 C 的离散型随机变量，且取 C 的概率为 1，因此

$$E(C)=C\times 1=C。$$

性质 2 中，不妨设 X 为连续型随机变量，密度函数为 $f(x)$，CX 为随机变量 X 的函数，则

$$E(CX)=\int_{-\infty}^{+\infty}Cx\cdot f(x)\mathrm{d}x=C\int_{-\infty}^{+\infty}x\cdot f(x)\mathrm{d}x=CE(X)。$$

性质 3 中，设二维随机变量 (X,Y) 的概率密度为 $f(x,y)$，则

$$\begin{aligned}E(X+Y)&=\int_{-\infty}^{+\infty}(x+y)f(x,y)\mathrm{d}x\mathrm{d}y\\&=\int_{-\infty}^{+\infty}xf(x,y)\mathrm{d}x\mathrm{d}y+\int_{-\infty}^{+\infty}yf(x,y)\mathrm{d}x\mathrm{d}y\\&=E(X)+E(Y)。\end{aligned}$$

性质 4 中，若二维随机变量 (X,Y) 相互独立，设其边缘概率密度为 $f_X(x)$，$f_Y(y)$，则有

$$\begin{aligned}&f(x,y)=f_X(x)\cdot f_Y(y)。\\&E(XY)=\int_{-\infty}^{+\infty}xy\cdot f(x,y)\mathrm{d}x\mathrm{d}y\\&\quad=\int_{-\infty}^{+\infty}\int_{-\infty}^{+\infty}xy\cdot f_X(x)f_Y(y)\mathrm{d}x\mathrm{d}y\\&\quad=\left[\int_{-\infty}^{+\infty}xf_X(x)\mathrm{d}x\right]\left[\int_{-\infty}^{+\infty}yf_Y(y)\mathrm{d}y\right]=E(X)E(Y)。\end{aligned}$$

例 4.1.14 设随机变量 X 和 Y 相互独立，且各自的概率密度为

$$f_X(x)=\begin{cases}3\mathrm{e}^{-3x}, & x>0,\\0, & \text{其他},\end{cases}\quad f_Y(y)=\begin{cases}4\mathrm{e}^{-4y}, & y>0,\\0, & \text{其他}。\end{cases}$$

求 $E(XY)$。

解 由题设可知 $X\sim e(3)$，$Y\sim e(4)$，故 $E(X)=\frac{1}{3}$，$E(Y)=\frac{1}{4}$。由性质 4 得

$$E(XY)=E(X)E(Y)=\frac{1}{12}。$$

4.2 方差

数学期望反映了随机变量取值的平均水平和集中位置。在许多问题中，我们还要了解随机变量的其他特征，比如4.1节在射击选手选拔问题中，若甲乙两个射手平均成绩一样，又该如何选择？肯定要选择成绩更稳定的那位选手。而稳定性可以用射击成绩 X 与平均成绩 $E(X)$ 之间的偏差来度量，如果简单地计算 $X-E(X)$，则超出平均成绩和低于平均成绩的部分会相互抵消，这样累计不合理。如果计算 $|X-E(X)|$，虽然不会出现抵消部分，但是带绝对值的式子计算起来不方便。综上所述，在这里，我们选择 $[X-E(X)]^2$ 形式，并且为了避免由于射击次数不同对偏离程度累计的影响，我们计算 $[X-E(X)]^2$ 的期望，这样避免了上述两种方式的弊端，可以很好地对偏离程度进行度量。

4.2.1 方差的定义

定义 4.2.1 设 X 为一随机变量，如果随机变量 $[X-E(X)]^2$ 的数学期望存在，则称之为 X 的方差，记为 $D(X)$，即

$$D(X)=E\{[X-E(X)]^2\}。$$

称 $\sqrt{D(X)}$ 为随机变量 X 的标准差或均方差，记作 $\sigma(X)$。

由方差定义可知，当随机变量的取值相对集中在期望附近时，方差较小；取值相对分散时，方差较大，并且总有 $D(X)\geqslant 0$。

在计算方差时，我们往往不使用方差的定义式，而是使用下式：

$$D(X)=E(X^2)-[E(X)]^2。$$

证明 根据数学期望的性质，可得

$$\begin{aligned}D(X)&=E\{[X-E(X)]^2\}\\&=E\{X^2-2X\cdot E(X)+[E(X)]^2\}\\&=E(X^2)-2E(X)\cdot E(X)+[E(X)]^2\\&=E(X^2)-[E(X)]^2。\end{aligned}$$

这是计算随机变量方差的常用公式。由此公式可以看出，方差等于平方的期望减去期望的平方。

例 4.2.1 设离散型随机变量 X 的分布律为

X	0	1	2
p_k	0.3	0.4	0.3

求 $D(X)$。

解 因为

$E(X)=0\times 0.3+1\times 0.4+2\times 0.3=1$，$E(X^2)=0^2\times 0.3+1^2\times 0.4+2^2\times 0.3=1.6$，所以

$$D(X)=E(X^2)-[E(X)]^2=1.6-1^2=0.6。$$

例 4.2.2 设 $X\sim b(1,p)$，求 $D(X)$。

解 X 的分布律为

X	0	1
p_k	$1-p$	p

则

$$E(X)=0\times(1-p)+1\times p=p,\quad E(X^2)=0^2\times(1-p)+1^2\times p=p,$$

所以

$$D(X)=E(X^2)-[E(X)]^2=p-p^2=pq\ (\text{其中}\ q=1-p)。$$

例 4.2.3 设 $X\sim U(a,b)$，求 $D(X)$。

解 由于

$$E(X^2)=\int_{-\infty}^{+\infty}x^2\cdot f(x)\mathrm{d}x=\int_a^b x^2\cdot\frac{1}{b-a}\mathrm{d}x=\frac{a^2+ab+b^2}{3},$$

而

$$E(X)=\frac{a+b}{2},$$

所以

$$D(X)=E(X^2)-[E(X)]^2=\frac{(b-a)^2}{12}。$$

例 4.2.4 设 $X\sim e(\lambda)$，求 $D(X)$。

解 由于

$$E(X^2)=\int_{-\infty}^{+\infty}x^2\cdot f(x)\mathrm{d}x=\int_0^{+\infty}x^2\cdot\lambda\mathrm{e}^{-\lambda x}\mathrm{d}x=\frac{2}{\lambda^2},$$

而

$$E(X)=\frac{1}{\lambda},$$

所以

$$D(X)=E(X^2)-[E(X)]^2=\frac{1}{\lambda^2}。$$

例 4.2.5 设 $X\sim\pi(\lambda)$，求 $D(X)$。

解 由于

$$\begin{aligned}E(X^2)&=\sum_{k=0}^{\infty}k^2\frac{\lambda^k\mathrm{e}^{-\lambda}}{k!}=\sum_{k=1}^{\infty}k\frac{\lambda^k\mathrm{e}^{-\lambda}}{(k-1)!}=\sum_{k=1}^{\infty}[(k-1)+1]\frac{\lambda^k\mathrm{e}^{-\lambda}}{(k-1)!}\\&=\sum_{k=2}^{\infty}\frac{\lambda^2\cdot\lambda^{k-2}}{(k-2)!}\cdot\mathrm{e}^{-\lambda}+\sum_{k=1}^{\infty}\frac{\lambda^k}{(k-1)!}\cdot\mathrm{e}^{-\lambda}\left(\text{其中},\mathrm{e}^{\lambda}=\sum_{k=0}^{\infty}\frac{\lambda^k}{k!}\right)\\&=\lambda^2+\lambda,\end{aligned}$$

而

$$E(X)=\lambda,$$

所以

$$D(X)=E(X^2)-[E(X)]^2=(\lambda^2+\lambda)-\lambda^2=\lambda。$$

例 4.2.6　设 $X \sim N(\mu, \sigma^2)$，求 $D(X)$。

解　由于

$$E(X)=\mu,$$

$$D(X)=\int_{-\infty}^{+\infty}(x-\mu)^2 \cdot \frac{1}{\sqrt{2\pi}\sigma} \cdot e^{-\frac{(x-\mu)^2}{2\sigma^2}}dx \xlongequal{令\frac{x-\mu}{\sigma}=t} \frac{\sigma^2}{\sqrt{2\pi}}\int_{-\infty}^{+\infty}t^2 e^{-\frac{t^2}{2}}dt$$

$$=\frac{\sigma^2}{\sqrt{2\pi}}\left[-te^{-\frac{t^2}{2}}\Big|_{-\infty}^{+\infty}+\int_{-\infty}^{+\infty}e^{-\frac{t^2}{2}}dt\right]=\sigma^2。$$

随机变量 $X \sim N(\mu, \sigma^2)$，其中两个参数 μ, σ^2 分别是 X 的数学期望和方差。即正态分布完全可由它的数学期望和方差确定。由第 3 章知道，若 $X_i \sim N(\mu_i, \sigma_i^2), i=1,2,\cdots,n$，且它们相互独立，其线性组合 $C_1X_1+C_2X_2+\cdots+C_nX_n$（$C_1, C_2, \cdots, C_n$ 是不全为 0 的常数）仍然服从正态分布，且

$$E(C_1X_1+C_2X_2+\cdots+C_nX_n)=C_1E(X_1)+C_2E(X_2)+\cdots+C_nE(X_n)=\sum_{i=1}^{n}C_i\mu_i,$$

$$D(C_1X_1+C_2X_2+\cdots+C_nX_n)=C_1^2D(X_1)+C_2^2D(X_2)+\cdots+C_n^2D(X_n)=\sum_{i=1}^{n}C_i^2\sigma_i^2,$$

所以可得

$$C_1X_1+C_2X_2+\cdots+C_nX_n \sim N\left(\sum_{i=1}^{n}C_i\mu_i, \sum_{i=1}^{n}C_i^2\sigma_i^2\right)$$

这一重要结果。

例 4.2.7　设连续型随机变量 X 的概率密度为

$$f(x)=\begin{cases} x, & 0 \leqslant x < 1, \\ 2-x, & 1 \leqslant x < 2, \\ 0, & 其他, \end{cases}$$

求 $D(X)$。

解　由例 4.1.7 知 $E(X)=1$，而

$$E(X^2)=\int_{-\infty}^{+\infty}x^2 \cdot f(x)dx=\int_0^1 x^2 \cdot x dx+\int_1^2 x^2 \cdot (2-x)dx=\frac{7}{6},$$

所以

$$D(X)=E(X^2)-[E(X)]^2=\frac{7}{6}-1=\frac{1}{6}。$$

4.2.2　方差的性质

性质 1　若 C 为常数，则 $D(C)=0$。

性质 2　$D(CX)=C^2D(X)$。

性质 3　$D(X+C)=D(X)$。

性质 4　如果随机变量 X, Y 相互独立，则

$$D(X \pm Y)=D(X)+D(Y)。$$

注 性质4可以推广到任意有限个相互独立的随机变量之和的情况，即 $X_1,X_2,\cdots,X_n$ 是 n 个相互独立的随机变量，则

$$D(X_1+X_2+\cdots+X_n)=D(X_1)+D(X_2)+\cdots+D(X_n)。$$

证明 由方差定义式知，性质1中 $D(C)=E\{[C-E(C)]^2\}=0$；

性质2中，$D(CX)=E\{[CX-E(CX)]^2\}$

$$=C^2E\{[X-E(X)]^2\}=C^2D(X);$$

性质3中，$D(X+C)=E\{[(X+C)-E(X+C)]^2\}$

$$=E\{[X+C-E(X)-C]^2\}$$

$$=E\{[X-E(X)]^2\}=D(X);$$

性质4中，$D(X+Y)=E\{[X-E(X)]+[Y-E(Y)]\}^2$

$$=E\{[X-E(X)]^2\}+2E\{[X-E(X)][Y-E(Y)]\}+E\{[Y-E(Y)]^2\}$$

$$=D(X)+2E\{[X-E(X)][Y-E(Y)]\}+D(Y)。$$

因为随机变量 X 和 Y 相互独立，所以 $X-E(X)$ 和 $Y-E(Y)$ 也相互独立，由数学期望的性质，有

$$E\{[X-E(X)][Y-E(Y)]\}=E[X-E(X)]\cdot E[Y-E(Y)]=0,$$

于是

$$D(X+Y)=D(X)+D(Y)。$$

同样可得 $D(X-Y)=D(X)+D(Y)$。

例 4.2.8 设随机变量 X,Y 相互独立，X 与 Y 的方差分别为4和2。求 $D(2X-Y)$。

解 由方差的性质得

$$D(2X-Y)=4D(X)+D(Y)=4\times 4+1\times 2=18。$$

例 4.2.9 设 $X_1,X_2,\cdots,X_n$ 相互独立，$E(X_i)=\mu,D(X_i)=\sigma^2(i=1,2,\cdots,n)$。求 $Y=\frac{1}{n}\sum_{i=1}^{n}X_i$ 的期望和方差。

解
$$E(Y)=E\left(\frac{1}{n}\sum_{i=1}^{n}X_i\right)=\frac{1}{n}\sum_{i=1}^{n}E(X_i)=\frac{1}{n}\sum_{i=1}^{n}\mu=\frac{1}{n}n\mu=\mu,$$

由于 $X_1,X_2,\cdots,X_n$ 相互独立，则

$$D(Y)=D\left(\frac{1}{n}\sum_{i=1}^{n}X_i\right)=\frac{1}{n^2}\sum_{i=1}^{n}D(X_i)=\frac{1}{n^2}n\sigma^2=\frac{\sigma^2}{n}。$$

此例在实际背景下的解释为：若用 $X_1,X_2,\cdots,X_n$ 表示对物体长度的 n 次重复测量，而 σ^2 为对误差大小的度量，公式 $D(Y)=\frac{\sigma^2}{n}$ 表明 n 次重复测量的平均误差是单次测量误差的 $\frac{1}{n}$，也就是说，重复测量的平均值精度要比单次测量的精度高。

几种重要的随机变量的分布及其数字特征汇总如下表所示：

	分 布	分布律或概率密度	期望	方差
离散型	X 服从参数为 p 的 0-1 分布	$P\{X=k\}=p^k q^{1-k}$, $k=0,1$; $q=1-p$	p	pq
	二项分布 $X\sim b(n,p)$	$P\{X=k\}=C_n^k p^k q^{n-k}$, $k=0,1,\cdots,n$; $q=1-p$	np	npq
	泊松分布 $X\sim \pi(\lambda)$	$P\{X=k\}=\dfrac{\lambda^k e^{-\lambda}}{k!}$, $k=0,1,2,\cdots$	λ	λ
连续型	均匀分布 $X\sim U(a,b)$	$f(x)=\begin{cases}\dfrac{1}{b-a}, & a\leqslant x\leqslant b,\\ 0, & 其他\end{cases}$	$\dfrac{a+b}{2}$	$\dfrac{(b-a)^2}{12}$
	指数分布 $X\sim e(\lambda)$	$f(x)=\begin{cases}\lambda e^{-\lambda x}, & x>0,\\ 0, & x\leqslant 0\end{cases}$	$\dfrac{1}{\lambda}$	$\dfrac{1}{\lambda^2}$
	正态分布 $X\sim N(\mu,\sigma^2)$	$f(x)=\dfrac{1}{\sqrt{2\pi}\sigma}e^{-\frac{(x-\mu)^2}{2\sigma^2}}$	μ	σ^2

4.3 协方差与相关系数

前两节中,介绍了用于描述单个随机变量取值的平均值和偏离程度的两个数字特征——数学期望和方差。对于二维随机变量,不仅要考虑单个随机变量自身的统计规律性,还要考虑两个随机变量之间相互联系的统计规律性。因此,我们还需要衡量两个随机变量之间关系的数字特征,协方差和相关系数就是这样的数字特征。

4.3.1 协方差

定义 4.3.1 设随机变量 X 与 Y 的数学期望 $E(X)$ 和 $E(Y)$ 都存在,如果随机变量 $[X-E(X)][Y-E(Y)]$ 的数学期望存在,则称之为随机变量 X 和 Y 的协方差,记作 $\mathrm{Cov}(X,Y)$,即 $\mathrm{Cov}(X,Y)=E\{[X-E(X)][Y-E(Y)]\}$。

类似于方差的计算,在计算协方差时,使用如下公式:

$$\mathrm{Cov}(X,Y)=E(XY)-E(X)E(Y)。$$

证明

$$\begin{aligned}\mathrm{Cov}(X,Y)&=E\{[X-E(X)][Y-E(Y)]\}\\&=E[XY-XE(Y)-YE(X)+E(X)E(Y)]\\&=E(XY)-E(X)E(Y)-E(Y)E(X)+E(X)E(Y)\\&=E(XY)-E(X)E(Y)。\end{aligned}$$

特别地,令 $Y=X$,则

$$\mathrm{Cov}(X,X)=E(XX)-E(X)E(X)=E(X^2)-[E(X)]^2=D(X)。$$

由上式可知,方差是协方差的一种特殊情况,协方差可以看成是方差在多维随机变量情况下的推广。

例 4.3.1 设二维随机变量 (X,Y) 服从区域 D 上的均匀分布,其中 D 由 x 轴、y 轴及

$x+y=1$ 所围成,求 X 与 Y 的协方差 $\mathrm{Cov}(X,Y)$。

解 由于(X,Y)服从 D 上的均匀分布,所以联合概率密度为

$$f(x,y)=\begin{cases}2, & 0<x<1,0<y<1-x,\\ 0, & 其他,\end{cases}$$

$$E(X)=\int_0^1\int_0^{1-x}2x\,\mathrm{d}y\,\mathrm{d}x=\int_0^1(2x-2x^2)\,\mathrm{d}x=\frac{1}{3},$$

$$E(Y)=\int_0^1\int_0^{1-x}2y\,\mathrm{d}y\,\mathrm{d}x=\int_0^1(1-x)^2\,\mathrm{d}x=\frac{1}{3},$$

$$E(XY)=\int_0^1\int_0^{1-x}2xy\,\mathrm{d}y\,\mathrm{d}x=\int_0^1 x(1-x)^2\,\mathrm{d}x=\frac{1}{12}。$$

所以

$$\mathrm{Cov}(X,Y)=E(XY)-E(X)E(Y)=\frac{1}{12}-\frac{1}{3}\times\frac{1}{3}=-\frac{1}{36}。$$

容易验证协方差有如下性质。

性质 1 $\mathrm{Cov}(X,Y)=\mathrm{Cov}(Y,X)$。

性质 2 $\mathrm{Cov}(X,X)=D(X)$。

性质 3 $\mathrm{Cov}(aX,bY)=ab\mathrm{Cov}(X,Y)$,其中 a,b 为常数。

性质 4 $\mathrm{Cov}(X+Y,Z)=\mathrm{Cov}(X,Z)+\mathrm{Cov}(Y,Z)$。

事实上

$$\begin{aligned}\mathrm{Cov}(X+Y,Z)&=E[(X+Y)Z]-E(X+Y)E(Z)\\&=E(XZ)+E(YZ)-E(X)E(Z)-E(Y)E(Z)\\&=[E(XZ)-E(X)E(Z)]+[E(YZ)-E(Y)E(Z)]\\&=\mathrm{Cov}(X,Z)+\mathrm{Cov}(Y,Z)。\end{aligned}$$

进而得到计算随机变量之和方差的一般公式

$$D(X+Y)=D(X)+D(Y)+2\mathrm{Cov}(X,Y)。$$

一般地

$$D\left(\sum_{i=1}^{n}a_iX_i\right)=\sum_{i=1}^{n}a_i^2D(X_i)+2\sum_{i<j}a_ia_j\mathrm{Cov}(X_i,X_j),$$

其中 $a_i(i=1,2,\cdots,n)$为常数。

4.3.2 相关系数

定义 4.3.2 设随机变量 X 和 Y 的方差都存在且不为零,X 和 Y 的协方差 $\mathrm{Cov}(X,Y)$ 也存在,则称$\dfrac{\mathrm{Cov}(X,Y)}{\sqrt{DX}\sqrt{DY}}$为随机变量 X 和 Y 的相关系数,记作 ρ_{XY},即

$$\rho_{XY}=\frac{\mathrm{Cov}(X,Y)}{\sqrt{DX}\sqrt{DY}}。$$

如果 $\rho_{XY}=0$,则称 X 和 Y 不相关;

如果 $\rho_{XY}>0$,则称 X 和 Y 正相关,特别地,如果 $\rho_{XY}=1$,则称 X 和 Y 正线性相关;

如果 $\rho_{XY}<0$,则称 X 和 Y 负相关,特别地,如果 $\rho_{XY}=-1$,则称 X 和 Y 负线性相关。

相关系数有如下性质。

性质 1 $-1\leqslant\rho_{XY}\leqslant1$。

性质 2 $|\rho_{XY}|=1$ 的充分必要条件是：存在常数 a,b 使得 $P\{Y=aX+b\}=1$，此时

$$a=E(Y)-E(X)\mathrm{Cov}(X,Y)/D(X),\quad b=\mathrm{Cov}(X,Y)/D(X)。$$

例 4.3.2 设 X 为连续型随机变量，$X\sim U(-1,1)$，令 $Y=X^2$，求 $\mathrm{Cov}(X,Y)$，并判断 X 与 Y 是否相关。

解 因为 $X\sim U(-1,1)$，则

$$E(X)=0,E(Y)=E(X^2)=\int_{-1}^{1}\frac{1}{2}x^2\mathrm{d}x=\frac{1}{3},$$

$$E(XY)=E(X^3)=\int_{-1}^{1}\frac{1}{2}x^3\mathrm{d}x=0,$$

$$\mathrm{Cov}(X,Y)=E(XY)-E(X)E(Y)=0-0=0。$$

所以，X 与 Y 不相关。

由此可见，相关系数定量地刻画了 X 和 Y 的线性相关程度：$|\rho_{XY}|$ 越大；X 和 Y 的线性相关程度越大；$\rho_{XY}=0$ 时线性相关程度最低。需要说明的是：X 和 Y 相关的含义是指 X 和 Y 存在某种程度的线性关系，因此，若 X 和 Y 不相关，只能说明 X 与 Y 之间不存在线性关系，但 X 和 Y 之间可能存在除线性关系以外的其他关系。即相关和不相关只是针对线性关系而言，而独立是指 X 和 Y 就一般关系而言的。所以有以下结论：若 X 和 Y 相互独立，则 X 和 Y 一定不相关；若 X 和 Y 不相关，X 和 Y 不一定独立。由例 4.3.2 可以看出，X 与 Y 不相关，但由于 X 与 Y 具有 $Y=X^2$ 关系，所以肯定是不独立的。

综上所述，两个随机变量的独立性和相关性有以下区别。

(1) 若两个随机变量相互独立，它们肯定不相关，即独立性比相关性要强。

(2) 相关系数是用来表示线性相关的程度的，用一个介于-1和1之间的数表示，十分简洁明了。

独立性的表述比较复杂，需要用到联合分布和边缘概率分布。因此，相关性在概率的实际应用中占有重要地位。两个随机变量若是相关的，则肯定不独立。

定理 4.3.1 随机变量 X 与 Y 不相关，等价于下列命题之一：

(1) $\rho_{XY}=0$；

(2) $\mathrm{Cov}(X,Y)=0$；

(3) $E(XY)=E(X)E(Y)$；

(4) $D(X+Y)=D(X)+D(Y)$。

例 4.3.3 设二维随机变量(X,Y)服从二维正态分布 $N(\mu_1,\mu_2,\sigma_1^2,\sigma_2^2,\rho)$，求 X 与 Y 的相关系数。

解 二维随机变量(X,Y)的概率密度为

$$f(x,y)=\frac{1}{2\pi\sigma_1\sigma_2\sqrt{1-\rho^2}}\exp\left\{-\frac{1}{2(1-\rho^2)}\left[\frac{(x-\mu_1)^2}{{\sigma_1}^2}-\right.\right.$$

$$\left.\left.2\rho\frac{(x-\mu_1)(y-\mu_2)}{\sigma_1\sigma_2}+\frac{(y-\mu_2)^2}{\sigma_2^2}\right]\right\},\quad x\in\mathbb{R},y\in\mathbb{R}。$$

由例 3.3.4 知，若$(X,Y)\sim N(\mu_1,\mu_2,\sigma_1^2,\sigma_2^2,\rho)$，则

$$X \sim N(\mu_1,\sigma_1^2),\quad Y \sim N(\mu_2,\sigma_2^2),$$

即 $E(X)=\mu_1, E(Y)=\mu_2, D(X)=\sigma_1^2, D(Y)=\sigma_2^2$。而

$$\begin{aligned}
\mathrm{Cov}(X,Y) &= E\{[X-E(X)][Y-E(Y)]\} \\
&= \int_{-\infty}^{+\infty}\int_{-\infty}^{+\infty}(x-\mu_1)(y-\mu_2)f(x,y)\mathrm{d}x\mathrm{d}y \\
&= \frac{1}{2\pi\sigma_1\sigma_2\sqrt{1-\rho^2}}\int_{-\infty}^{+\infty}\int_{-\infty}^{+\infty}(x-\mu_1)(y-\mu_2)\cdot \\
&\quad \exp\left\{-\frac{1}{2(1-\rho^2)}\left[\frac{(x-\mu_1)^2}{\sigma_1^2}-2\rho\frac{(x-\mu_1)(y-\mu_2)}{\sigma_1\sigma_2}+\frac{(y-\mu_2)^2}{\sigma_2^2}\right]\right\}\mathrm{d}x\mathrm{d}y \\
&= \frac{1}{2\pi\sigma_1\sigma_2\sqrt{1-\rho^2}}\int_{-\infty}^{+\infty}\int_{-\infty}^{+\infty}(x-\mu_1)(y-\mu_2)\exp\left\{-\frac{(x-\mu_1)^2}{2\sigma_1^2}\right\}\cdot \\
&\quad \exp\left\{-\frac{1}{2(1-\rho^2)}\left[\frac{y-\mu_2}{\sigma_2}-\rho\frac{x-\mu_1}{\sigma_1}\right]^2\right\}\mathrm{d}x\mathrm{d}y。
\end{aligned}$$

令 $t=\dfrac{1}{\sqrt{1-\rho^2}}\left(\dfrac{y-\mu_2}{\sigma_2}-\rho\dfrac{x-\mu_1}{\sigma_1}\right), u=\dfrac{x-\mu_1}{\sigma_1}$,则有

$$\begin{aligned}
\mathrm{Cov}(X,Y) &= \frac{1}{2\pi}\int_{-\infty}^{+\infty}\int_{-\infty}^{+\infty}\sigma_1\sigma_2(\sqrt{1-\rho^2}\,tu+\rho u^2)\mathrm{e}^{-\frac{t^2}{2}}\mathrm{e}^{-\frac{u^2}{2}}\mathrm{d}t\mathrm{d}u \\
&= \frac{\sigma_1\sigma_2\sqrt{1-\rho^2}}{2\pi}\int_{-\infty}^{+\infty}t\mathrm{e}^{-\frac{t^2}{2}}\mathrm{d}t\int_{-\infty}^{+\infty}u\mathrm{e}^{-\frac{u^2}{2}}\mathrm{d}u+ \\
&\quad \rho\sigma_1\sigma_2\int_{-\infty}^{+\infty}\frac{1}{\sqrt{2\pi}}\mathrm{e}^{-\frac{t^2}{2}}\mathrm{d}t\int_{-\infty}^{+\infty}\frac{1}{\sqrt{2\pi}}u^2\mathrm{e}^{-\frac{u^2}{2}}\mathrm{d}u。
\end{aligned}$$

由于

$$\int_{-\infty}^{+\infty}t\mathrm{e}^{-\frac{t^2}{2}}\mathrm{d}t=-\mathrm{e}^{-\frac{t^2}{2}}\Big|_{-\infty}^{+\infty}=0,\quad \int_{-\infty}^{+\infty}u\mathrm{e}^{-\frac{u^2}{2}}\mathrm{d}u=0,\quad \int_{-\infty}^{+\infty}\frac{1}{\sqrt{2\pi}}\mathrm{e}^{-\frac{t^2}{2}}\mathrm{d}t=1,$$

又

$$\begin{aligned}
\int_{-\infty}^{+\infty}\frac{1}{\sqrt{2\pi}}u^2\mathrm{e}^{-\frac{u^2}{2}}\mathrm{d}u &= -\frac{1}{\sqrt{2\pi}}\int_{-\infty}^{+\infty}u\,\mathrm{d}\mathrm{e}^{-\frac{u^2}{2}} \\
&= -\frac{1}{\sqrt{2\pi}}\left(u\mathrm{e}^{-\frac{u^2}{2}}\Big|_{-\infty}^{+\infty}-\int_{-\infty}^{+\infty}\mathrm{e}^{-\frac{u^2}{2}}\mathrm{d}u\right) \\
&= \frac{1}{\sqrt{2\pi}}\int_{-\infty}^{+\infty}\mathrm{e}^{-\frac{u^2}{2}}\mathrm{d}u=1。
\end{aligned}$$

因此

$$\mathrm{Cov}(X,Y)=\rho\sigma_1\sigma_2,$$

从而

$$\rho_{XY}=\frac{\mathrm{Cov}(X,Y)}{\sqrt{DX}\sqrt{DY}}=\frac{\rho\sigma_1\sigma_2}{\sigma_1\sigma_2}=\rho。$$

此例说明,二维正态随机变量(X,Y)的概率密度中的参数 ρ 就是 X 和 Y 的相关系数,

因此二维正态随机变量的分布完全可由 X,Y 各自的数学期望和方差及其相关系数确定。第 3 章中，若 (X,Y) 服从二维正态分布，那么 X 和 Y 相互独立的充要条件为 $\rho=0$。且由于 $\rho=\rho_{XY}$，所以 X 与 Y 相互独立的充要条件是 X 与 Y 不相关。也就是说，对于二维正态随机变量 (X,Y)，X 与 Y 不相关和 X 与 Y 独立是等价的。

为了更好地描述随机变量的特征，除了前面介绍过的数学期望、方差、协方差和相关系数等概念之外，在本节的最后，我们介绍一种在理论和应用中都起到重要作用的数字特征。数学期望和方差可以纳入到这个更一般的范畴之中，这就是随机变量的矩。

4.3.3 矩

定义 4.3.3 设 X 为随机变量，如果 X^k 的数学期望存在，则称之为随机变量 X 的 k 阶原点矩，记作 μ_k，即

$$\mu_k=E(X^k),\quad k=1,2,\cdots。$$

如果随机变量 $[X-E(X)]^k$ 的数学期望存在，则称之为随机变量 X 的 k 阶中心矩，记为 ν_k，即

$$\nu_k=E\{[X-E(X)]^k\},\quad k=2,3,\cdots。$$

显然，随机变量 X 数学期望 $E(X)$ 为一阶原点矩，方差 $D(X)$ 为二阶中心矩。

习题 4

1. 思考题

(1) 随机变量的分布与数字特征有何关系？

(2) 相关系数 ρ_{XY} 反映随机变量 X,Y 的什么特征？

(3) 独立与不相关是什么关系？

2. 设随机变量 X,Y 的概率密度分别为

$$f_X(x)=\begin{cases}2e^{-2x}, & x>0,\\ 0, & x\leqslant 0,\end{cases}\qquad f_Y(y)=\begin{cases}4e^{-4y}, & y>0,\\ 0, & y\leqslant 0。\end{cases}$$

求：(1) $E(X+Y)$；(2) $E(2X-3Y^2)$。

3. 设随机变量 X 的概率密度为

$$f(x)=\begin{cases}\dfrac{1}{2}\cos\dfrac{x}{2}, & 0\leqslant x\leqslant \pi,\\ 0, & 其他，\end{cases}$$

对 X 独立地重复观察 4 次，用 Y 表示观察值大于 $\dfrac{\pi}{3}$ 的次数，求 Y^2 的数学期望。

4. 游客乘电梯从底层到电视塔顶层观光。电梯于每个整点的第 5 分钟、25 分钟和 55 分钟从底层起行。假设一位游客在早八点的第 X 分钟到达底层候梯处，且 X 在 $(0,60)$ 内均匀分布，求该游客等候时间的数学期望。

5. 设随机变量 (X,Y) 的概率密度为

$$f(x,y)=\begin{cases}k, & 0<x<1, 0<y<x,\\0, & 其他。\end{cases}$$

试确定常数 k,并求 $E(XY)$。

6. 设 X,Y 是相互独立的随机变量,其概率密度分别为

$$f_X(x)=\begin{cases}2x, & 0\leqslant x\leqslant 1,\\0, & 其他,\end{cases}\quad f_Y(y)=\begin{cases}e^{5-y}, & y>5,\\0, & 其他。\end{cases}$$

求 $E(XY)$。

7. 设随机变量 X 的概率密度为

$$f(x)=\begin{cases}cx\mathrm{e}^{-k^2x^2}, & x\geqslant 0,\\0, & x<0。\end{cases}$$

求:(1) 系数 c;(2) $E(X)$;(3) $D(X)$。

8. 袋中有12个零件,其中9个合格品、3个废品。安装机器时,从袋中依次地取出(取出后不放回)一个零件。设在取出合格品之前已取出的废品数为随机变量 X,求 $E(X)$和 $D(X)$。

9. 设连续型随机变量 X 的概率密度为

$$f(x)=\begin{cases}x, & 0\leqslant x<1,\\2-x, & 1\leqslant x<2,\\0, & 其他,\end{cases}$$

求 $E[|X-E(X)|]$。

10. 设随机变量 X 的概率密度为

$$f(x)=\begin{cases}ax, & 0<x<2,\\cx+b, & 2\leqslant x\leqslant 4,\\0, & 其他。\end{cases}$$

已知 $E(X)=2, P\{1<X<3\}=\dfrac{3}{4}$。求:

(1) a,b,c;

(2) $Y=\mathrm{e}^X$ 的期望与方差。

11. 设随机变量(X,Y)的联合分布律为

Y \ X	1	2	3
-1	0.2	0.1	0
0	0.1	0	0.3
1	0.1	0.1	0.1

(1) 求 $E(X), E(Y)$;(2)设 $Z=\dfrac{Y}{X}$,求 $E(Z)$;(3) $Z=(X-Y)^2$,求 $E(Z)$。

12. 设随机变量 $U\sim U(-2,2)$,随机变量

$$X=\begin{cases}-1, & U\leqslant -1,\\ 1, & U>-1,\end{cases}\quad Y=\begin{cases}-1, & U\leqslant 1,\\ 1, & U>1。\end{cases}$$

求：(1) (X,Y)的分布律；(2) $D(X+Y)$。

13. 设二维随机变量(X,Y)的概率密度为

$$f(x,y)=\begin{cases}\frac{21}{4}x^2y, & x^2\leqslant y<1,\\ 0, & \text{其他。}\end{cases}$$

求：(1) $E(XY)$；(2) $E\left(\frac{1}{X^2Y}\right)$；(3) $D(X-Y)$。并用MATLAB语言求解以上各问。

14. 设(X,Y)的概率密度为

$$f(x,y)=\begin{cases}15xy^2, & 0\leqslant y\leqslant 1,\\ 0, & \text{其他。}\end{cases}$$

求$D(X)$,$D(Y)$。

15. 设随机变量(X,Y)服从单位圆上的均匀分布,验证：X与Y不相关,并且X与Y也不独立。

16. 设随机变量(X,Y)具有概率密度函数

$$f(x,y)=\begin{cases}1, & |y|<x, 0<x<1,\\ 0, & \text{其他。}\end{cases}$$

求$E(X)$,$E(Y)$,$\mathrm{Cov}(X,Y)$,并用MATLAB语言求解以上各问。

17. 设随机变量X的概率密度函数为

$$f(x)=\frac{1}{2}\mathrm{e}^{-|x|},\quad -\infty<x<+\infty。$$

(1) 求$E(X)$,$D(X)$；

(2) 求$\mathrm{Cov}(X,|X|)$,并问X,$|X|$是否相关?

(3) X,$|X|$是否相互独立,为什么?

18. 设(X,Y)的概率密度为

$$f(x,y)=\begin{cases}\frac{1}{2}\sin(x+y), & 0\leqslant x\leqslant\frac{\pi}{2}, 0\leqslant y\leqslant\frac{\pi}{2},\\ 0, & \text{其他。}\end{cases}$$

求协方差$\mathrm{Cov}(X,Y)$和相关系数ρ_{XY}。

19. 设二维随机变量(X,Y)在以$(0,0)$,$(0,1)$,$(1,0)$为顶点的三角形区域上服从均匀分布,求$\mathrm{Cov}(X,Y)$及相关系数ρ_{XY}。

20. 设X与Y为两个随机变量,且$D(X)$与$D(Y)$都存在,称

$$X^*=\frac{X-E(X)}{\sqrt{D(X)}},\quad Y^*=\frac{Y-E(Y)}{\sqrt{D(Y)}}$$

分别为X与Y的标准化随机变量。

(1) 试求 $E(X^*)$与 $D(X^*)$；

(2) 证明 $\rho_{XY}=\rho_{X^*Y^*}=E(X^*Y^*)$。

21. 设随机变量 θ 服从$[-\pi,\pi]$上的均匀分布，且

$$X=\sin\theta,\quad Y=\cos\theta。$$

求相关系数 ρ_{XY}。

22. 设随机变量 X,Y 的联合分布律为

Y \ X	-1	0	1
-1	$\frac{1}{8}$	$\frac{1}{8}$	$\frac{1}{8}$
0	$\frac{1}{8}$	0	$\frac{1}{8}$
1	$\frac{1}{8}$	$\frac{1}{8}$	$\frac{1}{8}$

验证：X,Y 不相关，但 X,Y 不独立。

23. 将一颗均匀的骰子重复投掷 n 次，随机变量 X 表示出现点数小于 3 的次数，Y 表示出现点数不小于 3 的次数。

(1) 证明：X 与 Y 不独立；

(2) 证明：$X+Y$ 和 $X-Y$ 不相关；

(3) 求 $3X+Y$ 和 $X-3Y$ 的相关系数。

24. 设随机变量 $X\sim N(3,1)$，$Y\sim b(16,0.5)$，且 $\rho_{XY}=1$，求 a,b 使得

$$P\{Y=aX+b\}=1。$$

25. 设随机变量 X,Y 独立，X 的概率分布为 $P\{X=0\}=P\{X=2\}=1/2$，Y 的概率密度函数为 $f(y)=\begin{cases}2y, & 0<y<1,\\ 0, & 其他。\end{cases}$

求：(1) $P\{Y\leqslant E(Y)\}$；

(2) $Z=X+Y$ 的概率密度函数。

26. 随机变量 X 的分布函数为 $F(x)=0.5\Phi(x)+0.5\Phi\left(\frac{x-4}{2}\right)$，求 $E(X)$。其中 $\Phi(x)$为标准正态分布的分布函数。

27. 随机试验 E 有三种互不相容的结果 A_1,A_2,A_3，且三种结果发生的概率都是 1/3，试验 E 重复做 2 次，X_1,X_2,X_3 表示 2 次试验中 A_1,A_2,A_3 发生的次数，求 $\rho_{X_1X_2}$。

28. 设随机变量 X 的概率密度函数为

$$f(x)=\begin{cases}2^{-x}\ln 2, & x>0,\\ 0, & x\leqslant 0。\end{cases}$$

对 X 进行独立重复观测，直到第 2 个大于 3 的观测值出现时停止，记 Y 为观测次数。求 $E\left(\frac{1}{Y-1}\right)$。

29. 设随机变量 X,Y 不相关，且 $E(X)=2,E(Y)=1,D(X)=3$，求 $E[X(2X-3Y-1)]$。

30. 设随机变量 X 与 Y 相互独立，X 的概率分布律为 $P\{X=1\}=P\{X=-1\}=1/2$，$Y\sim\pi(\lambda)$，令 $Z=XY$。求 $\mathrm{Cov}(X,Z)$。

31. 设(X,Y)是二维随机离散随机变量，其分布律为

$$P\{X=x_i,Y=y_j\}=p_{ij},\quad i=1,2,\cdots,m,\quad j=1,2,\cdots,n。$$

矩阵 $\boldsymbol{P}=(p_{ij})_{m\times n}$ 为联合概率矩阵。证明：X 与 Y 独立的充分必要条件为矩阵 $\boldsymbol{P}$ 的秩为 1。

第5章

大数定律与中心极限定理

我们知道，随机事件在一次试验中可能发生也可能不发生，但在大量的重复试验中随机事件的发生却呈现出明显的规律性，例如人们通过大量的试验认识到随机事件的频率具有稳定性这一客观规律。实际上，大量随机现象的平均结果也具有稳定性，大数定律以严格的数学形式阐述了这种稳定性，揭示了随机现象的偶然性与必然性之间的内在联系。

客观世界中的许多随机现象都是由大量相互独立的随机因素综合作用的结果，其中每个随机因素在总的综合影响中所起作用相对微小，可以证明，这样的随机现象可以用正态分布近似描述，中心极限定理阐述了这一原理。

在本章中，我们只介绍大数定律与中心极限定理的最基本部分。

本章要用到的准备知识：正态分布标准化定理和极限的基本知识。

通过本章的学习可以解决一定的实际问题，例如以下问题：

保险公司往往会发行各种各样的险种供顾客选择，比如人寿险就是一个典型险种。一个险种能不能给公司带来收益，基本上由两个因素决定：一是此险种的购买人数，二是事故(比如死亡)发生的概率。保险公司应如何制定保费，保证其达到一定的获利。

5.1 切比雪夫不等式

方差可以描述随机变量取值的分散程度，方差越大，说明随机变量取值越分散，偏离其均值 $E(X)$越远。具体来讲，设 ε 为任意正数，事件$\{|X-E(X)|\geqslant\varepsilon\}$发生的概率 $P\{|X-E(X)|\geqslant\varepsilon\}$与方差 $D(X)$关系密切，$D(X)$越大，$P\{|X-E(X)|\geqslant\varepsilon\}$应该越大，其关系就是下面的切比雪夫不等式。

定理 5.1.1 设随机变量 X 的数学期望$E(X)$和方差 $D(X)$都存在，则对任意给定的正数 ε，有

$$P\{|X-E(X)|\geqslant\varepsilon\}\leqslant\frac{D(X)}{\varepsilon^2}。$$

证 只对 X 是连续型随机变量的情形给予证明。

设 X 的概率密度函数为 $f(x)$，则有

$$
\begin{aligned}
P\{|X-E(X)|\geqslant\varepsilon\}&=\int_{|X-E(X)|\geqslant\varepsilon}f(x)\mathrm{d}x\\
&\leqslant\int_{|X-E(X)|\geqslant\varepsilon}\frac{[|X-E(X)|]^2}{\varepsilon^2}f(x)\mathrm{d}x\\
&\leqslant\frac{1}{\varepsilon^2}\int_{-\infty}^{+\infty}[|X-E(X)|]^2f(x)\mathrm{d}x\\
&=\frac{D(X)}{\varepsilon^2}。
\end{aligned}
$$

称上式为切比雪夫不等式，它的等价形式为

$$P\{|X-E(X)|<\varepsilon\}\geqslant 1-\frac{D(X)}{\varepsilon^2}。$$

我们知道常数 C 的方差 $D(C)=0$，若随机变量 X 的方差为 $D(X)=0$，会有什么结果呢？

由切比雪夫不等式

$$P\{|X-E(X)|<\varepsilon\}\geqslant 1-\frac{D(X)}{\varepsilon^2}=1,$$

对任意正数 ε，有 $P\{|X-E(X)|<\varepsilon\}=1$，令 ε 趋近于零得

$$P\{X=E(X)\}=1。$$

可以认为 $X=E(X)$，由于 $E(X)$ 为常数，所以当 $D(X)=0$ 时，可以认为随机变量 X 就是一个常数。

用切比雪夫不等式可以粗略地估计一些概率，例如，若某人每天接听的电话个数 X 服从参数为 4 的泊松分布，那么此人一天接听电话次数大于等于 10 次的概率是多少？

由切比雪夫不等式得

$$P\{X\geqslant 10\}=P\{|X-4|\geqslant 6\}\leqslant\frac{4}{36}=\frac{1}{9},$$

即概率不会超过 $\frac{1}{9}$。

例 5.1.1 设电站供电网有 10000 盏灯，夜晚每一盏灯开灯的概率都是 0.7，假定所有电灯开或关是彼此独立的，试用切比雪夫不等式估计夜晚同时开着的电灯数目在 6800～7200 的概率。

解 设 X 表示夜晚同时开着的电灯数目，它服从参数 $n=10000, p=0.7$ 的二项分布。于是有

$$E(X)=np=10000\times 0.7=7000, D(X)=npq=10000\times 0.7\times 0.3=2100,$$

$$P\{6800<X<7200\}=P\{|X-7000|<200\}\geqslant 1-\frac{2100}{200^2}\approx 0.95。$$

计算结果表明，虽然有 10000 盏灯，但是电站只要有供应 7000 盏灯的电力就能够以相当大的概率保证电量够用。

5.2 大数定律

在第1章中曾经提到过，事件发生的频率具有稳定性，即随着试验次数的增大，事件发生的频率将逐渐稳定于一个确定的常数值。另外，在实践中人们还认识到大量测量值的算术平均值也具有稳定性，即平均结果的稳定性。大数定律以严格的数学形式表示，在一定条件下，大量重复出现的随机现象所呈现的统计规律，即频率的稳定性与平均结果的稳定性。

定理5.2.1(伯努利大数定律) 设 n_A 是 n 重伯努利试验中事件 A 发生的次数，$p(0<p<1)$ 是事件 A 在一次试验中发生的概率，则对任意给定的正数 ε，有

$$\lim_{n\to\infty}P\left\{\left|\frac{n_A}{n}-p\right|<\varepsilon\right\}=1。$$

证明略。

注 伯努利大数定律表明，当 n 充分大时，"事件 A 发生的频率 $\frac{n_A}{n}$ 与概率 p 的绝对偏差小于任意给定的正数 ε"这一事件的概率可以任意接近于1；即当 n 充分大时，"频率与概率的绝对偏差小于任意给定的正数 ε"几乎必然发生，这正是"概率是频率稳定值"的确切含义。

定理5.2.2(切比雪夫大数定律) 设 $X_1,X_2,\cdots,X_n,\cdots$ 是相互独立的随机变量序列，其数学期望与方差都存在，且方差一致有界，即存在正数 M，对任意 $i(i=1,2,\cdots)$，有

$$D(X_i)\leqslant M,$$

则对任意给定的正数 ε，恒有

$$\lim_{n\to\infty}P\left\{\left|\frac{1}{n}\sum_{i=1}^{n}X_i-\frac{1}{n}\sum_{i=1}^{n}E(X_i)\right|>\varepsilon\right\}=0。$$

证明 由切比雪夫不等式

$$P\left\{\left|\frac{1}{n}\sum_{i=1}^{n}X_i-\frac{1}{n}\sum_{i=1}^{n}E(X_i)\right|>\varepsilon\right\}\leqslant\frac{1}{\varepsilon^2}D\left(\frac{1}{n}\sum_{i=1}^{n}X_i\right),$$

而

$$D\left(\frac{1}{n}\sum_{i=1}^{n}X_i\right)=\frac{1}{n^2}\sum_{i=1}^{n}D(X_i)\leqslant\frac{M}{n},$$

得

$$P\left\{\left|\frac{1}{n}\sum_{i=1}^{n}X_i-\frac{1}{n}\sum_{i=1}^{n}E(X_i)\right|>\varepsilon\right\}\leqslant\frac{M}{\varepsilon^2 n},$$

所以

$$\lim_{n\to\infty}P\left\{\left|\frac{1}{n}\sum_{i=1}^{n}X_i-\frac{1}{n}\sum_{i=1}^{n}E(X_i)\right|>\varepsilon\right\}=0。$$

这一定理说明，经过算术平均后得到的随机变量 $\overline{X}=\frac{1}{n}\sum_{i=1}^{n}X_i$ 在统计上具有一种稳定性，它的取值将紧密地聚集在其期望附近。这正是大数定律的含义，在概率论中，大数定律是随机现象的统计稳定性的深刻描述，同时也是数理统计的重要理论基础。

伯努利大数定律是切比雪夫大数定律的特殊情况，即随机变量序列 $X_i \sim b(1,p)$，$\sum_{i=1}^{n} X_i$ 是 n 次独立重复试验中 A 发生的次数 n_A，即 $\overline{X}=\frac{1}{n}\sum_{i=1}^{n} X_i$ 为事件 A 发生的频率 $\frac{n_A}{n}$，而 $\frac{1}{n}\sum_{i=1}^{n} E(X_i)=p$。

定理 5.2.3（辛钦大数定律）　设随机变量序列 $X_1,X_2,\cdots,X_n,\cdots$ 相互独立且服从相同的分布，具有数学期望 $E(X_i)=\mu,i=1,2,\cdots$，则对任意给定的正数 ε，有

$$\lim_{n\to\infty} P\left\{\left|\frac{1}{n}\sum_{i=1}^{n} X_i-\mu\right|<\varepsilon\right\}=1。$$

证明略。

辛钦大数定律中对 $D(X_i)$ 不再有要求，即不用再验证方差 $D(X_i)$ 是否存在。因此，它比切比雪夫大数定律使用更方便。

5.3　中心极限定理

正态分布在概率论与数理统计中占有很重要的地位，在自然界与工程实践中，经常遇到大量的随机变量都是服从正态分布的，在某些条件下，即使原来并不服从正态分布的一些随机变量，当随机变量的个数无限增加时，其和也趋于正态分布。在概率论中，把随机变量之和的极限分布为正态分布的这一类定理称为中心极限定理。

许多观察表明，如果大量独立的偶然因素对总和的影响都是均匀的、微小的、彼此又是独立的，即没有哪一项影响因素起到特别突出的作用，那么就可以断定，描述这些大量独立的偶然因素总和的随机变量是近似服从正态分布的。

定理 5.3.1（独立同分布的中心极限定理）　设随机变量 $X_1,X_2,\cdots,X_n,\cdots$ 相互独立且服从相同的分布，具有数学期望 $E(X_i)=\mu$ 和方差 $D(X_i)=\sigma^2>0(i=1,2,\cdots)$，则对任意实数 x，有

$$\lim_{n\to\infty} P\left\{\frac{\sum_{i=1}^{n} X_i-n\mu}{\sqrt{n}\sigma}\leqslant x\right\}=\frac{1}{\sqrt{2\pi}}\int_{-\infty}^{x} \mathrm{e}^{-\frac{t^2}{2}}\mathrm{d}t=\Phi(x)。$$

证明略。

独立同分布的中心极限定理表明，只要相互独立的随机变量序列 $X_1,X_2,\cdots,X_n$ 服从相同的分布，数学期望和方差（非零）存在，则当 n 充分大时，随机变量

$$Y_n=\frac{\sum_{i=1}^{n} X_i-n\mu}{\sqrt{n}\sigma}$$

近似服从标准正态分布，或者说，随机变量 $\sum_{i=1}^{n} X_i$ 近似服从 $N(n\mu,n\sigma^2)$。在实际应用中，只要 n 足够大，便可以近似地把 n 个独立同分布的随机变量之和当作正态随机变量来处理，即

$$\sum_{i=1}^{n} X_i \overset{近似}{\sim} N(n\mu, n\sigma^2)$$

或

$$Y_n = \frac{\sum_{i=1}^{n} X_i - n\mu}{\sqrt{n}\sigma} \overset{近似}{\sim} N(0,1)。$$

例 5.3.1 设有 2500 人参加了某保险公司的人寿保险,在一年中每个人死亡的概率为 0.002,每个人交保费 120 元,若在一年内死亡,保险公司赔付 20000 元。问:

(1) 保险公司亏本的概率是多少?

(2) 保险公司至少获利 100000 元的概率是多少?

解 设 X 表示这 2500 人中的死亡人数。令

$$X_i = \begin{cases} 1, & 第\ i\ 个人死亡, \\ 0, & 否则, \end{cases} \quad i = 1,2,\cdots,2500,$$

则 $X_i \sim b(1, 0.002)$,且

$$X = \sum_{i=1}^{2500} X_i \sim b(2500, 0.002)。$$

从而 $E(X) = 2500 \times 0.002 = 5, D(X) = 2500 \times 0.002 \times (1 - 0.002) = 4.99$。

(1) 设事件 A 为保险公司亏本,则

$$\begin{aligned} P(A) &= P\{120 \times 2500 < 20000X\} = P\{X > 15\} \\ &= P\left\{\frac{X - E(X)}{\sqrt{D(X)}} > \frac{15 - E(X)}{\sqrt{D(X)}}\right\} = P\left\{\frac{X-5}{\sqrt{4.99}} > \frac{10}{\sqrt{4.99}}\right\} \\ &\approx 1 - \Phi\left\{\frac{10}{\sqrt{4.99}}\right\} = 1 - 0.999996 = 0.000004。 \end{aligned}$$

(2) 设事件 B 为保险公司至少获利 100000 元,则

$$\begin{aligned} P(B) &= P\{120 \times 2500 - 20000X \geqslant 100000\} = P\{X \leqslant 10\} \\ &= P\left\{\frac{X-5}{\sqrt{4.99}} \leqslant \frac{10-5}{\sqrt{4.99}}\right\} \approx \Phi\left(\frac{5}{\sqrt{4.99}}\right) = 0.9871。 \end{aligned}$$

例 5.3.2 某车间有 150 台同类型的机器,每台出现故障的概率都是 0.02,假设各台机器的工作状态相互独立,求机器出现故障的台数不少于 2 的概率。

解 以 X 表示机器出现故障的台数,依题意,有

$$X_i = \begin{cases} 1, & 第\ i\ 台机器故障, \\ 0, & 否则, \end{cases} \quad i = 1,2,\cdots,150,$$

则 $X_i \sim b(1, 0.02)$,且

$$X = \sum_{i=1}^{150} X_i \sim b(150, 0.02),$$

由独立同分布的中心极限定理,及 $E(X) = 3, \sqrt{D(X)} = 1.715$,有

$$\begin{aligned} P\{X \geqslant 2\} &= 1 - P\{X < 2\} = 1 - P\left\{\frac{X-3}{1.715} < \frac{2-3}{1.715}\right\} \\ &\approx 1 - \Phi(-0.5832) = 0.879。 \end{aligned}$$

习题 5

1. 思考题

(1) 大数定律说明什么问题?

(2) 中心极限定理的意义是什么?

2. 已知随机变量 X 和 Y 满足 $E(X)=E(Y)=2, D(X)=1, D(Y)=4, \rho_{XY}=0.5$,用切比雪夫不等式估计概率 $P\{|X-Y|\geqslant 6\}$。

3. 在每次试验中,事件 A 发生的概率为 0.5。利用切比雪夫不等式估计,在 1000 次独立试验中,事件 A 发生的次数在 450～550 次的概率。

4. 一复杂的系统,由 100 个相互独立起作用的部件所组成。在整个运行期间每个部件损坏的概率为 0.10。整个系统起作用至少必须有 85 个部件正常工作,求整个系统正常工作的概率。

5. 设某单位有 260 部内线电话,每部电话有 4%的时间要使用外线。且不同的内线电话是否使用外线相互独立。问该单位至少需要多少条外线,才能保证每部电话在使用外线时可以打通的概率为 95%?

6. 某种电器元件的寿命服从均值为 100(单位: h)的指数分布,现随机抽出 16 只,设它们的寿命是相互独立的,求这 16 只元件的寿命总和大于 1920h 的概率。

7. 一生产线生产的产品成箱包装,每箱的重量是随机的。假设每箱平均重 50kg,标准差为 5kg。若用最大载重量为 5t 的汽车承运,试利用中心极限定理说明每辆车最多可以装多少箱,才能保障不超载的概率大于 0.977。

8. 一加法器同时收到 20 个噪声电压 $V_i(i=1,2,\cdots,20)$,设它们是相互独立的随机变量,且都服从区间[0,10]上的均匀分布,记 $V=\sum\limits_{i=1}^{20}V_i$。求 $P\{V>105\}$的近似值。

9. 某校共有 4900 个学生,若每个学生到阅览室学习的概率为 0.1,问阅览室要准备多少个座位,才能以 99%的概率保证每个去阅览室的学生都有座位。

10. 保险公司新增一个保险品种:每位被保险人年交纳保费 100 元,每位被保险人出事赔付金额为 2 万元。根据统计,这类被保险人年出事概率为 0.0005。这个新保险品种预计需投入 100 万元的广告宣传费用。在忽略其他费用的情况下,一年内至少需要多少人参保,才能使保险公司在该年度获利超过 100 万元的概率大于 95%?

11. 假设一条生产线生产的每件产品的合格率是 0.8。问至少要生产多少件产品,才能使得此批产品的合格率落在 76%与 84%之间的概率不小于 90%?

12. 设 $X_1,X_2,\cdots,X_n$ 为来自总体 X 的简单随机样本,其中

$$P\{X=0\}=P\{X=1\}=\frac{1}{2},$$

$\Phi(x)$表示标准正态分布函数,利用中心极限定理求 $P\left(\sum\limits_{i=1}^{100}X_i\leqslant 55\right)$ 的近似值。

第6章

数理统计的基本概念

前面五章我们讲述了概率论的基本内容，从本章开始我们将讨论另一主题：数理统计。数理统计是应用广泛的一个数学分支，它以概率论为理论基础，根据试验或观察得到的数据，来研究随机现象，对研究对象的客观规律性作出种种合理的估计判断。作为一门应用性很强的数学学科，数理统计在自然科学、工程技术、管理科学及人文社会科学中得到越来越广泛和深刻的应用。

数理统计的内容主要包括：如何收集、整理数据资料；如何对所得的数据资料进行分析、研究，从而对所研究对象的性质、特点作出推断。后者就是我们所说的统计推断问题。本书只讲述统计推断的基本内容。本章我们主要介绍数理统计中的一些基本概念和几个重要的统计量及抽样分布。

本章要用到的准备知识：总体的分布函数，总体矩，标准正态分布的性质。

在数理统计中，我们关心的问题是如何有效地利用有限的资料，对研究对象作出精确可靠的判断。例如，我们考察工厂生产的灯管的质量，正常情况下，灯管的质量主要表现为它们的使用寿命，为此我们需要测试灯管的使用寿命，由于测试具有破坏性，我们不能对所有灯管都进行测试，只能测试一部分。类似的试验有很多。

通过本章的学习可以解决如下问题：

问题1　总体灯管质量和被测试部分灯管质量之间有什么关系？

问题2　如何利用测试灯管的数据计算出总体灯管使用寿命所服从分布中的参数？

6.1　随机样本

在数理统计中，我们把所研究对象的全体称为总体，总体中的每个成员称为个体。例如，研究某班学生的身高时，该班全体学生构成总体，其中每个学生都是一个个体；又如，考察一批砖的耐压性，所有的砖构成总体，其中每一块砖就是一个个体。在具体问题的讨论中，我们关心的往往是研究对象的某一数量指标（如学生的身高），它是一个随机变量，因此，总体又是指刻画研究对象某一数量指标的随机变量 X。当研究的指标不止一个时，可将其分成几个总体来研究。今后，凡是提到总体就是指一个随机变量。随机变量的分布函数以及分布律（离散型）或概率密度（连续型）也称为总体的分布函数以及分布律或概率密度，并统称为总体的分布。

总体中所包含的个体总数叫做总体容量。如果总体的容量是有限的,则称为有限总体;否则称为无限总体。在实际应用中,有时需要把容量很大的有限总体作为无限总体来研究。

在数理统计中,总体 X 的分布通常是未知的,或者在形式上是已知的但含有未知参数。那么为了获得总体的分布信息,从理论上讲,需要对总体 X 中的所有个体进行观察测试,但这往往是做不到的。例如,由于测试砖的耐压性的试验具有破坏性,一旦我们获得每块砖的耐压数据,这批砖也就全部报废了。所以,我们不可能对所有个体逐一观察测试,而是从总体 X 中随机抽取若干个个体进行观察测试。从总体中抽取若干个个体的过程叫做抽样,抽取的若干个个体称为样本,样本中所含个体的数量称为样本容量。

由上知,抽取样本是为了研究总体的性质,为了保证所抽取的样本具有代表性,抽样方法必须满足以下两个条件。

(1) 随机性。每次抽取时,总体中每个个体被抽到的可能性均等,可以通过编号抽签的方法或利用随机数表的方法产生。

(2) 独立性。每次抽取必须是相互独立的,即每次抽取的结果既不影响其他各次抽取的结果,也不受其他各次抽取结果的影响。

这种随机的、独立的抽样方法称为简单随机抽样,由此得到的样本称为简单随机样本。今后,如无特殊说明,样本专指简单随机样本。

从总体 X 中抽取一个个体 X_i,就是对总体 X 进行一次随机试验,记录 X_i 的取值 x_i,根据抽样满足的随机性,x_i 有可能是 X 中的任意一个值,这说明 X_i 与 X 同分布。相互独立地重复做 n 次试验后,得到了总体的一组数据$(x_1,x_2,\cdots,x_n)$,称为一个样本观测值。由于抽样的随机性和独立性,每个 $x_i(i=1,2,\cdots,n)$可以看作是某个随机变量 $X_i(i=1,2,\cdots,n)$的观测值,而 $X_i(i=1,2,\cdots,n)$相互独立且与总体 X 具有相同的分布。

对于有限总体而言,有放回抽样可以得到简单随机样本,但有放回抽样使用起来不方便。在实际应用中,当总体容量 N 很大而样本容量 n 较小时(一般当 $N\geqslant 10n$ 时),可将不放回抽样近似当作有放回抽样来处理。对于无限总体而言,抽取一个个体不会影响它的分布,因此,通常采取不放回抽样得到简单随机样本。以后我们所涉及的抽样和样本都是指简单随机抽样和简单随机样本。

综上所述,我们给出下面定义。

定义 6.1.1 设总体 X 的分布函数为 $F(x)$,若随机变量 $X_1,X_2,\cdots,X_n$ 相互独立,且都与总体 X 具有相同的分布函数,则称 $X_1,X_2,\cdots,X_n$ 是来自总体 X 的简单随机样本,简称为样本,n 称为样本容量。在对总体 X 进行一次具体的抽样并作观测之后,得到样本 $X_1,X_2,\cdots,X_n$ 的确切数值 $x_1,x_2,\cdots,x_n$,称为样本观测值,简称为样本值。

根据定义,若 $X_1,X_2,\cdots,X_n$ 是分布函数为 $F(x)$的总体 X 的容量为 n 的简单随机样本,则 $X_1,X_2,\cdots,X_n$ 的联合分布函数为 $F^*(x_1,x_2,\cdots,x_n)=\prod\limits_{i=1}^{n}F(x_i)$。

若总体 X 是离散型随机变量,其分布律为 $P\{X=x_i\}=p_i(i=1,2,\cdots)$,则 $X_1,X_2,\cdots,X_n$ 的联合分布律为

$$P\{X_1=x_1,X_2=x_2,\cdots,X_n=x_n\}=\prod_{i=1}^{n}P\{X_i=x_i\}=\prod_{i=1}^{n}p_i。$$

若总体 X 是连续型随机变量,其概率密度为 $f(x)$,则 $X_1,X_2,\cdots,X_n$ 的联合概率密度为 $f^*(x_1,x_2,\cdots,x_n)=\prod_{i=1}^{n}f(x_i)$。

例 6.1.1 设某种灯泡的使用寿命 X 服从参数为 λ 的指数分布,$X_1,X_2,\cdots,X_n$ 为这一总体的一个简单随机样本,求 $X_1,X_2,\cdots,X_n$ 的联合概率密度。

解 总体 X 的概率密度为

$$f(x)=\begin{cases}\lambda \mathrm{e}^{-\lambda x}, & x>0,\\ 0, & \text{其他},\end{cases}$$

所以 $X_1,X_2,\cdots,X_n$ 的联合概率密度为

$$f^*(x_1,x_2,\cdots,x_n)=\prod_{i=1}^{n}f(x_i)=\begin{cases}\lambda^n \mathrm{e}^{-\lambda\sum\limits_{i=1}^{n}x_i}, & x_1>0,x_2>0,\cdots,x_n>0\\ 0, & \text{其他。}\end{cases}$$

由于通过对总体抽样观察所得的简单随机样本观测值往往是一堆繁杂的数据,不能直接用于提取总体的信息,我们需要对数据进行加工整理,以便于提取样本中所含的总体的各种特征信息。在对样本进行加工整理过程中形成了样本函数,我们主要是通过样本函数对总体进行统计推断。在实际应用中,借助总体 X 的样本 $X_1,X_2,\cdots,X_n$,对总体 X 的未知分布进行合理推断的问题称为统计推断问题。

定义 6.1.2 设 $X_1,X_2,\cdots,X_n$ 是来自总体 X 的一个样本,$x_1,x_2,\cdots,x_n$ 是样本观测值,$g(X_1,X_2,\cdots,X_n)$是 $X_1,X_2,\cdots,X_n$ 的函数。如果 $g(X_1,X_2,\cdots,X_n)$中不含未知参数,则称 $g(X_1,X_2,\cdots,X_n)$为一个统计量,而 $g(x_1,x_2,\cdots,x_n)$称为统计量的观测值。

因为 $X_1,X_2,\cdots,X_n$ 都是随机变量,而统计量 $g(X_1,X_2,\cdots,X_n)$是随机变量的函数,因此统计量是一个随机变量。从理论上讲可以通过样本分布来确定 $g(X_1,X_2,\cdots,X_n)$的分布,称为抽样分布。由于样本的分布和未知的总体分布有关,那么抽样分布也与总体分布有关。通过抽样分布来研究总体分布是统计推断的一个主要内容。

例 6.1.2 设总体 $X\sim N(\mu,\sigma^2)$,μ,σ^2 未知,$X_1,X_2,\cdots,X_n$ 为来自总体 X 的一个样本。指出下列样本函数哪些是统计量,哪些不是统计量:

(1) $X_1+X_2+\cdots+X_n$;(2) $\max\limits_{1\leqslant i\leqslant n}\{X_i\}$;(3) $X_n+2\mu$;(4) $\dfrac{X_n-X_1}{\sigma^2}$。

解 根据统计量定义,统计量必须满足两个条件:是样本 $X_1,X_2,\cdots,X_n$ 的函数;不含未知参数。在(1)~(4)中,它们都是样本 $X_1,X_2,\cdots,X_n$ 的函数,但(3)含未知参数 μ,(4)含未知参数 σ^2,所以(1)、(2)中的函数都是统计量,(3)、(4)中的函数不是统计量。

下面介绍几个常用的统计量。

定义 6.1.3 设 $X_1,X_2,\cdots,X_n$ 是来自总体 X 的一个样本,$x_1,x_2,\cdots,x_n$ 是相应的样本值。定义

样本平均值

$$\overline{X}=\frac{1}{n}\sum_{i=1}^{n}X_i;$$

样本方差

$$S^2=\frac{1}{n-1}\sum_{i=1}^{n}(X_i-\overline{X})^2=\frac{1}{n-1}\left(\sum_{i=1}^{n}X_i{}^2-n\overline{X}^2\right);$$

样本标准差

$$S=\sqrt{S^2}=\sqrt{\frac{1}{n-1}\sum_{i=1}^{n}(X_i-\overline{X})^2};$$

样本 k 阶原点矩

$$A_k=\frac{1}{n}\sum_{i=1}^{n}X_i^k,\quad k=1,2,\cdots;$$

样本 k 阶中心矩

$$B_k=\frac{1}{n}\sum_{i=1}^{n}(X_i-\overline{X})^k,\quad k=2,3,\cdots。$$

它们的观测值分别为

$$\bar{x}=\frac{1}{n}\sum_{i=1}^{n}x_i;$$

$$s^2=\frac{1}{n-1}\sum_{i=1}^{n}(x_i-\bar{x})^2=\frac{1}{n-1}\left(\sum_{i=1}^{n}x_i{}^2-n\bar{x}^2\right);$$

$$s=\sqrt{s^2}=\sqrt{\frac{1}{n-1}\sum_{i=1}^{n}(x_i-\bar{x})^2};$$

$$a_k=\frac{1}{n}\sum_{i=1}^{n}x_i^k,\quad k=1,2,\cdots;$$

$$b_k=\frac{1}{n}\sum_{i=1}^{n}(x_i-\bar{x})^k,\quad k=2,3,\cdots。$$

这些观测值仍分别称为样本均值、样本方差、样本标准差、样本 k 阶(原点)矩以及样本 k 阶中心矩。

需要指出的是,如果总体 X 的 k 阶矩 $A_k=E(X^k)=\mu_k$ 存在,则当 $n\to\infty$ 时,$A_k\xrightarrow{P}\mu_k$,$k=1,2,\cdots$。如果 $g(A_1,A_2,\cdots,A_k)$是样本矩的函数,$g(\mu_1,\mu_2,\cdots,\mu_k)$是总体矩的函数,则当 $n\to\infty$ 时,$g(A_1,A_2,\cdots,A_k)\xrightarrow{P}g(\mu_1,\mu_2,\cdots,\mu_k)$,其中 g 为连续函数。这就是第8章将介绍的矩估计的理论基础。

例 6.1.3 设 $X_1,X_2,\cdots,X_n$ 是来自总体 X 的一个样本,且 X 的均值为 $E(X)=\mu$,方差 $D(X)=\sigma^2>0$。求 $E(\overline{X}),D(\overline{X}),E(S^2)$。

解

$$E(\overline{X})=E\left(\frac{1}{n}\sum_{i=1}^{n}X_i\right)=\frac{1}{n}E\left(\sum_{i=1}^{n}X_i\right)=\frac{1}{n}\sum_{i=1}^{n}E(X_i)$$

$$=\frac{1}{n}\cdot n\mu=\mu;$$

$$D(\overline{X})=D\left(\frac{1}{n}\sum_{i=1}^{n}X_i\right)=\frac{1}{n^2}D\left(\sum_{i=1}^{n}X_i\right)=\frac{1}{n^2}\sum_{i=1}^{n}D(X_i)$$

$$=\frac{1}{n^2}\cdot n\sigma^2=\frac{\sigma^2}{n};$$

$$E(S^2)=E\left(\frac{1}{n-1}\sum_{i=1}^{n}(X_i-\overline{X})^2\right)=E\left(\frac{1}{n-1}\left[\sum_{i=1}^{n}X_i^2-n\overline{X}^2\right]\right)$$

$$=\frac{1}{n-1}\left(\sum_{i=1}^{n}E(X_i^2)-nE(\overline{X}^2)\right)=\frac{1}{n-1}\left(\sum_{i=1}^{n}(D(X_i)+E(X_i)^2)-n\left(\frac{\sigma^2}{n}+\mu^2\right)\right)$$

$$=\frac{1}{n-1}(n\sigma^2+n\mu^2-\sigma^2-n\mu^2)=\sigma^2。$$

特别地，当总体 $X\sim N(\mu,\sigma^2)$时，根据第 3 章的结论知道 $\overline{X}$ 也服从正态分布，且 $\overline{X}\sim N\left(\mu,\frac{\sigma^2}{n}\right)$。

6.2 常用统计量的分布

统计量的分布称为抽样分布。在使用统计量进行统计推断时需要知道它的分布。当总体分布已知时，抽样分布也是确定的，然而要求出统计量的精确分布，一般来说是困难的。本节介绍几个与正态总体有关的统计量的分布。

1. χ^2 分布

(1) χ^2 分布的概念

定义 6.2.1 设 $X_1,X_2,\cdots,X_n$ 是来自标准正态总体 $N(0,1)$的样本，称统计量

$$\chi^2=X_1^2+X_2^2+\cdots+X_n^2$$

服从自由度为 n 的 χ^2 分布，记作 $\chi^2\sim\chi^2(n)$。这里自由度 n 是样本容量。

若 $\chi^2\sim\chi^2(n)$，则 χ^2 的概率密度为

$$f(y)=\begin{cases}\dfrac{1}{2^{n/2}\Gamma(n/2)}y^{\frac{n}{2}-1}e^{-\frac{y}{2}}, & y>0,\\ 0, & y\leqslant 0。\end{cases}$$

式中，$\Gamma\left(\frac{n}{2}\right)$是 Γ 函数$\left(\Gamma(x)=\int_0^{+\infty}t^{x-1}e^{-t}dt\right)$在 $x=\frac{n}{2}$ 处的值。

$\chi^2(n)$的概率密度 $f(y)$的图像如图 6-1 所示。

(2) χ^2 分布的性质

性质 1 若 $\chi^2\sim\chi^2(n)$，则 $E(\chi^2)=n,D(\chi^2)=2n$。

证明 由于 $\chi^2=\sum_{i=1}^{n}X_i^2$，其中 $X_i\sim N(0,1)(i=1,2,\cdots,n)$，$X_1,X_2,\cdots,X_n$ 相互独立，且

$$E(X_i)=0,\quad D(X_i)=1,$$

所以

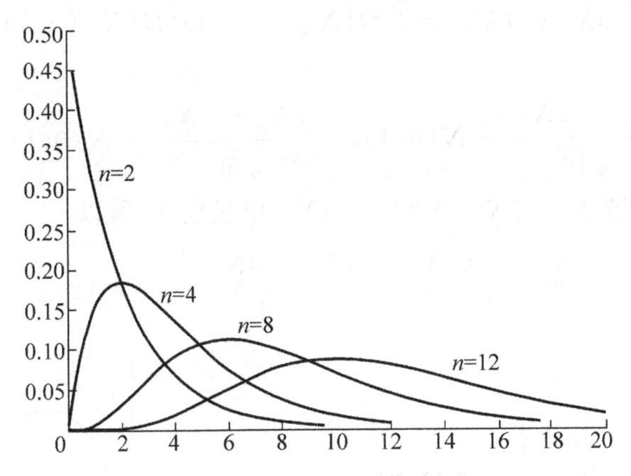

图 6-1 $\chi^2(n)$分布的概率密度

$$E(X_i^2)=D(X_i)+[E(X_i)]^2=1,\quad i=1,2,\cdots,n。$$

因此

$$E(\chi^2)=\sum_{i=1}^{n}E(X_i^2)=n。$$

又

$$E(X_i^4)=\int_{-\infty}^{+\infty}x^4\varphi(x)\mathrm{d}x=\frac{1}{\sqrt{2\pi}}\int_{-\infty}^{+\infty}x^4\mathrm{e}^{-\frac{x^2}{2}}\mathrm{d}x=3,$$

$$D(X_i^2)=E(X_i^4)-[E(X_i^2)]^2=3-1=2,i=1,2,\cdots,n,$$

所以

$$D(\chi^2)=\sum_{i=1}^{n}D(X_i^2)=2n。$$

性质 2 设$\chi_1^2\sim\chi^2(n_1)$,$\chi_2^2\sim\chi^2(n_2)$,并且χ_1^2和χ_2^2相互独立,则

$$\chi_1^2+\chi_2^2\sim\chi^2(n_1+n_2)。$$

证明 设$X_1,X_2,\cdots,X_{n_1}$与$X_{n_1+1},X_{n_1+2},\cdots,X_{n_1+n_2}$为来自正态总体$N(0,1)$的两个相互独立的样本。

由于$\chi_1^2\sim\chi^2(n_1)$,$\chi_2^2\sim\chi^2(n_2)$,所以χ_1^2与$X_1^2+X_2^2+\cdots+X_{n_1}^2$同分布,$\chi_2^2$与$X_{n_1+1}^2+X_{n_1+2}^2+\cdots+X_{n_1+n_2}^2$同分布。由$\chi_1^2$与$\chi_2^2$相互独立,知$\chi_1^2+\chi_2^2$与$X_1^2+X_2^2+\cdots+X_{n_1}^2+X_{n_1+1}^2+X_{n_1+2}^2+\cdots+X_{n_1+n_2}^2$同分布,所以

$$\chi_1^2+\chi_2^2\sim\chi^2(n_1+n_2)。$$

此结论可以推广到有限个χ^2分布和的情形。

例 6.2.1 设X_1,X_2,X_3,X_4是来自总体$X\sim N(0,2)$的一个样本,求a,b的值,使得$Y=a(X_1-2X_2)^2+b(3X_3-4X_4)^2\sim\chi^2(2)$。

注意到χ^2分布为相互独立的标准正态分布平方和组成的分布。

解 由于X_1,X_2,X_3,X_4独立同分布于$N(0,2)$,所以

$$E(X_1-2X_2)=0,\quad E(3X_3-4X_4)=0,$$

$$D(X_1-2X_2)=D(X_1)+(-2)^2D(X_2)=10,$$

$$D(3X_3-4X_4)=3^2D(X_3)+(-4)^2D(X_4)=50。$$

于是

$$\frac{X_1-2X_2}{\sqrt{10}}\sim N(0,1),\quad \frac{3X_3-4X_4}{\sqrt{50}}\sim N(0,1)。$$

由相互独立的性质知道 X_1-2X_2 与 $3X_3-4X_4$ 相互独立,所以

$$\frac{(X_1-2X_2)^2}{10}+\frac{(3X_3-4X_4)^2}{50}\sim \chi^2(2),$$

从而 $a=\frac{1}{10},b=\frac{1}{50}$。

(3) χ^2 分布的上 α 分位点

定义 6.2.2 设 $\chi^2\sim\chi^2(n)$,对于给定的 $\alpha,0<\alpha<1$,称满足条件

$$P\{\chi^2>\chi_\alpha^2(n)\}=\int_{\chi_\alpha^2(n)}^{+\infty}f(y)\mathrm{d}y=\alpha$$

的点 $\chi_\alpha^2(n)$ 为 $\chi^2(n)$ 分布的上 α 分位点,如图 6-2 所示。

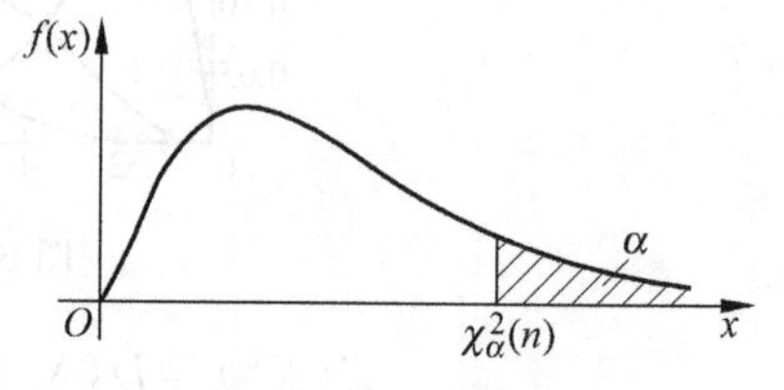

图 6-2 $\chi^2(n)$ 分布的上 α 分位点

对于不同的 $\alpha,n,\chi^2(n)$ 分布的上 α 分位点的值已制作成表格,可以查用(见附录 B 中的表 B-4)。

例 6.2.2 给定 $\alpha=0.05,\alpha=0.025$,分别查表求 $\chi_\alpha^2(10),\chi_{1-\alpha}^2(10)$。

解 由 $\chi^2(n)$ 分布表可得

$$\chi_{0.05}^2(10)=18.307,\quad \chi_{0.95}^2(10)=3.940,$$

$$\chi_{0.025}^2(10)=20.483,\quad \chi_{0.975}^2(10)=3.247。$$

2. t 分布

(1) t 分布的概念

定义 6.2.3 设 $X\sim N(0,1),Y\sim\chi^2(n)$,且 X 和 Y 相互独立,则称随机变量

$$t=\frac{X}{\sqrt{Y/n}}$$

为服从自由度为 n 的 t 分布,记作 $t\sim t(n)$。t 分布又称学生氏(Student)分布。

$t(n)$ 的概率密度为

$$f(x)=\frac{\Gamma((n+1)/2)}{\sqrt{n\pi}\,\Gamma(n/2)}\left(1+\frac{x^2}{n}\right)^{-(n+1)/2},\quad -\infty<x<+\infty,$$

并且当 $n\to\infty$ 时,$t(n)$ 的概率密度趋于标准正态分布的概率密度,即有

$$\lim_{n\to\infty}f(x)=\frac{1}{\sqrt{2\pi}}\mathrm{e}^{-\frac{x^2}{2}},\ -\infty<x<+\infty。$$

$f(x)$ 图像如图 6-3 所示,可以看出,$f(x)$ 的图像关于纵轴对称,并且 $f(x)$ 曲线的峰顶比标准正态曲线峰顶要低,两端较标准正态曲线要高。

此外,$E(t)=0(n>1),D(t)=\frac{n}{n-2}(n>2)$。

例 6.2.3 设总体 X 和 Y 相互独立,且都服从 $N(0,3^2)$,而样本 $X_1,X_2,\cdots,X_9$ 和 $Y_1,Y_2,\cdots,Y_9$ 分别来自 X 和 Y,求统计量

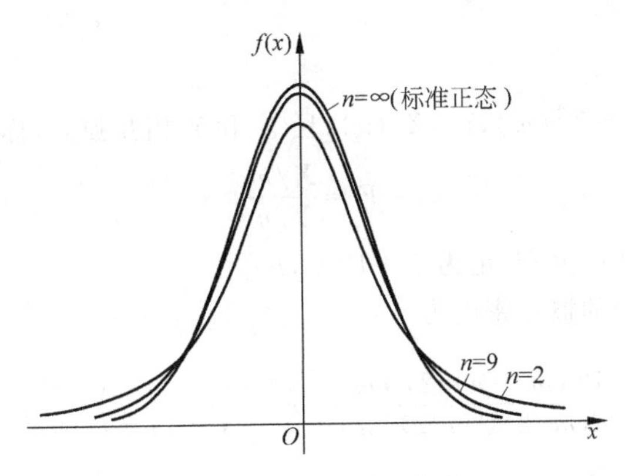

图 6-3 $t(n)$的概率密度

$$T=\frac{X_1+X_2+\cdots+X_9}{\sqrt{Y_1^2+Y_2^2+\cdots+Y_9^2}}$$

的分布。

解 由例 6.1.3 的结果可知 $\overline{X}=\frac{1}{9}\sum_{i=1}^{9}X_i\sim N(0,1)$。又

$$\frac{Y_i}{3}\sim N(0,1),\quad i=1,2,\cdots,9,$$

$$Y=\sum_{i=1}^{9}\left(\frac{Y_i}{3}\right)^2=\frac{1}{9}\sum_{i=1}^{9}(Y_i)^2\sim\chi^2(9)。$$

并且 X 和 Y 相互独立,由 t 分布的定义知

$$T=\frac{\overline{X}}{\sqrt{Y/9}}=\frac{\sum_{i=1}^{9}X_i}{\sqrt{\sum_{i=1}^{9}(Y_i)^2}}\sim t(9)。$$

(2) t 分布的上 α 分位点

定义 6.2.4 设 $t\sim t(n)$,对于给定的正数 $\alpha(0<\alpha<1)$,称满足条件

$$P\{t>t_\alpha(n)\}=\int_{t_\alpha(n)}^{+\infty}f(x)\mathrm{d}x=\alpha$$

的点 $t_\alpha(n)$为 t 分布的上 α 分位点。

图 6-4 给出了 t 分布的上 α 分位点 $t_\alpha(n)$,由 t 分布概率密度 $f(x)$图形的对称性可知

$$t_{1-\alpha}(n)=-t_\alpha(n)。$$

对于不同的 n,附录 B 中的表 B-3 给出了 t 分布的上 α 分位点 $t_\alpha(n)$的数值表。

例如,$t_{0.025}(8)=2.3060$,$t_{0.99}(12)=t_{1-0.01}(12)=-t_{0.01}(12)=-2.6810$。

当 n 较大(通常 $n>45$)时,$t_\alpha(n)$可以由标准正态分布的上 α 分位点 u_α 来近似代替。

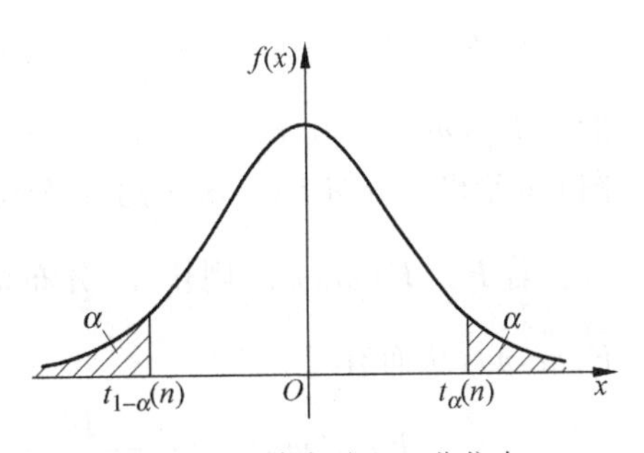

图 6-4 t 分布的上 α 分位点

3. F 分布

(1) F 分布的概念

定义 6.2.5 设 $X\sim\chi^2(m)$，$Y\sim\chi^2(n)$，且 X 和 Y 相互独立，称随机变量

$$F=\frac{X/m}{Y/n}$$

服从自由度为(m,n)的 F 分布，记为 $F\sim F(m,n)$。

可以证明，$F(m,n)$的概率密度为

$$f(x)=\begin{cases}\dfrac{\Gamma((m+n)/2)}{\Gamma(m/2)\Gamma(n/2)}\left(\dfrac{m}{n}\right)^{\frac{m}{2}}x^{\frac{m}{2}-1}\left(1+\dfrac{m}{n}x\right)^{-\frac{m+n}{2}}, & x>0,\\ 0, & x\leqslant 0,\end{cases}$$

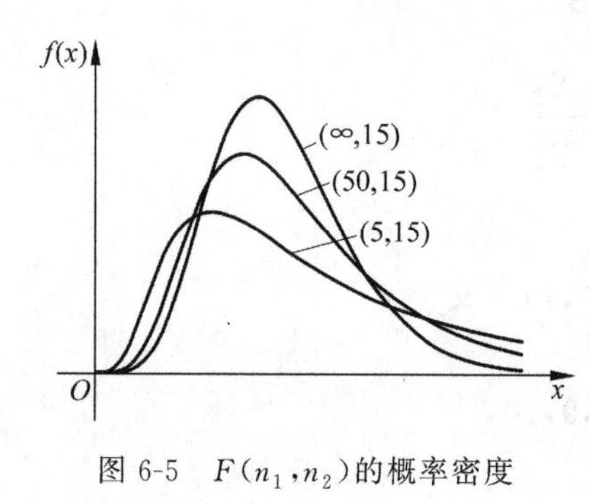

图 6-5 $F(n_1,n_2)$的概率密度

其图像如图 6-5 所示。

此外，可以证明，若 $F\sim F(m,n)$，则

$$E(F)=\frac{n}{n-2},\quad n>2,$$

$$D(F)=\frac{n^2(2m+2n-4)}{m(n-2)^2(n-4)},\quad n>4。$$

例 6.2.4 已知 $t\sim t(n)$，求 t^2 的分布。

解 由 t 分布定义可知，随机变量 U 与 V 相互独立，使得

$$t=\frac{U}{\sqrt{V/n}}。$$

式中，$U\sim N(0,1)$，$V\sim\chi^2(n)$。而

$$t^2=\frac{U^2}{V/n}=\frac{U^2/1}{V/n},$$

并且 $U^2\sim\chi^2(1)$，所以由 F 分布的定义知

$$t^2=\frac{U^2}{V/n}\sim F(1,n),$$

即 t^2 服从自由度为$(1,n)$的 F 分布。

(2) F 分布的上 α 分位点

定义 6.2.6 设 $F\sim F(m,n)$，对于给定的正数 $\alpha(0<\alpha<1)$，称满足条件

$$P\{F>F_\alpha(m,n)\}=\int_{F_\alpha(m,n)}^{+\infty}f(x)\mathrm{d}x=\alpha$$

的点 $F_\alpha(m,n)$ 为 $F(m,n)$ 分布的上 α 分位点。图 6-6 给出了分布 $F(m,n)$的上 α 分位点 $F_\alpha(m,n)$。

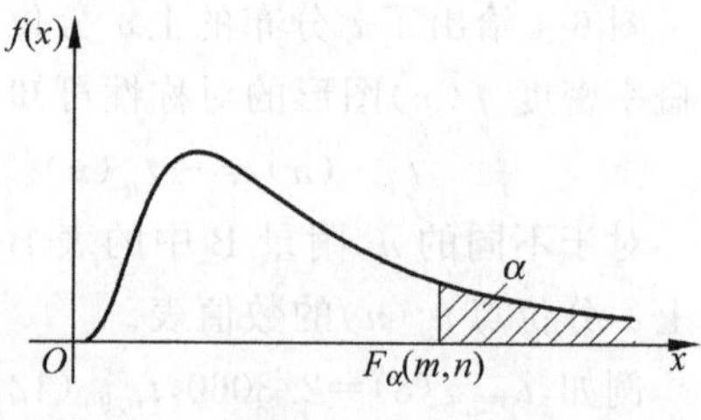

图 6-6 F 分布的上 α 分位点 $F_\alpha(m,n)$

若 $F\sim F(m,n)$，则由 F 分布的定义知 $\dfrac{1}{F}\sim F(m,n)$，从而有

$$F_{1-\alpha}(m,n)=\frac{1}{F_\alpha(n,m)}。$$

事实上，对于给定的 $\alpha(0<\alpha<1)$，有

$$1-\alpha=P\{F>F_{1-\alpha}(m,n)\}=P\left\{\frac{1}{F}<\frac{1}{F_{1-\alpha}(m,n)}\right\}$$
$$=1-P\left\{\frac{1}{F}\geqslant\frac{1}{F_{1-\alpha}(m,n)}\right\},$$

于是

$$P\left\{\frac{1}{F}>\frac{1}{F_{1-\alpha}(m,n)}\right\}=\alpha,$$

由于$\frac{1}{F}\sim F(n,m)$，因此，$\frac{1}{F_{1-\alpha}(m,n)}$就是$F(n,m)$的上$\alpha$分位点$F_\alpha(n,m)$，即

$$F_{1-\alpha}(m,n)=\frac{1}{F_\alpha(n,m)}。$$

上式常用来求附录B中的表B-5中未列出的F分布的上α分位点的数值表，例如，

$$F_{0.95}(13,10)=\frac{1}{F_{0.05}(10,13)}=\frac{1}{2.67}=0.375。$$

6.3　正态总体的抽样分布

设总体X(不管服从什么分布，只要均值和方差存在)的均值为μ，方差为σ^2，$X_1,X_2,\cdots,X_n$为来自X的一个样本，样本均值$\overline{X}=\frac{1}{n}\sum_{i=1}^{n}X_i$，样本方差$S^2=\frac{1}{n-1}\sum_{i=1}^{n}(X_i-\overline{X})^2$，则有$E(\overline{X})=\mu$，$D(\overline{X})=\frac{\sigma^2}{n}$，$E(S^2)=\sigma^2$。

鉴于正态总体在数理统计中的重要性，我们将不加证明地给出有关来自于正态总体样本均值及样本方差的统计量分布的结论。这些结论将在总体参数的区间估计和假设检验问题中用到。

定理6.3.1(**单正态总体的抽样分布**)　设总体$X\sim N(\mu,\sigma^2)$，$X_1,X_2,\cdots,X_n$为总体的一个简单随机样本。$\overline{X}=\frac{1}{n}\sum_{i=1}^{n}X_i$，$S^2=\frac{1}{n-1}\sum_{i=1}^{n}(X_i-\overline{X})^2$分别为该样本的样本均值与样本方差，则有：

(1) $\overline{X}\sim N\left(\mu,\frac{\sigma^2}{n}\right)$；

(2) $\frac{\overline{X}-\mu}{\sigma/\sqrt{n}}\sim N(0,1)$；

(3) $\frac{n-1}{\sigma^2}S^2\sim\chi^2(n-1)$，且$\overline{X}$与$S^2$相互独立；

(4) $\frac{\overline{X}-\mu}{S/\sqrt{n}}\sim t(n-1)$。

对于两个正态总体的样本均值和样本方差有以下定理。

定理6.3.2(**双正态总体的抽样分布**)　设$X_1,X_2,\cdots,X_{n_1}$与$Y_1,Y_2,\cdots,Y_{n_2}$分别为来

自于总体 $X\sim N(\mu_1,\sigma_1^2)$ 和 $Y\sim N(\mu_2,\sigma_2^2)$ 的样本,且这两个样本相互独立。设 $\overline{X}=\frac{1}{n_1}\sum_{i=1}^{n_1}X_i$,$\overline{Y}=\frac{1}{n_2}\sum_{i=1}^{n_2}Y_i$ 分别是两个样本的样本均值,$S_1^2=\frac{1}{n_1-1}\sum_{i=1}^{n_1}(X_i-\overline{X})^2$,$S_2^2=\frac{1}{n_2-1}\sum_{i=1}^{n_2}(Y_i-\overline{Y})^2$ 分别是两个样本的样本方差,则有:

(1) $\dfrac{\overline{X}-\overline{Y}-(\mu_1-\mu_2)}{\sqrt{\dfrac{\sigma_1^2}{n_1}+\dfrac{\sigma_2^2}{n_2}}}\sim N(0,1)$;

(2) $\dfrac{S_1^2/S_2^2}{\sigma_1^2/\sigma_2^2}\sim F(n_1-1,n_2-1)$;

(3) $\dfrac{\overline{X}-\overline{Y}-(\mu_1-\mu_2)}{S_w\sqrt{\dfrac{1}{n_1}+\dfrac{1}{n_2}}}\sim t(n_1+n_2-2)$,其中 $S_w^2=\dfrac{(n_1-1)S_1^2+(n_2-1)S_2^2}{n_1+n_2-2}$。

例 6.3.1 求总体 $N(20,3)$ 的容量分别为 10,15 的两独立样本均值差的绝对值大于 0.3 的概率。

解 设 $\overline{X},\overline{Y}$ 分别是两个样本的样本均值,因为样本独立,所以 $\overline{X}-\overline{Y}$ 服从正态分布,即

$$E(\overline{X}-\overline{Y})=E(\overline{X})-E(\overline{Y})=20-20=0,$$

$$D(\overline{X}-\overline{Y})=D(\overline{X})+D(\overline{Y})=\frac{3}{10}+\frac{3}{15}=\frac{1}{2}。$$

所以

$$\overline{X}-\overline{Y}\sim N\left(0,\frac{1}{2}\right)。$$

所求概率为

$$P\{|\overline{X}-\overline{Y}|>0.3\}=P\left\{\left|\frac{\overline{X}-\overline{Y}}{\sqrt{1/2}}\right|>\frac{0.3}{\sqrt{1/2}}\right\}=2\left[1-\Phi\left(\frac{0.3}{\sqrt{1/2}}\right)\right]=0.6744。$$

习题 6

1. 思考题

(1) 如何理解总体、个体与样本的概念以及三者之间的关系与区别?

(2) 从定义及性质正确理解统计量,举例说明统计量的重要性。

(3) 如何理解抽样分布?

(4) 样本均值 $\overline{X}$、样本方差 S^2 与总体均值 $E(X)$、总体方差 $D(X)$ 的区别与联系是什么?

(5) 详细描述 χ^2 分布、t 分布、F 分布及正态分布之间的关系。

2. 设总体 $X\sim N(\mu,\sigma^2)$,$X_1,X_2,\cdots,X_n$ 为总体的一个简单随机样本,求 $X_1,X_2,\cdots,X_n$ 的联合概率密度。

3. 设电话交换台一小时内的呼唤次数 $X\sim\pi(\lambda)$，$X_1,X_2,\cdots,X_n$ 为总体的一个简单随机样本，求：

(1) $X_1,X_2,\cdots,X_n$ 的联合分布律；

(2) $E(\overline{X})$ 与 $D(\overline{X})$。

4. 设总体 $X\sim U(a,b)$，$X_1,X_2,\cdots,X_n$ 为总体的一个简单随机样本，求 $X_1,X_2,\cdots,X_n$ 的联合概率密度。

5. 设袋装盐的重量 X 服从均值为 500g、方差为 81g 的正态分布，抽取一个容量为 64 的样本，求样本均值落在 498～502g 的概率(用 MATLAB 语言解答)。

6. 设总体 $X\sim N(0,1)$，$X_1,X_2,\cdots,X_7$ 为总体的一个简单随机样本。

(1) 求常数 c，使 $c(X_1^2+X_2^2+X_3^2)$ 服从 χ^2 分布，并指出自由度；

(2) 求常数 d，使 $d\,\dfrac{X_1+X_2+X_3}{\sqrt{X_4^2+X_5^2+X_6^2+X_7^2}}$ 服从 t 分布，并指出自由度。

7. 已知 $X\sim t(n)$，证明 $X^2\sim F(1,n)$。

8. 设总体 $X\sim N(\mu,\sigma^2)$，$X_1,X_2,\cdots,X_9$ 为总体的一个简单随机样本，且有

$$Y_1=\frac{X_1+X_2+\cdots+X_6}{6},\quad Y_2=\frac{X_7+X_8+X_9}{3},\quad S^2=\frac{1}{2}\sum_{i=7}^{9}(X_i-Y_2)^2.$$

证明 $Z=\dfrac{\sqrt{2}(Y_1-Y_2)}{S}\sim t(2)$。

9. 设总体 $X\sim N(\mu,\sigma^2)$，$X_1,X_2,\cdots,X_n$ 为总体的一个简单随机样本。证明统计量

$$\frac{\sum_{i=1}^{n}X_i^2}{(n-1)X_1^2}\sim F(n-1,1)。$$

10. 设总体 $X\sim N(\mu,\sigma^2)$，$X_1,X_2,\cdots,X_{16}$ 为总体的一个简单随机样本，求以下概率：

(1) $P\left\{\dfrac{\sigma^2}{2}\leqslant\dfrac{1}{n}\sum_{i=1}^{n}(X_i-\mu)^2\leqslant 2\sigma^2\right\}$；

(2) $P\left\{\dfrac{\sigma^2}{2}\leqslant\dfrac{1}{n}\sum_{i=1}^{n}(X_i-\overline{X})^2\leqslant 2\sigma^2\right\}$。

11. 设总体 $X\sim N(50,6^2)$，总体 $Y\sim N(46,4^2)$。从总体 X 中抽取样本容量为 15 的样本，样本均值与样本方差用 $\overline{X}$，S_1^2 表示；从总体 Y 中抽取样本容量为 8 的样本，样本均值与样本方差用 $\overline{Y}$，S_2^2 表示。求下列概率：

(1) $P\{0<\overline{X}-\overline{Y}<8\}$；

(2) 用 MATLAB 语言求解 $P\left\{\dfrac{S_1^2}{S_2^2}<8.28\right\}$。

12. 设总体 $X\sim e(2)$，$X_1,X_2,\cdots,X_8$ 为总体的一个简单随机样本，求 $E(\sqrt{X_1X_2\cdots X_8})$。

13. 设随机变量 $X\sim N(0,4)$，n 取多大时，才能使得 $E(|\overline{X}-2|^2)\leqslant 4.25$。

第7章

正态总体参数的区间估计与假设检验

数理统计的主要任务是通过样本信息来推断总体的信息，当总体的分布类型已知，而分布的参数未知时，我们可以估计参数的大致范围，对参数的估计结果对应于实轴上的一个区间，故此称为区间估计；也可以估计参数的可能取值，参数的估计结果对应于实轴上的一个点时称为点估计。

假设检验是除参数估计之外的另一类重要的统计推断问题。假设检验亦称统计显著性检验(test of statistical significance)，是一种统计推断方法，用来判断样本与样本之间，以及样本与总体的差异是由抽样误差引起的，还是由本质差别造成的。假设检验基本原理是先对总体的特征做出某种假设，然后通过样本统计量进行统计推理，对此假设做出拒绝还是接受的推断。本章只介绍区间估计和假设检验，点估计在第8章介绍。

本章要用到的准备知识：正态分布，t 分布，F 分布，χ^2 分布。

本章拟解决以下问题：

假设某种钉子的长度 X 服从正态分布 $N(\mu,\sigma^2)$，从一批钉子中随机抽取16枚，测得其长度(单位：cm)为

4.30　4.33　4.31　4.33　4.33　4.32　4.33　4.30
4.32　4.32　4.34　4.34　4.30　4.30　4.33　4.32

问题1　总体均值 μ 可能落入样本均值上、下多大范围内？

问题2　总体方差 σ^2 可能落入哪一区间范围内？

问题3　假设总体均值 $\mu=4.31$，这一假设是否成立？

问题4　假设总体方差 $\sigma^2=0.00018$，这一假设是否成立？

7.1　区间估计

7.1.1　置信区间

在现实生活中，有时我们并不需要知道总体的某个参数的精确值，只要知道它的大致范

围即可。例如,某种充电器的额定电压标注为“额定电压：DC 5V±5%”,这里5%表示额定电压的偏差,也就是精确程度。一般来说,额定电压在4.95～5.05V,那么额定电压在区间(4.95V,5.05V)内的可信程度有多大？这个区间又是如何求出的呢？事实上这个区间即是置信区间,现在我们引入置信区间的定义。

定义 7.1.1　设总体 X 的分布函数为 $F(x;\theta)$,含有未知参数 $\theta\in\Theta$(Θ 是 θ 的取值范围),对于给定的 $\alpha(0<\alpha<1)$,$\underline{\theta}=\underline{\theta}(X_1,X_2,\cdots,X_n)$ 和 $\bar{\theta}=\bar{\theta}(X_1,X_2,\cdots,X_n)$($\underline{\theta}<\bar{\theta}$)是来自 X 的样本 $X_1,X_2,\cdots,X_n$ 确定的两个统计量,若对于任意 $\theta\in\Theta$ 满足

$$P\{\underline{\theta}(X_1,X_2,\cdots,X_n)<\theta<\bar{\theta}(X_1,X_2,\cdots,X_n)\}\geqslant 1-\alpha, \tag{7-1}$$

则称随机区间 $(\underline{\theta},\bar{\theta})$ 为参数 θ 的置信水平为 $1-\alpha$ 的置信区间,$\underline{\theta}$ 和 $\bar{\theta}$ 分别称为置信水平为 $1-\alpha$ 的双侧置信区间的置信下限和置信上限,$1-\alpha$ 称为置信水平。

置信水平 $1-\alpha$ 的含义：在随机抽样中,若重复抽样多次(每次的样本容量相同),得到样本 $X_1,X_2,\cdots,X_n$ 的多个样本值,对应每个样本值都确定了一个置信区间 $(\underline{\theta},\bar{\theta})$,每个这样的置信区间要么包含了 θ 的真值,要么不包含 θ 的真值。根据伯努利大数定理,当抽样次数充分大时,这些置信区间中包含 θ 的真值的频率接近于置信水平(即概率)$1-\alpha$,即在这些置信区间中包含 θ 的真值的置信区间大约有 $(1-\alpha)\times100\%$ 个,不包含 θ 的真值的置信区间大约有 $\alpha\times100\%$ 个。例如,给定 $\alpha=0.05$,则置信水平是0.95,若重复抽样10000次,对应每次抽样都确定了一个置信区间 $(\underline{\theta},\bar{\theta})$,则其中大约有9500个置信区间包含 θ 的真值,大约有500个置信区间不包含 θ 的真值。也就是说,某一置信区间中包含 θ 的真值的概率是0.95。

例 7.1.1　已知某种袋装食盐的质量 X 服从正态分布 $N(\mu,\sigma^2)$,从一批食盐中随机抽取9袋,测得其质量(单位：g)分别为

502　503　501　503　498　502　499　500　501

已知 $\sigma=1$,求总体均值 μ 的置信水平为0.95的置信区间。

解　由于 $Z=\dfrac{\overline{X}-\mu}{\sigma/\sqrt{n}}\sim N(0,1)$,按标准正态分布的上 α 分位点的定义(见图7-1),有

$$P\left\{\left|\frac{\overline{X}-\mu}{\sigma/\sqrt{n}}\right|<z_{\alpha/2}\right\}=1-\alpha,$$

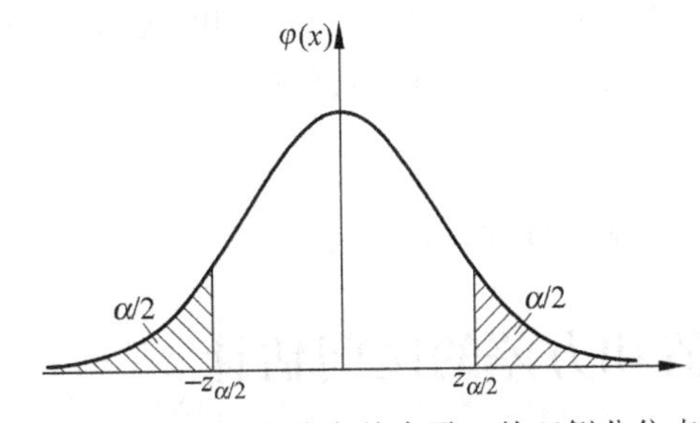

图7-1　标准正态分布的水平 α 的双侧分位点

即

$$P\left\{\overline{X}-\frac{\sigma}{\sqrt{n}}z_{\alpha/2}<\mu<\overline{X}+\frac{\sigma}{\sqrt{n}}z_{\alpha/2}\right\}=1-\alpha,$$

故此置信区间为

$$\left(\overline{X}-\frac{\sigma}{\sqrt{n}}z_{\alpha/2},\overline{X}+\frac{\sigma}{\sqrt{n}}z_{\alpha/2}\right),\tag{7-2}$$

常缩写成$\left(\overline{X}\pm\frac{\sigma}{\sqrt{n}}z_{\alpha/2}\right)$。

由于$\alpha=0.05$,查表知$z_{0.025}=1.96$,且由于$\sigma=1,n=9,\bar{x}=501$,由式(7-2),得到μ的置信水平为0.95的置信区间为$(501\pm1.96\times1/\sqrt{9})$,即(500.35,501.65)。

这个区间的含义是:若反复抽样多次,每次抽样都确定一个置信区间,在这些置信区间中,包含μ的约占95%,或者说某一置信区间是包含μ的区间的可信程度为95%。置信区间长度的一半是0.65,表示用$\bar{x}=501$来估计参数μ的误差不大于0.65,这个误差估计的可信程度是95%。

若给定置信水平0.99时,则$\alpha=0.01$,查表知$z_{0.005}=2.58$,得到置信区间为(500.14,501.86)。可以看出,当给定的置信水平越大时,即$1-\alpha$越大,则α值越小,$z_{\alpha/2}$越大,从而置信区间长度$2\frac{\sigma}{\sqrt{n}}z_{\alpha/2}$越大,参数估计的精确程度越差,即置信度和参数估计的精确程度相互制约,当样本量增加时,参数估计的精确程度会提高。

7.1.2 区间估计的一般步骤

求置信区间的基本步骤如下。

第1步,选择一个与样本$X_1,X_2,\cdots,X_n$及θ有关的函数$W(X_1,X_2,\cdots,X_n;\theta)$,使得$W$的分布不依赖于$\theta$和其他未知参数,称具有这种性质的函数$W$为枢轴量。

枢轴量选取的标准为:

(1) 必须含有要估计的参数θ,不含有其他未知参数;

(2) 尽量使用总体的已知信息。

第2步,对于给定的置信水平$1-\alpha$,根据$P\{a<W(X_1,X_2,\cdots,X_n;\theta)<b\}=1-\alpha$,在枢轴量$W$为常用分布的情况下,$a$和$b$可由分位数表查得。

选择分位数a和b的标准是使区间(a,b)最小,实际应用中很难实现这一点,因此通常选取a和b使得$P\{W(X_1,X_2,\cdots,X_n;\theta)\leqslant a\}=P\{W(X_1,X_2,\cdots,X_n;\theta)\geqslant b\}=\alpha/2$。

第3步,由$a<W(X_1,X_2,\cdots,X_n;\theta)<b$,作恒等变形后解出参数$\theta$的取值范围,即为所求的置信区间$(\underline{\theta},\bar{\theta})$。

第4步,代入已知样本数据进行计算。

7.2 正态总体均值和方差的区间估计

7.2.1 单个正态总体参数的置信区间

正态总体$N(\mu,\sigma^2)$是最常见的分布,下面我们讨论它的两个参数μ和σ^2的置信区间。设$X_1,X_2,\cdots,X_n$是来自总体X的样本。

1. σ^2 已知时μ 的置信区间

σ^2 已知，选择枢轴量$\dfrac{\overline{X}-\mu}{\sigma/\sqrt{n}}$，得到$\mu$ 的置信水平为 $1-\alpha$ 的置信区间为$\left(\overline{X}\pm\dfrac{\sigma}{\sqrt{n}}z_{\alpha/2}\right)$。

2. σ^2 未知时μ 的置信区间

σ^2 未知，由于枢轴量$\dfrac{\overline{X}-\mu}{\sigma/\sqrt{n}}\sim N(0,1)$中含有未知参数$\sigma$，故不能采用。而$\dfrac{\overline{X}-\mu}{S/\sqrt{n}}\sim t(n-1)$含有待估计参数$\mu$，且不含有其他未知参数，则使用$\dfrac{\overline{X}-\mu}{S/\sqrt{n}}$作为枢轴量(见图 7-2)，得

$$P\left\{-t_{\alpha/2}(n-1)<\frac{\overline{X}-\mu}{S/\sqrt{n}}<t_{\alpha/2}(n-1)\right\}=1-\alpha,$$

即

$$P\{\overline{X}-t_{\alpha/2}(n-1)S/\sqrt{n}<\mu<\overline{X}+t_{\alpha/2}(n-1)S/\sqrt{n}\}=1-\alpha。$$

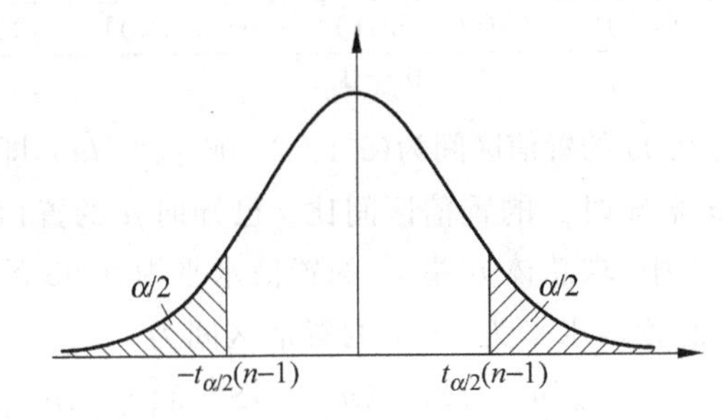

图 7-2　t 分布的水平α 的双侧分位点

因此，μ 的置信水平为 $1-\alpha$ 的置信区间为

$$(\overline{X}-t_{\alpha/2}(n-1)S/\sqrt{n},\overline{X}+t_{\alpha/2}(n-1)S/\sqrt{n}),\tag{7-3}$$

常缩写为

$$(\overline{X}\pm t_{\alpha/2}(n-1)S/\sqrt{n})。$$

3. μ 未知时σ^2 的置信区间

在实际中，σ^2 未知且μ 已知的情形是极为少见的，因此这里只讨论μ 未知时σ^2 的置信区间。

由于μ 未知，枢轴量$U=\dfrac{\overline{X}-\mu}{\sqrt{\sigma^2/n}}\sim N(0,1)$包含$\mu$，故此不能采用，而$\dfrac{(n-1)S^2}{\sigma^2}\sim\chi^2(n-1)$不含有其他未知参数，我们采用统计量$\dfrac{(n-1)S^2}{\sigma^2}$作为枢轴量(见图 7-3)，由

$$P\left\{\chi^2_{1-\alpha/2}(n-1)<\frac{(n-1)S^2}{\sigma^2}<\chi^2_{\alpha/2}(n-1)\right\}=1-\alpha,$$

得

$$P\{(n-1)S^2/\chi^2_{\alpha/2}(n-1)<\sigma^2<(n-1)S^2/\chi^2_{1-\alpha/2}(n-1)\}=1-\alpha。$$

则方差σ^2 的置信水平为 $1-\alpha$ 的置信区间为

$$((n-1)S^2/\chi^2_{\alpha/2}(n-1),(n-1)S^2/\chi^2_{1-\alpha/2}(n-1))。\tag{7-4}$$

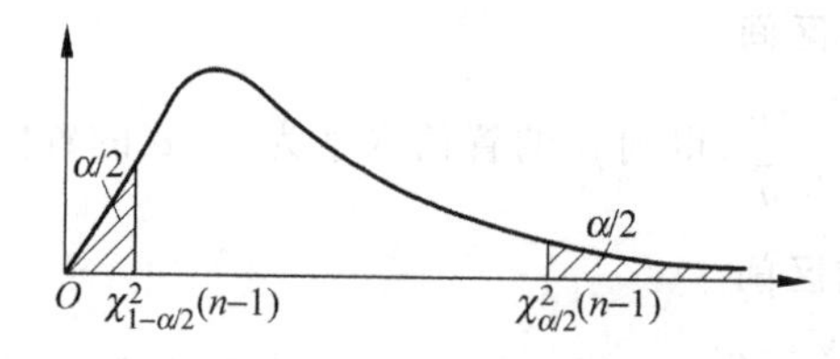

图 7-3 χ^2 分布的水平 α 的双侧分位点

而标准差 σ 的置信水平为 $1-\alpha$ 的置信区间为

$$\left(\sqrt{(n-1)}S/\sqrt{\chi^2_{\alpha/2}(n-1)},\quad \sqrt{(n-1)}S/\sqrt{\chi^2_{1-\alpha/2}(n-1)}\right)。\tag{7-5}$$

例 7.2.1 在例 7.1.1 中,若 σ 未知,求总体均值 μ 的置信水平为 0.95 的置信区间。

解 σ 未知,μ 的置信水平为 $1-\alpha$ 的置信区间为 $(\overline{X}\pm t_{\alpha/2}(n-1)S/\sqrt{n})$。由于 $\alpha=0.05$,$n=9$,查表知 $t_{0.025}(8)=2.306$,由给出的数据算得 $\bar{x}=501$,样本标准差为

$$s=\sqrt{\frac{(502-501)^2+(503-501)^2+\cdots+(501-501)^2}{9-1}}=\sqrt{3},$$

因此,得到 μ 的置信水平为 0.95 的置信区间为 $(501\pm2.306\times\sqrt{3}/\sqrt{9})$,即 $(499.6686,502.3314)$。

对照例 7.1.1,可见 σ 未知时 μ 的置信区间比 σ 已知时 μ 的置信区间长,即精度低。

例 7.2.2 在例 7.1.1 中,求总体方差 σ^2 的置信水平为 0.95 的置信区间。

解 μ 未知,方差 σ^2 的置信水平为 $1-\alpha$ 的置信区间为

$$((n-1)S^2/\chi^2_{\alpha/2}(n-1),\quad (n-1)S^2/\chi^2_{1-\alpha/2}(n-1))。$$

由于 $\alpha=0.05$,$n=9$,查表知 $\chi^2_{0.975}(8)=2.180$,$\chi^2_{0.025}(8)=17.534$,且由于 $s=\sqrt{3}$,得到方差 σ^2 的置信水平为 $1-\alpha$ 的置信区间为 $(1.369,11.009)$。

7.2.2 双正态总体均值差与方差比的置信区间

在实际中常常遇到两个正态总体的均值和方差的比较问题。例如,比较两批灯泡的寿命,我们把两批灯泡的寿命分别看成来自两个正态总体,比较两批灯泡的寿命问题,就变为比较这两个正态总体均值的问题。又如,比较两位射击选手的优劣,我们可以把两位射击选手的射中环数分别看成来自两个正态总体,比较两位射击手的准度问题,就变为比较双正态总体均值差的问题;而比较两位射击选手的稳定问题,就变为比较此双正态总体方差比的问题。再比如,欲考察一项新技术对提高产品质量是否有效,可把新技术实施前后的产品看成两个正态总体,此时,新技术对提高产品质量是否有效这一问题,就归结为检验双正态总体的均值是否相等的问题。

设 $X_1,X_2,\cdots,X_{n_1}$ 是来自正态总体 $X\sim N(\mu_1,\sigma_1^2)$ 的样本,$Y_1,Y_2,\cdots,Y_{n_2}$ 是来自正态总体 $Y\sim N(\mu_2,\sigma_2^2)$ 的样本,且 X 与 Y 相互独立,分别记 $\overline{X}$ 和 $\overline{Y}$ 是这两个总体的样本均值,S_1^2 和 S_2^2 是这两个总体的样本方差。

1. σ_1^2 和 σ_2^2 已知时,双正态总体均值差的置信区间

由于 $\overline{X}\sim N\left(\mu_1,\dfrac{\sigma_1^2}{n_1}\right)$,$\overline{Y}\sim N\left(\mu_2,\dfrac{\sigma_2^2}{n_2}\right)$,$\overline{X}-\overline{Y}\sim N\left(\mu_1-\mu_2,\dfrac{\sigma_1^2}{n_1}+\dfrac{\sigma_2^2}{n_2}\right)$,则

$$\frac{(\overline{X}-\overline{Y})-(\mu_1-\mu_2)}{\sqrt{\frac{\sigma_1^2}{n_1}+\frac{\sigma_2^2}{n_2}}}\sim N(0,1)。$$

选择$\frac{(\overline{X}-\overline{Y})-(\mu_1-\mu_2)}{\sqrt{\frac{\sigma_1^2}{n_1}+\frac{\sigma_2^2}{n_2}}}$作为枢轴量，双正态总体均值差 $\mu_1-\mu_2$ 的 $1-\alpha$ 置信区间为

$$\left(\overline{X}-\overline{Y}-\sqrt{\frac{\sigma_1^2}{n_1}+\frac{\sigma_2^2}{n_2}}z_{\alpha/2},\overline{X}-\overline{Y}+\sqrt{\frac{\sigma_1^2}{n_1}+\frac{\sigma_2^2}{n_2}}z_{\alpha/2}\right), \tag{7-6}$$

常写成$\left(\overline{X}-\overline{Y}\pm\sqrt{\frac{\sigma_1^2}{n_1}+\frac{\sigma_2^2}{n_2}}z_{\alpha/2}\right)$。

2. $\sigma_1^2=\sigma_2^2=\sigma^2$，且$\sigma^2$未知时，双正态总体均值差的置信区间

由于$\frac{(\overline{X}-\overline{Y})-(\mu_1-\mu_2)}{S_w\sqrt{\frac{1}{n_1}+\frac{1}{n_2}}}\sim t(n_1+n_2-2)$，其中 $S_w=\sqrt{\frac{(n_1-1)S_1^2+(n_2-1)S_2^2}{n_1+n_2-2}}$，选择$\frac{(\overline{X}-\overline{Y})-(\mu_1-\mu_2)}{S_w\sqrt{\frac{1}{n_1}+\frac{1}{n_2}}}$作为枢轴量，则双正态总体均值差 $\mu_1-\mu_2$ 的置信水平为 $1-\alpha$ 的置信区间为

$$\left(\overline{X}-\overline{Y}-\sqrt{\frac{1}{n_1}+\frac{1}{n_2}}S_w t_{\alpha/2}(n_1+n_2-2),\overline{X}-\overline{Y}+\sqrt{\frac{1}{n_1}+\frac{1}{n_2}}S_w t_{\alpha/2}(n_1+n_2-2)\right), \tag{7-7}$$

常缩写为$\left(\overline{X}-\overline{Y}\pm\sqrt{\frac{1}{n_1}+\frac{1}{n_2}}S_w t_{\alpha/2}(n_1+n_2-2)\right)$。

例 7.2.3 在正态总体 $X\sim N(\mu_1,5^2)$中随机选出 25 个样本，平均值为 $\bar{x}=8$；在正态总体 $Y\sim N(\mu_2,3^2)$中随机选出 36 个样本，平均值为 $\bar{y}=7.5$。求两总体均值之差 $\mu_1-\mu_2$ 的一个置信水平为 0.95 的置信区间。

解 由于总体方差 $\sigma_1^2=25,\sigma_2^2=9$ 已知，故可用式(7-6)求 $\mu_1-\mu_2$ 的置信区间。由于 $\alpha=0.05$，查表得 $z_{0.025}=1.96$，故 $\mu_1-\mu_2$ 的置信区间为

$$\left(8-7.5\pm\sqrt{\frac{25}{25}+\frac{9}{36}}\times1.96\right),$$

即$(-1.7,2.7)$。

例 7.2.4 为了估计特效肥对某种农作物的增产作用，选 10 块相同的土地，做施肥和不施肥的试验，设施肥的土地亩产量 $X\sim N(\mu_1,\sigma_1^2)$，不施肥的土地亩产量 $Y\sim N(\mu_2,\sigma_2^2)$。测得如下样本数据：施肥的土地亩产量均值 $\bar{x}=600$，不施肥的土地亩产量均值 $\bar{y}=540$，并且施肥的亩产量方差 $s_1^2=700$，不施肥的亩产量方差 $s_2^2=500$，取置信水平为 0.95。求施肥和不施肥的平均亩产之差 $\mu_1-\mu_2$ 的置信区间。

解 由于两个总体方差未知,故可用式(7-7)求 $\mu_1-\mu_2$ 的置信区间。

由题设知 $n_1=n_2=10,\bar{x}=600,\bar{y}=540$,进一步得 $(n_1-1)s_1^2=6300,(n_2-1)s_2^2=4500,s_w=\sqrt{\dfrac{(n_1-1)s_1^2+(n_2-1)s_2^2}{n_1+n_2-2}}=\sqrt{\dfrac{6300+4500}{10+10-2}}=24.49$。

由 $\alpha=0.05$,查表得 $t_{0.025}(18)=2.10$。故 $\mu_1-\mu_2$ 的置信区间为

$$\left(600-540\pm\sqrt{\frac{1}{10}+\frac{1}{10}}\times 24.49\times 2.10\right),$$

即(37,83)。

3. 双正态总体方差比的区间估计

这里仅仅讨论 μ_1 和 μ_2 都未知时,两个正态总体方差比 $\dfrac{\sigma_1^2}{\sigma_2^2}$ 的置信水平为 $1-\alpha$ 的置信区间。

由于 $\dfrac{S_1^2/\sigma_1^2}{S_2^2/\sigma_2^2}\sim F(n_1-1,n_2-1)$,故选取 $\dfrac{S_1^2/\sigma_1^2}{S_2^2/\sigma_2^2}$ 作为枢轴量,对于置信水平 $1-\alpha$ 有

$$P\left\{F_{1-\alpha/2}(n_1-1,n_2-1)<\frac{S_1^2/S_2^2}{\sigma_1^2/\sigma_2^2}<F_{\alpha/2}(n_1-1,n_2-1)\right\}=1-\alpha,$$

即

$$P\left\{\frac{S_1^2}{S_2^2}\cdot\frac{1}{F_{\alpha/2}(n_1-1,n_2-1)}<\frac{\sigma_1^2}{\sigma_2^2}<\frac{S_1^2}{S_2^2}\cdot\frac{1}{F_{1-\alpha/2}(n_1-1,n_2-1)}\right\}=1-\alpha。$$

所以,两个总体方差比 $\dfrac{\sigma_1^2}{\sigma_2^2}$ 的置信水平为 $1-\alpha$ 的置信区间为

$$\left(\frac{S_1^2}{S_2^2}\cdot\frac{1}{F_{\alpha/2}(n_1-1,n_2-1)},\ \frac{S_1^2}{S_2^2}\cdot\frac{1}{F_{1-\alpha/2}(n_1-1,n_2-1)}\right)。\tag{7-8}$$

例 7.2.5 已知两个正态总体 $X\sim N(\mu_1,\sigma_1^2),Y\sim N(\mu_2,\sigma_2^2)$,其中 μ_1 和 μ_2 未知,分别测得有关数据为 $n_1=9,s_1^2=8,n_2=25,s_2^2=4$。试求方差比 $\dfrac{\sigma_1^2}{\sigma_2^2}$ 的置信水平为 0.99 的置信区间。

解 由题设知 $\dfrac{s_1^2}{s_2^2}=\dfrac{8}{4}=2,\alpha=0.01$,查表得 $F_{\alpha/2}(n_1-1,n_2-1)=F_{0.005}(8,24)=3.83$,所以有

$$F_{1-\alpha/2}(n_1-1,n_2-1)=F_{0.995}(8,24)=\frac{1}{F_{0.005}(24,8)}=\frac{1}{6.50},$$

代入式(7-8),得 $\dfrac{\sigma_1^2}{\sigma_2^2}$ 的置信区间为

$$\left(2\times\frac{1}{3.83},\ 2\times 6.50\right)=(0.52,13)。$$

7.3 单侧置信区间

前两节所讨论的置信区间都是双侧的，但在实际问题中，有时只需要讨论单侧置信上限或单侧置信下限就可以了。例如，对灯泡、电视机等来说，我们关心的是平均寿命的置信下限；而在讨论产品的废品率时，我们感兴趣的是其置信上限。这就引出了单侧置信区间的概念。

定义 7.3.1 对于给定值 $\alpha(0<\alpha<1)$，$\underline{\theta}=\underline{\theta}(X_1,X_2,\cdots,X_n)$是由样本 $X_1,X_2,\cdots,X_n$ 确定的统计量，对于任意的 $\theta\in\Theta$ 满足 $P\{\theta>\underline{\theta}\}\geqslant 1-\alpha$，称随机区间$(\underline{\theta},+\infty)$为参数 θ 的置信水平为 $1-\alpha$ 的单侧置信区间，$\underline{\theta}$ 称为 θ 的置信水平为 $1-\alpha$ 的单侧置信下限。

定义 7.3.2 对于给定值 $\alpha(0<\alpha<1)$，$\bar{\theta}=\bar{\theta}(X_1,X_2,\cdots,X_n)$是由样本 $X_1,X_2,\cdots,X_n$ 确定的统计量，对于任意的 $\theta\in\Theta$ 满足 $P\{\theta<\bar{\theta}\}\geqslant 1-\alpha$，称随机区间$(-\infty,\bar{\theta})$为参数 θ 的置信水平为 $1-\alpha$ 的单侧置信区间，$\bar{\theta}$ 称为 θ 的置信水平为 $1-\alpha$ 的单侧置信上限。

单侧置信上限和单侧置信下限的求法与双侧置信区间的求法类似，步骤如下。

第 1 步，选择枢轴量的方法与双侧置信区间枢轴量的确定方法是相同的。

第 2 步，对于给定的置信水平 $1-\alpha$，若求单侧置信下限，根据 $P\{\theta>\underline{\theta}\}\geqslant 1-\alpha$，若求单侧置信上限，根据 $P\{\theta<\bar{\theta}\}\geqslant 1-\alpha$，求出分位数 $\underline{\theta}$ 或者 $\bar{\theta}$。

第 3 步，由 $\theta>\underline{\theta}$ 或者 $\theta<\bar{\theta}$，作恒等变形后解出参数 θ 的取值范围，即所求的单侧置信区间。

第 4 步，代入已知样本数据进行计算，求出具体区间。

例 7.3.1 从一批电视机中随机地抽取 6 台做寿命试验，测得寿命(单位：h)为

24000　25500　30100　28530　30150　29870

设电视机的寿命服从正态分布，求电视机平均寿命的单侧置信下限($\alpha=0.1$)。

解 设电视机的寿命 $X\sim N(\mu,\sigma^2)$，σ^2 未知。由于$\dfrac{\overline{X}-\mu}{S/\sqrt{n}}\sim t(n-1)$含有待估计参数 μ，且不含有其他未知参数，故使用$\dfrac{\overline{X}-\mu}{S/\sqrt{n}}$作为枢轴量，如图 7-4 所示，则

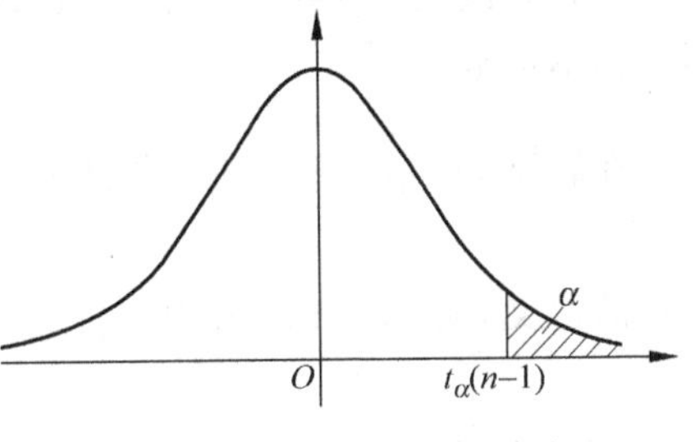

图 7-4　t 分布的上 α 分位点

$$P\left\{\frac{\overline{X}-\mu}{S/\sqrt{n}}<t_\alpha(n-1)\right\}=1-\alpha,$$

即

$$P\{\mu>\overline{X}-t_\alpha(n-1)S/\sqrt{n}\}=1-\alpha,$$

于是得到 μ 的置信水平为 $1-\alpha$ 的单侧置信下限为

$$\overline{X}-t_\alpha(n-1)S/\sqrt{n}。$$

根据已知数据，得 $\bar{x}=28025$，$s=2647.9$，$n=6$，由 $\alpha=0.1$，查表知 $t_\alpha(n-1)=t_{0.1}(5)=1.4759$，于是得到 μ 的置信水平为 0.9 的单侧置信下限为 $28025-1.4759\times 2647.9/\sqrt{6}=$

26430。

7.6 节末尾处的附表 1 总结了有关单正态总体参数和双正态总体参数的置信区间,以方便查用。

7.4 假设检验

7.4.1 假设检验的基本思想

在实际应用中,常常对总体参数的特性、总体分布的类型等提出一个命题,然后根据样本对该命题的正确性做出判断。例如,某台机器的工作是否正常,某种产品的合格率是否合格,两台仪器的测量结果是否有明显的差异,判断某一总体是否为正态分布等。可以把这些命题当作前提假设,根据样本对所提出的假设作出是接受或是拒绝的判断。

要检验的假设通过小概率事件原则来判断,小概率事件原则是指概率很小的事件在一次试验中不会发生。这个小概率是预先给定的一个较小的数 $\alpha(0<\alpha<1)$,一般取 $\alpha=0.05$。并且公认当事件 A 满足 $P(A)\leqslant\alpha$ 时,事件 A 就是小概率事件。在这里只介绍总体为正态分布时的参数假设检验问题,下面结合例子来说明假设检验的基本思想。

例 7.4.1 某厂生产一种袋装白糖,每袋白糖的净重是一个随机变量,服从正态分布 $N(\mu,\sigma^2)$,机器正常工作时,均值是 0.5(单位: kg),标准差是 0.01kg,某天随机地抽取 5 袋白糖,称得净重为

$$0.54\quad 0.58\quad 0.47\quad 0.49\quad 0.52$$

问当日机器是否正常工作?

解 由题意知,方差 σ^2 已知,μ 未知,要判断机器是否正常工作,就是要判断该日生产的白糖净重的均值是否为 0.5kg,即检验假设“$\mu=0.5$”是否正确。因此,提出两个相互对立的假设:

原假设 $H_0:\mu=\mu_0=0.5$,备择假设 $H_1:\mu\neq 0.5$。

如果假设 $H_0:\mu=\mu_0=0.5$ 为真,那么机器正常工作;如果假设 $H_1:\mu\neq 0.5$ 为真,则机器工作不正常。

在假设 $H_0:\mu=\mu_0=0.5$ 条件下,统计量 $Z=\dfrac{\overline{X}-\mu_0}{\sigma/\sqrt{n}}\sim N(0,1)$,由标准正态分布的分位点的定义(见图 7-1),知 $P_{\mu_0}\left\{\left|\dfrac{\overline{X}-\mu_0}{\sigma/\sqrt{n}}\right|\geqslant z_{\alpha/2}\right\}=\alpha$,若给定 $\alpha=0.05$,查表知 $z_{0.025}=1.96$,代入样本数据: $n=5,\bar{x}=0.52$,则 $z=\dfrac{\bar{x}-\mu_0}{\sigma/\sqrt{n}}=\dfrac{0.52-0.5}{0.01/\sqrt{5}}=4.47>1.96$。

这说明小概率事件发生了,所以应该拒绝假设 $H_0:\mu=\mu_0=0.5$,接受备择假设 $H_1:\mu\neq 0.5$,即机器工作不正常。

上述例题中,若 z 取值在区间$(-1.96,1.96)$范围内,则接受假设 H_0,即 $|z|<z_{\alpha/2}$ 称为接受域,而 $|z|\geqslant z_{\alpha/2}$ 称为拒绝域,$z_{\alpha/2}$ 称为临界值,$Z=\dfrac{\overline{X}-\mu_0}{\sigma/\sqrt{n}}$称为检验统计量。

在根据样本作推断时,由于样本的随机性,难免会做出错误的决定。当原假设 H_0 为真

时，而做出拒绝 H_0 的判断，称为犯第一类错误（拒真错误）；当原假设 H_0 不真时，而作出接受 H_0 的判断，称为犯第二类错误（取伪错误）。在实际应用中，控制犯第一类错误的概率，使其不大于一个较小的正数 $\alpha(0<\alpha<1)$，称 α 为检验的显著性水平。

形如 $H_1:\mu\neq\mu_0$ 的假设，表示 μ 可能大于 μ_0，也可能小于 μ_0，称为双边备择假设；形如 $H_0:\mu=\mu_0$ 的假设，称为双边假设检验。在实际中，有时只关心均值是否减小。例如某机器的生产效率问题，此时我们应该关注的是生产时间，时间越短越好。对于采用新工艺来提高生产效率，生产时间是否显著缩短的问题，需要考虑如下假设检验：

原假设 $H_0:\mu\geqslant\mu_0$，备择假设 $H_1:\mu<\mu_0$。

形如 $H_0:\mu\geqslant\mu_0$ 的假设称为左边检验，类似的形如 $H_0:\mu\leqslant\mu_0$ 的假设称为右边检验。左边检验和右边检验统称为单边检验。

7.4.2 假设检验的基本步骤

假设检验的基本步骤如下。

(1) 建立原假设 H_0 及备择假设 H_1；

(2) 根据检验对象，构造合适的检验统计量；

(3) 求出在假设 H_0 成立的条件下，该统计量服从的概率分布；

(4) 选择显著性水平 α，确定临界值及拒绝域；

(5) 根据样本值计算统计量的观测值，由此做出接受或拒绝 H_0 的结论。

7.5 单个正态总体的假设检验

7.5.1 σ^2 已知，关于 μ 的检验（Z 检验）

设总体 $X\sim N(\mu,\sigma^2)$，其中 σ^2 已知，要检验假设：

(1) 双边检验。$H_0:\mu=\mu_0$，备择假设 $H_1:\mu\neq\mu_0$

由例 7.4.1 知，选取检验统计量为 $Z=\dfrac{\overline{X}-\mu_0}{\sigma/\sqrt{n}}$，拒绝域为 $|z|\geqslant z_{\alpha/2}$。

(2) 右边检验。$H_0:\mu\leqslant\mu_0$，$H_1:\mu>\mu_0$

选择统计量 $Z=\dfrac{\overline{X}-\mu_0}{\sigma/\sqrt{n}}\sim N(0,1)$，根据标准正态分布分位点的定义（见图 7-5）可知 $P_{\mu_0}\left\{\dfrac{\overline{X}-\mu_0}{\sigma/\sqrt{n}}\geqslant z_\alpha\right\}=\alpha$，则拒绝域为 $z\geqslant z_\alpha$。

(3) 左边检验。$H_0:\mu\geqslant\mu_0$，$H_1:\mu<\mu_0$

选取统计量 $Z=\dfrac{\overline{X}-\mu_0}{\sigma/\sqrt{n}}\sim N(0,1)$，由标准正态分布分位点的定义（见图 7-6）可知 $P_{\mu_0}\left\{\dfrac{\overline{X}-\mu_0}{\sigma/\sqrt{n}}\leqslant -z_\alpha\right\}=\alpha$，则拒绝域为 $z\leqslant -z_\alpha$。

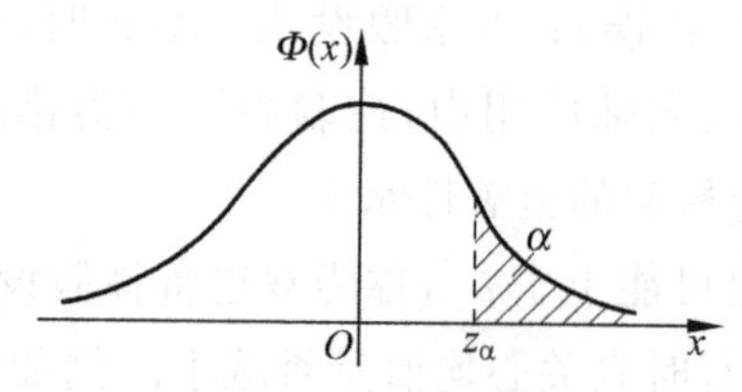

图 7-5 标准正态分布的上 α 分位点

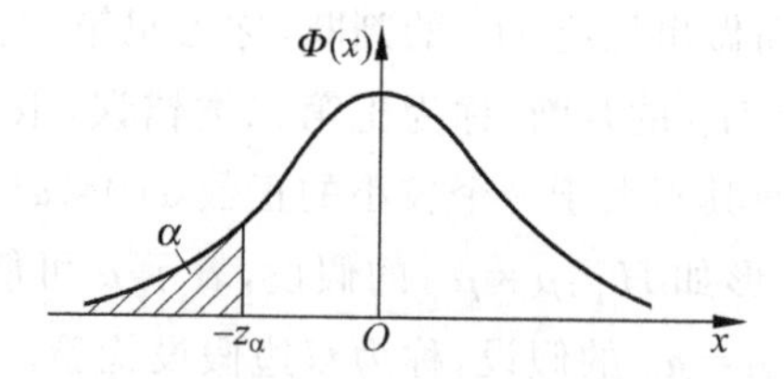

图 7-6 标准正态分布的下 α 分位点

上述利用统计量 $Z=\dfrac{\overline{X}-\mu_0}{\sigma/\sqrt{n}}$ 得出的检验方法称为 Z 检验。

例 7.5.1 设某电子产品平均寿命 5000h 为达到标准,现从一大批产品中抽出 5 件,试验结果(单位: h)如下:

$$5325\quad 4878\quad 4638\quad 5652\quad 4474$$

假设该产品的寿命 $X\sim N(\mu,1000)$,试问此批产品是否合格(取显著性水平 $\alpha=0.05$)?

解 由题意可知,需要检验假设

$$H_0:\mu\geqslant 5000,\quad H_1:\mu<5000。$$

根据已知样本数据,得 $n=5,\bar{x}=4993,\sigma=\sqrt{1000}$,则

$$z=\frac{\bar{x}-\mu_0}{\sigma_0/\sqrt{n}}=\frac{\sqrt{5}\,(4993-5000)}{\sqrt{1000}}=-0.495。$$

查表知 $z_{0.05}=1.645$,由于拒绝域为 $z\leqslant -z_\alpha$,故可接受 H_0,即认为该批产品合格。

7.5.2 σ^2 未知,关于 μ 的检验(t 检验)

设总体 $X\sim N(\mu,\sigma^2)$,其中 μ,σ^2 未知,检验假设:

(1) 双边检验。$H_0:\mu=\mu_0$,备择假设 $H_1:\mu\neq\mu_0$;

(2) 右边检验。$H_0:\mu\leqslant\mu_0,H_1:\mu>\mu_0$;

(3) 左边检验。$H_0:\mu\geqslant\mu_0,H_1:\mu<\mu_0$;

这里以双边检验 $H_0:\mu=\mu_0,H_1:\mu\neq\mu_0$ 为例求拒绝域。

若总体方差 σ^2 未知,Z 检验法不能使用,因为 $Z=\dfrac{\overline{X}-\mu_0}{\sigma/\sqrt{n}}$ 中含未知参数 σ,不是统计量,所以要选择其他的统计量来进行检验。选取统计量 $t=\dfrac{\overline{X}-\mu_0}{S/\sqrt{n}}$ 作为检验统计量。由抽样分布定理知,$\dfrac{\overline{X}-\mu_0}{S/\sqrt{n}}\sim t(n-1)$,当原假设 H_0 成立时,有

$$P_{\mu_0}\left\{\left|\frac{\overline{X}-\mu_0}{S/\sqrt{n}}\right|\geqslant t_{\alpha/2}(n-1)\right\}=\alpha,$$

即得拒绝域为 $|t|=\left|\dfrac{\bar{x}-\mu_0}{s/\sqrt{n}}\right|\geqslant t_{\alpha/2}(n-1)$。

类似地,可得单边检验的拒绝域:

(1) 假设 $H_0:\mu\leqslant\mu_0, H_1:\mu>\mu_0$，其检验的拒绝域为 $t\geqslant t_\alpha(n-1)$；

(2) 假设 $H_0:\mu\geqslant\mu_0, H_1:\mu<\mu_0$，其检验的拒绝域为 $t\leqslant -t_\alpha(n-1)$。

这种利用 t 统计量得出的检验法称为 t 检验法。

例 7.5.2　已知钢筋强度服从正态分布，现测得生产出的钢筋强度(单位：Pa)分别为

$$55.5\quad 59.0\quad 53.5\quad 51.5\quad 56.0$$

能否认为其强度的均值为 52.0($\alpha=0.05$)?

解　在 σ^2 未知的条件下，检验假设

$$H_0:\mu=52.0,\quad H_1:\mu\neq 52.0$$

选择统计量 $t=\dfrac{\overline{X}-\mu_0}{S/\sqrt{n}}$，由 $n=5, \bar{x}=55.1, s=2.8151$，得统计量 t 的观测值为

$$t=\frac{\bar{x}-\mu_0}{s/\sqrt{n}}=\frac{\sqrt{5}(55.1-52.0)}{2.8151}=2.4624,$$

当 $\alpha=0.05$，查 t 分布表得临界值 $t_{0.025}(4)=2.776$，由于 $|t|=2.4624<2.776=t_{0.025}(4)$，所以接受假设 H_0，即认为钢筋强度的均值为 52.0。

例 7.5.3　已知某种电器在正常工作条件下平均消耗电流不会超过 0.8A。现随机抽取 16 台这种电器进行试验，求得平均消耗电流为 0.91A，消耗电流的标准差为 0.2A。假设电器所消耗的电流服从正态分布，显著性水平为 $\alpha=0.05$，问能否认为电器在正常工作条件下平均消耗电流不会超过 0.8A?

解　根据题意，检验假设

$$H_0:\mu\leqslant 0.8,\quad H_1:\mu>0.8$$

由于 σ 未知，故采用 t 检验法，选择检验统计量 $t=\dfrac{\overline{X}-\mu}{S/\sqrt{16}}\sim t(15)$，查表得 $t_{0.05}(15)=1.753$，故拒绝域为 $\dfrac{\bar{x}-0.8}{s/\sqrt{n}}>1.753$，代入样本数据，得 $t=\dfrac{\bar{x}-0.8}{s/\sqrt{n}}=\dfrac{0.9-0.8}{0.2/\sqrt{16}}=2$，因此拒绝原假设，即认为电器在正常工作条件下平均消耗电流会超过 0.8A。

7.5.3　μ 未知，关于 σ^2 的检验(χ^2 检验)

设总体 $X\sim N(\mu,\sigma^2)$，μ,σ^2 均未知，$X_1,X_2,\cdots,X_n$ 是来自 X 的样本，要求检验假设 $H_0:\sigma^2=\sigma_0^2$；$H_1:\sigma^2\neq\sigma_0^2$，$\sigma_0^2$ 为已知常数(显著性水平为 α)。

选取 $\chi^2=\dfrac{(n-1)S^2}{\sigma_0^2}$ 作为检验统计量，原假设 H_0 成立时，$\dfrac{(n-1)S^2}{\sigma_0^2}\sim\chi^2(n-1)$，其拒绝域的形式为 $\dfrac{(n-1)s^2}{\sigma_0^2}\leqslant k_1$ 或 $\dfrac{(n-1)s^2}{\sigma_0^2}\geqslant k_2$，其中 k_1,k_2 由下式确定：

$$P\{拒绝\ H_0\,|\,H_0\ 为真\}=P_{\delta_0}\left\{\left(\frac{(n-1)S^2}{\sigma_0^2}\leqslant k_1\right)\cup\left(\frac{(n-1)S^2}{\sigma_0^2}\geqslant k_2\right)\right\}=\alpha。$$

为计算方便，习惯上取 $P_{\delta_0}\left\{\dfrac{(n-1)S^2}{\sigma_0^2}\leqslant k_1\right\}=\dfrac{\alpha}{2}$，$P_{\delta_0}\left\{\dfrac{(n-1)S^2}{\sigma_0^2}\geqslant k_2\right\}=\dfrac{\alpha}{2}$，得 $k_1=\chi^2_{1-\alpha/2}(n-1)$，

$k_2=\chi^2_{\alpha/2}(n-1)$，于是拒绝域为

$$\frac{(n-1)s^2}{\sigma_0^2}\leqslant\chi^2_{1-\alpha/2}(n-1)\quad 或 \quad \frac{(n-1)s^2}{\sigma_0^2}\geqslant\chi^2_{\alpha/2}(n-1)。$$

类似地，可得关于方差的两个单边检验的拒绝域：

(1) 假设 $H_0:\sigma^2\leqslant\sigma_0^2$；$H_1:\sigma^2>\sigma_0^2$，该检验的拒绝域为$\dfrac{(n-1)s^2}{\sigma_0^2}\geqslant\chi^2_\alpha(n-1)$；

(2) 假设 $H_0:\sigma^2\geqslant\sigma_0^2$；$H_1:\sigma^2<\sigma_0^2$，该检验的拒绝域为$\dfrac{(n-1)s^2}{\sigma_0^2}\leqslant\chi^2_{1-\alpha}(n-1)$。

以上检验法称为 χ^2 检验法。

例 7.5.4 某厂应用新工艺对加工好的 15 个活塞的直径进行测量，得样本方差 $s^2=0.0006$。已知老工艺生产的活塞直径的方差为 0.0004。问改革后活塞直径的方差是否不大于改革前的方差(取显著性水平 $\alpha=0.05$)？

解 对方差进行右边检验，且正态总体均值未知，用 χ^2 检验法。

设测量值 $X\sim N(\mu,\sigma^2)$，$\sigma^2=0.0004$。检验假设为

$$H_0:\sigma^2\leqslant 0.0004,\quad H_1:\sigma^2>0.0004。$$

选择统计量 $\chi^2=\dfrac{(n-1)S^2}{\sigma_0^2}$，拒绝域为 $\chi^2\geqslant\chi^2_\alpha(n-1)$。查表得 $\chi^2_{0.05}(14)=23.685$，代入样本数据，得 $\chi^2=\dfrac{(15-1)\times 0.0006}{0.0004}=21<23.685$，故接受 H_0，即改革后活塞直径的方差不显著大于改革前的方差。

7.6 双正态总体的假设检验

7.6.1 双正态总体均值差的检验(t 检验)

设 $X_1,X_2,\cdots,X_{n_1}$ 是来自正态总体 $N(\mu_1,\sigma^2)$ 的样本，$Y_1,Y_2,\cdots,Y_{n_2}$ 是来自正态总体 $N(\mu_2,\sigma^2)$ 的样本，其中 μ_1,μ_2,σ^2 未知，且设两样本独立。现在来求检验问题

$$H_0:\mu_1-\mu_2=\delta,\quad H_1:\mu_1-\mu_2\neq\delta\quad (\delta\ 为已知常数)$$

的拒绝域，取显著性水平为 α。

构造下述 t 统计量作为检验统计量：

$$t=\frac{(\overline{X}-\overline{Y})-\delta}{S_w\sqrt{\dfrac{1}{n_1}+\dfrac{1}{n_2}}},\quad 其中\ S_w=\sqrt{\frac{(n_1-1)S_1^2+(n_2-1)S_2^2}{n_1+n_2-2}}。$$

由抽样分布定理知，当原假设 H_0 成立时，$t\sim t(n_1+n_2-2)$，其拒绝域的形式为

$$\left|\frac{(\overline{x}-\overline{y})-\delta}{s_w\sqrt{\dfrac{1}{n_1}+\dfrac{1}{n_2}}}\right|\geqslant k。$$

由 $P\{拒绝 H_0 | H_0 为真\}=P_{\mu_1-\mu_2=\delta}\left\{\left|\dfrac{(\overline{X}-\overline{Y})-\delta}{S_w\sqrt{\dfrac{1}{n_1}+\dfrac{1}{n_2}}}\right|\geqslant k\right\}=\alpha$，得 $k=t_{\alpha/2}(n_1+n_2-2)$，

即得拒绝域为

$$|t|=\frac{|(\bar{x}-\bar{y})-\delta|}{s_w\sqrt{\dfrac{1}{n_1}+\dfrac{1}{n_2}}}\geqslant t_{\alpha/2}(n_1+n_2-2)。$$

类似地，可得关于均值差的两个单边检验的拒绝域：

(1) 假设 $H_0:\mu_1-\mu_2\leqslant\delta, H_1:\mu_1-\mu_2>\delta$，该检验的拒绝域为 $t\geqslant t_\alpha(n_1+n_2-2)$；

(2) 假设 $H_0:\mu_1-\mu_2\geqslant\delta, H_1:\mu_1-\mu_2<\delta$，该检验的拒绝域为 $t\leqslant -t_\alpha(n_1+n_2-2)$。

例 7.6.1 为了估计某种化肥对某种农作物的增产作用，分别各选 10 块相同的土地，做施肥和不施肥的试验，假设施肥的土地亩产量 $X\sim N(\mu_1,\sigma^2)$，不施肥的土地亩产量 $Y\sim N(\mu_2,\sigma^2)$。测得数据如下：$\bar{x}=600,\bar{y}=540,\sum\limits_{i=1}^{10}(x_i-\bar{x})^2=6400,\sum\limits_{i=1}^{10}(y_i-\bar{y})^2=2400$，问在置信水平为 95% 下，能否认为施肥对亩产量提高影响显著？

解 依题意，需检验假设

$$H_0:\mu_1-\mu_2\geqslant 0,\quad H_1:\mu_1-\mu_2<0。$$

若接受 H_0，则认为施肥对土地亩产量提高影响显著，否则，认为施肥对土地亩产量提高没有显著影响。

其检验的拒绝域为

$$t=\frac{\bar{x}-\bar{y}}{s_w\sqrt{\dfrac{1}{n_1}+\dfrac{1}{n_2}}}\leqslant -t_\alpha(n_1+n_2-2),$$

这里 $n_1=10,n_2=10,\bar{x}=600,\bar{y}=540$。

并求得 $(n_1-1)s_1^2=\sum\limits_{i=1}^{n_1}(x_i-\bar{x})^2=6400,(n_2-1)s_2^2=\sum\limits_{i=1}^{n_2}(y_i-\bar{y})^2=2400$，所以得

$$s_w=\sqrt{\frac{(n_1-1)s_1^2+(n_2-1)s_2^2}{n_1+n_2-2}}=\sqrt{\frac{6400+2400}{10+10-2}}=22.11。$$

计算得 $\dfrac{\bar{x}-\bar{y}}{s_w\sqrt{\dfrac{1}{n_1}+\dfrac{1}{n_2}}}=6.0680$，查表知 $t_{0.05}(18)=1.7341$，$-1.7341<6.0680$，故接受原假设，即认为施肥对亩产量提高影响显著。

上述 t 检验法是在两个总体相互独立，且两总体方差相等情形下作出的，当两个正态总体的方差均已知(不一定相等)时均值差可用 Z 检验法来检验。

7.6.2 双正态总体方差的假设检验

设 $X_1,X_2,\cdots,X_{n_1}$ 是来自正态总体 $N(\mu_1,\sigma_1^2)$ 的样本，$Y_1,Y_2,\cdots,Y_{n_2}$ 是来自正态总

体 $N(\mu_2,\sigma_2^2)$的样本，并且两总体独立，其样本方差分别为 S_1^2,S_2^2，且设 $\mu_1,\mu_2,\sigma_1^2,\sigma_2^2$ 均为未知，现需要检验假设(显著性水平为 α)：

$$H_0:\sigma_1^2 \leqslant \sigma_2^2; \quad H_1:\sigma_1^2 > \sigma_2^2。$$

选择$\dfrac{S_1^2}{S_2^2}$作为检验统计量，原假设 H_0 成立时，$\dfrac{S_1^2/S_2^2}{\sigma_1^2/\sigma_2^2} \sim F(n_1-1,n_2-1)$，其拒绝域的形式为$\dfrac{S_1^2}{S_2^2} \geqslant k$，常数 k 由下式确定：

$$P\{\text{拒绝 } H_0 \mid H_0 \text{ 为真}\} = P_{\sigma_1^2 \leqslant \sigma_2^2}\left\{\frac{S_1^2}{S_2^2} \geqslant k\right\} \leqslant P_{\sigma_1^2 \leqslant \sigma_2^2}\left\{\frac{S_1^2/S_2^2}{\sigma_1^2/\sigma_2^2} \geqslant k\right\}。$$

要控制 $P\{\text{拒绝 } H_0 \mid H_0 \text{ 为真}\} \leqslant \alpha$，只需令 $P_{\sigma_1^2 \leqslant \sigma_2^2}\left\{\dfrac{S_1^2/S_2^2}{\sigma_1^2/\sigma_2^2} \geqslant k\right\} = \alpha$，得 $k = F_\alpha(n_1-1,n_2-1)$，于是拒绝域为

$$F = \frac{S_1^2}{S_2^2} \geqslant F_\alpha(n_1-1,n_2-1)。$$

类似地，可以得到关于 σ_1^2,σ_2^2 的另外两个检验问题的拒绝域：

(1) 假设 $H_0:\sigma_1^2 \geqslant \sigma_2^2$；$H_1:\sigma_1^2 < \sigma_2^2$，该检验的拒绝域为 $F \leqslant F_{1-\alpha}(n_1-1,n_2-1)$；

(2) 假设 $H_0:\sigma_1^2 = \sigma_2^2$；$H_1:\sigma_1^2 \neq \sigma_2^2$，该检验的拒绝域为 $F \geqslant F_{\alpha/2}(n_1-1,n_2-1)$ 或 $F \leqslant F_{1-\alpha/2}(n_1-1,n_2-1)$。

以上检验法称为 F 检验法。

在实际中，可以将 F 检验与 t 检验结合使用来解决问题，比如，用 t 检验去检验两个总体的均值是否相等时，作了一个重要的假设就是这两个总体方差是相等的，即 $\sigma_1^2=\sigma_2^2=\sigma^2$，否则我们就不能用 t 检验。如果我们事先不知道方差是否相等，就必须先进行方差是否相等的检验，即 F 检验。

例 7.6.2 两台机床加工同一种零件，分别取 5 个和 9 个零件测量其长度，计算得 $s_1^2=0.45$，$s_2^2=0.36$。假设零件长度均服从正态分布，问两台机床加工的零件长度的方差有无显著差异($\alpha=0.05$)？

解 μ_1,μ_2 未知，检验假设：

$$H_0:\sigma_1^2 = \sigma_2^2; \quad H_1:\sigma_1^2 \neq \sigma_2^2。$$

选择统计量 $F=\dfrac{S_1^2}{S_2^2} \sim F(n_1-1,n_2-1)$，根据 $s_1^2=0.45$，$s_2^2=0.36$，得 $F_0=\dfrac{0.45}{0.36}=1.25$，而 $F_{0.975}(4,8)=1/F_{0.025}(8,4)=1/8.98$，且 $F_{0.025}(4,8)=5.05$，所以

$$F_{0.975}(4,8) < F_0 < F_{0.025}(4,8),$$

故接受 H_0，即认为两台机床加工的零件长度的方差无显著差异。

本节末尾处的附表 2 和附表 3 分别总结了有关单正态总体参数和双正态总体参数的假设检验，以方便查用。

附表 1　正态总体参数区间估计表

总　体	参数	统计量	双侧置信区间	单侧置信区间	
$X\sim N(\mu,\sigma_0^2)$ σ^2 已知	μ	$Z=\frac{\overline{X}-\mu}{\sigma/\sqrt{n}}\sim N(0,1)$	$\left(\overline{X}\pm\frac{\sigma}{\sqrt{n}}z_{\alpha/2}\right)$	$\left(-\infty,\overline{X}+\frac{\sigma}{\sqrt{n}}z_{\alpha}\right)$	$\left(\overline{X}-\frac{\sigma}{\sqrt{n}}z_{\alpha},+\infty\right)$
$X\sim N(\mu,\sigma^2)$ σ^2 未知	μ	$t=\frac{\overline{X}-\mu}{S/\sqrt{n}}\sim t(n-1)$	$\left(\overline{X}\pm t_{\alpha/2}(n-1)\frac{S}{\sqrt{n}}\right)$	$\left(-\infty,\overline{X}+t_{\alpha}(n-1)\frac{S}{\sqrt{n}}\right)$	$\left(\overline{X}-t_{\alpha}(n-1)\frac{S}{\sqrt{n}},+\infty\right)$
$X\sim N(\mu,\sigma^2)$ μ 未知	σ^2	$\chi^2=\frac{(n-1)S^2}{\sigma^2}\sim$ $\chi^2(n-1)$	$\left(\frac{(n-1)S^2}{\chi^2_{\alpha/2}(n-1)},\frac{(n-1)S^2}{\chi^2_{1-\alpha/2}(n-1)}\right)$	$\left(0,\frac{(n-1)S^2}{\chi^2_{1-\alpha}(n-1)}\right)$	$\left(\frac{(n-1)S^2}{\chi^2_{\alpha}(n-1)},+\infty\right)$
$X\sim N(\mu_1,\sigma_1^2)$ $Y\sim N(\mu_2,\sigma_2^2)$ σ_1^2,σ_2^2 已知	$\mu_1-\mu_2$	$Z=\frac{\overline{X}-\overline{Y}-(\mu_1-\mu_2)}{\sqrt{\frac{\sigma_1^2}{n_1}+\frac{\sigma_2^2}{n_2}}}$ $\sim N(0,1)$	$\left(\overline{X}-\overline{Y}\pm z_{\alpha/2}\sqrt{\frac{\sigma_1^2}{n_1}+\frac{\sigma_2^2}{n_2}}\right)$	$\left(-\infty,\overline{X}-\overline{Y}+z_{\alpha}\sqrt{\frac{\sigma_1^2}{n_1}+\frac{\sigma_2^2}{n_2}}\right)$	$\left(\overline{X}-\overline{Y}-z_{\alpha}\sqrt{\frac{\sigma_1^2}{n_1}+\frac{\sigma_2^2}{n_2}},+\infty\right)$
$X\sim N(\mu_1,\sigma^2)$ $Y\sim N(\mu_2,\sigma^2)$ σ^2 未知	$\mu_1-\mu_2$	$t=\frac{\overline{X}-\overline{Y}-(\mu_1-\mu_2)}{S_w\sqrt{\frac{1}{n_1}+\frac{1}{n_2}}}\sim$ $t(n_1+n_2-2)$	$\Big(\overline{X}-\overline{Y}\pm t_{\alpha/2}(n_1+n_2-2)$ $S_w\sqrt{\frac{1}{n_1}+\frac{1}{n_2}}\Big)$	$\Big(-\infty,\overline{X}-\overline{Y}+t_{\alpha}(n_1+n_2-2)$ $S_w\sqrt{\frac{1}{n_1}+\frac{1}{n_2}}\Big)$	$\Big(\overline{X}-\overline{Y}-t_{\alpha}(n_1+n_2-2)$ $S_w\sqrt{\frac{1}{n_1}+\frac{1}{n_2}},\infty\Big)$
$X\sim N(\mu_1,\sigma_1^2)$ $Y\sim N(\mu_2,\sigma_2^2)$ μ_1,μ_2 未知	$\frac{\sigma_1^2}{\sigma_2^2}$	$F=\frac{S_1^2/S_1^2}{\sigma_1^2/\sigma_2^2}\sim F(n_1-1,n_2-1)$	$\Big(\frac{S_1^2}{S_2^2}\cdot\frac{1}{F_{\alpha/2}(n_1-1,n_2-1)},$ $\frac{S_1^2}{S_2^2}\cdot\frac{1}{F_{1-\alpha/2}(n_1-1,n_2-1)}\Big)$	$\left(0,\frac{S_1^2}{S_2^2}\cdot\frac{1}{F_{1-\alpha}(n_1-1,n_2-1)}\right)$	$\left(\frac{S_1^2}{S_2^2}\cdot\frac{1}{F_{\alpha}(n_1-1,n_2-1)},+\infty\right)$

附表 2 单个正态总体均值和方差的假设检验

条件	原假设	统计量	对应样本函数分布	拒绝域
已知 σ^2	$H_0:\mu=\mu_0$	$Z=\dfrac{\overline{X}-\mu_0}{\sigma/\sqrt{n}}$	$N(0,1)$	$\|z\|\geqslant z_{\alpha/2}$
	$H_0:\mu\leqslant\mu_0$			$z\geqslant z_\alpha$
	$H_0:\mu\geqslant\mu_0$			$z\leqslant -z_\alpha$
未知 σ^2	$H_0:\mu=\mu_0$	$t=\dfrac{\overline{X}-\mu_0}{S/\sqrt{n}}$	$t(n-1)$	$\|t\|\geqslant t_{\alpha/2}(n-1)$
	$H_0:\mu\leqslant\mu_0$			$t\geqslant t_\alpha(n-1)$
	$H_0:\mu\geqslant\mu_0$			$t\leqslant -t_\alpha(n-1)$
未知 μ	$H_0:\sigma^2=\sigma_0^2$	$\chi^2=\dfrac{(n-1)S^2}{\sigma_0^2}$	$\chi^2(n-1)$	$\chi^2\geqslant\chi^2_{\alpha/2}(n-1)$或 $\chi^2\leqslant\chi^2_{1-\alpha/2}(n-1)$
	$H_0:\sigma^2\leqslant\sigma_0^2$			$\chi^2\geqslant\chi^2_\alpha(n-1)$
	$H_0:\sigma^2\geqslant\sigma_0^2$			$\chi^2\leqslant\chi^2_{1-\alpha}(n-1)$

附表 3 双正态总体均值和方差的假设检验

条件	原假设	统计量	对应样本函数分布	拒绝域
已知 σ_1^2,σ_2^2	$H_0:\mu_1-\mu_2=\delta$	$Z=\dfrac{(\overline{X}-\overline{Y})-\delta}{\sqrt{\dfrac{\sigma_1^2}{n_1}+\dfrac{\sigma_2^2}{n_2}}}$	$N(0,1)$	$\|z\|\geqslant z_{\alpha/2}$
	$H_0:\mu_1-\mu_2\leqslant\delta$			$z\geqslant z_\alpha$
	$H_0:\mu_1-\mu_2\geqslant\delta$			$z\leqslant -z_\alpha$
未知 $\sigma_1^2=\sigma_2^2$	$H_0:\mu_1-\mu_2=\delta$	$t=\dfrac{(\overline{X}-\overline{Y})-\delta}{S_w\sqrt{\dfrac{1}{n_1}+\dfrac{1}{n_2}}}$	$t(n_1+n_2-2)$	$\|t\|\geqslant t_{\alpha/2}(n_1+n_2-2)$
	$H_0:\mu_1-\mu_2\leqslant\delta$			$t\geqslant t_\alpha(n_1+n_2-2)$
	$H_0:\mu_1-\mu_2\geqslant\delta$			$t\leqslant -t_\alpha(n_1+n_2-2)$
未知 μ_1,μ_2	$H_0:\sigma_1^2=\sigma_2^2$	$F=\dfrac{S_1^2}{S_2^2}$	$\dfrac{S_1^2/S_2^2}{\sigma_1^2/\sigma_2^2}\sim F(n_1-1,n_2-1)$	$F\geqslant F_{\alpha/2}(n_1-1,n_2-1)$或 $F\leqslant F_{1-\alpha/2}(n_1-1,n_2-1)$
	$H_0:\sigma_1^2\leqslant\sigma_2^2$			$F\geqslant F_\alpha(n_1-1,n_2-1)$
	$H_0:\sigma_1^2\geqslant\sigma_2^2$			$F\leqslant F_{1-\alpha}(n_1-1,n_2-1)$

习题 7

1. 思考题

(1) 怎样理解置信区间?

(2) 解释 95%的置信区间的含义。

(3) 简述样本量与置信水平、估计误差的关系。

(4) 假设检验和参数估计有什么相同点和不同点?

(5) 什么是假设检验中的显著性水平?

(6) 什么是假设检验中的两类错误?

(7) 假设检验依据的基本原理是什么?

(8) 单侧检验中原假设和备择假设的方向应该如何确定?

2. 已知总体服从正态分布 $N(\mu,\sigma^2)$,利用下面的信息,求总体均值 μ 的置信区间。

(1) 已知 $\sigma=500,n=35,\bar{x}=8900$,置信水平为 95%;

(2) 已知 σ 未知,$n=35,\bar{x}=8900,s=500$,置信水平为 95%;

(3) 已知 σ 未知，$n=35$，$\bar{x}=8900$，$s=500$，置信水平为 99%。

3. 设某电子元件的寿命服从正态分布 $N(\mu,\sigma^2)$，抽样检查 10 个元件，得样本均值 $\bar{x}=1200$h，样本标准差 $s=14$h。求总体均值 μ 置信水平为 99%的置信区间。

4. 如果已知灯泡使用时间服从正态分布，为了求解灯泡使用时数均值 μ 及标准差 σ，测量了 10 个灯泡，得 $\bar{x}=1650$h，$s=20$h。求 μ 和 σ 的 95%的置信区间。

5. 岩石密度的测量误差服从正态分布，随机抽测 12 个样品，得 $s=0.2$，求 σ^2 的置信区间（$\alpha=0.1$）。

6. 从某厂生产的滚珠中随机抽取 10 个，测得滚珠的直径(单位：mm)如下：

14.6　15.0　14.7　15.1　14.9　14.8　15.0　15.1　15.2　14.8

若滚珠直径服从正态分布 $N(\mu,\sigma^2)$，并且已知 $\sigma=0.16$mm，求滚珠直径均值 μ 的置信水平为 95%的置信区间。若未知 μ，求滚珠直径方差 σ^2 的置信水平为 95%的置信区间。

7. 某厂生产钢丝，其抗拉强度 $X\sim N(\mu,\sigma^2)$，其中 μ,σ^2 均未知，从中任取 9 根钢丝，测得其强度(单位：Pa)为

578　582　574　568　596　572　570　584　578

求总体方差 σ^2、均方差 σ 的置信度为 99%的置信区间。

8. 某厂分别从两条流水生产线上抽取样本 $X_1,X_2,\cdots,X_{12}$ 及 $Y_1,Y_2,\cdots,Y_{17}$，测得 $\bar{x}=10.6$g，$\bar{y}=9.5$g，$s_1^2=2.4$，$s_2^2=4.7$。设两个正态总体的均值分别为 μ_1 和 μ_2，且有相同方差，试求 $\mu_1-\mu_2$ 的置信度 95%的置信区间。

9. 设有两个正态总体 $X\sim N(\mu_1,\sigma_1^2)$，$Y\sim N(\mu_2,\sigma_2^2)$。分别从 X 和 Y 中抽取容量为 $n_1=25$ 和 $n_2=8$ 的两个样本，并求得 $s_1=8$，$s_2=7$。试求两正态总体方差比 $\frac{\sigma_1^2}{\sigma_2^2}$ 的置信度为 98%的置信区间。

10. 已知两个正态总体 $X\sim N(\mu_1,\sigma_1^2)$，$Y\sim N(\mu_2,\sigma_2^2)$，其中 μ_1 和 μ_2 未知，分别测得有关数据为 $n_1=4$，$s_1^2=4.8$，$n_2=5$，$s_2^2=4.0$。试求方差比 $\frac{\sigma_1^2}{\sigma_2^2}$ 的置信水平为 90%的置信区间。

11. 设两位化验员 A，B 分别独立地对某种化合物各做 10 次测定，测定值的样本方差分别为 $s_A^2=0.5419$，$s_B^2=0.6065$。设两个总体均为正态分布，求方差比 $\frac{\sigma_A^2}{\sigma_B^2}$ 的置信度为 95%的置信区间。

12. 从一批灯泡中随机地抽取 5 只做寿命试验，其寿命(单位：h)如下：

1050　1100　1120　1250　1280

已知这批灯泡寿命 $X\sim N(\mu,\sigma^2)$，求平均寿命 μ 的置信度为 95%的单侧置信下限。

13. 假设总体 $X\sim N(\mu,\sigma^2)$，从总体 X 中抽取容量为 10 的一个样本，算得样本均值 $\bar{x}=41.3$，样本标准差 $s=1.05$，求未知参数 μ 的置信水平为 95%的单侧置信区间的下限。

14. 已知电子元件的寿命 X(单位：h)服从正态分布 $N(\mu,\sigma^2)$，其中 μ 和 σ^2 都未知，随机抽取 6 个元件测试，得有关数据 $\bar{x}=4563.2$，$s^2=1024$。已给置信水平为 0.95，试分别求 μ 的单侧置信下限和 σ^2 的单侧置信上限。

15. 自动包装机包装食盐，每 500g 装一袋，已知标准差 $\sigma=3$g，要使每包食盐平均重量的 95% 置信区间长度不超过 4.2g，样本容量 n 至少为多少？

16. 填空

(1) u 检验、t 检验都是关于________的假设检验。当________已知时，用 μ 检验；当________未知时，用 t 检验。

(2) 设总体 $X \sim N(\mu,\sigma^2)$，μ,σ^2 未知，$X_1,X_2,\cdots,X_n$ 是来自该总体的样本，记 $\overline{X}=\frac{1}{n}\sum_{i=1}^{n}X_i$，$S=\sum_{i=1}^{n}(X_i-\overline{X})^2$，则对于假设检验 $H_0:\mu=\mu_0$，使用的统计量为________，其拒绝域为________。

(3) 设总体 $X \sim N(\mu_1,\sigma_1^2)$ 和总体 $Y \sim N(\mu_2,\sigma_2^2)$，其中 σ_1^2,σ_2^2 已知，设 $X_1,X_2,\cdots,X_{n_1}$ 是来自总体 X 的样本，$Y_1,Y_2,\cdots,Y_{n_2}$ 是来自总体 Y 的样本，两样本独立，则对于假设检验 $H_0:\mu_1=\mu_2$，使用的统计量为________，它服从的分布为________。

(4) 设总体 $X \sim N(\mu,\sigma^2)$，μ 未知，$X_1,X_2,\cdots,X_n$ 是来自该总体的样本，样本方差为 S^2，对 $H_0:\sigma^2 \geqslant 16$，其检验统计量为________，拒绝域为________。

17. 某天开工时，需检验自动包装机工作是否正常，根据以往的经验，其包装的质量在正常情况下服从正态分布 $N(100,1.5^2)$，先抽测了 9 包，其质量(单位：kg)为

99.3　98.7　100.5　101.2　98.3　99.7　99.5　102.0　100.5

问在显著性水平 $\alpha=0.05$ 下，该日包装机工作是否正常？

18. 设某次考试的考生成绩服从正态分布，从中随机地抽取 36 位考生的成绩，计算得到平均成绩为 66.5 分，标准差为 15 分。问在显著性水平 $\alpha=0.05$ 下，是否可以认为这次考试全体考生平均成绩为 70 分？并给出检验过程。

19. 某厂生产电池，其寿命长期以来服从方差 $\sigma^2=5000^2\text{h}^2$ 的正态分布，现有一批这种电池，从生产的情况来看，寿命的波动性有所改变，现随机地抽取 26 只电池，测得寿命的样本方差 $s^2=9200^2\text{h}^2$。问根据这一数据能否推断这批电池寿命的波动性较以往有显著性的变化(取 $\alpha=0.02$)？

20. 已知某种元件的寿命服从正态分布，要求该元件的平均寿命不低于 1000h，现从这批元件中随机抽取 25 个，测得平均寿命 $\bar{x}=980$h，标准差 $s=65$h。试在水平 $\alpha=0.05$ 下，确定这批元件是否合格。

21. 某厂生产的产品需用玻璃纸作包装，按规定供应商供应的玻璃纸的横向延伸率不应低于 65。已知该指标服从正态分布 $N(\mu,\sigma^2)$，$\sigma=5.5$。从近期来货中抽查了 100 个样品，得样本均值 $\bar{x}=55.06$，试问在 $\alpha=0.05$ 水平下能否接受这批玻璃纸？

22. 某盐业公司用机器包装食盐，按规定每袋标准质量为 1kg，标准差不得超过 0.02kg。某日开工后，为了检查机器工作是否正常，从装好的食盐中抽取 9 袋，称得其质量(单位：kg)为

0.994　1.014　1.020　0.950　1.030　0.968　0.976　1.048　0.982

假定食盐的袋装质量服从正态分布，问当日机器工作是否正常(取 $\alpha=0.05$)？

23. 甲、乙两台机床同时独立地加工某种轴，轴的直径分别服从正态分布 $N(\mu_1,\sigma_1^2)$、$N(\mu_2,\sigma_2^2)$(μ_1,μ_2 未知)。今从甲机床加工的轴中随机地任取 6 根，测量它们的直径为 $x_1,\cdots,$

x_6；从乙机床加工的轴中随机地任取 9 根，测量它们的直径为 $y_1,\cdots,y_9$，经计算得

$$\sum_{i=1}^{6} x_i = 204.6, \quad \sum_{i=1}^{6} x_i^2 = 6978.9, \quad \sum_{i=1}^{9} y_i = 370.8, \quad \sum_{i=1}^{9} y_i^2 = 15280.2。$$

问在显著性水平 $\alpha=0.05$ 下，两台机床加工的轴的直径方差是否有显著差异？

24. 某卷烟厂生产甲、乙两种香烟，分别对它们的尼古丁含量(单位：mg)做了 6 次测定，获得样本观测值为

甲：25　28　23　26　29　22

乙：28　23　30　25　21　27

假定这两种烟的尼古丁含量都服从正态分布，且方差相等。试问这两种香烟的尼古丁平均含量有无显著差异(显著性水平 $\alpha=0.05$)？对这两种香烟的尼古丁含量，检验它们的方差有无显著差异(显著性水平 $\alpha=0.1$)。

25. 甲乙两个铸造厂生产同一种铸件，铸件的质量都服从正态分布。分别从两厂的产品中抽取 7 件和 6 件样品，称得质量(单位：kg)如下：

甲：　93.3　92.1　94.7　90.1　95.6　90.0　94.7

乙：　95.0　94.9　96.2　95.1　95.8　96.3

在显著性水平 $\alpha=0.05$ 下，问甲厂铸件质量的均值是否比乙厂的小？而甲厂铸件质量的方差是否比乙厂的大？

26. 设总体 X 服从正态分布 $N(\mu,\sigma^2)$。$X_1,X_2,\cdots,X_n$ 是来自总体 X 的简单随机样本，据此样本检验假设：$H_0:\mu=\mu_0$，$H_1:\mu\neq\mu_0$，则下列结论那个正确

A. 如果在检验水平 $\alpha=0.05$ 下拒绝 H_0，那么 $\alpha=0.01$ 下必拒绝 H_0

B. 如果在检验水平 $\alpha=0.05$ 下拒绝 H_0，那么 $\alpha=0.01$ 下必接受 H_0

C. 如果在检验水平 $\alpha=0.05$ 下接受 H_0，那么 $\alpha=0.01$ 下必拒绝 H_0

D. 如果在检验水平 $\alpha=0.05$ 下接受 H_0，那么 $\alpha=0.01$ 下必接受 H_0

27. 设 $X_1,X_2,\cdots,X_n$ 为来自总体 $N(\mu,\sigma^2)$的简单随机样本，样本均值 $\overline{X}=9.5$，参数 μ 的置信度为 0.95 的双侧置信区间的置信上限为 10.8，求 μ 的置信度为 0.95 的双侧置信区间。

28. 用 MATLAB 语言求例 7.2.2。

29. 用 MATLAB 语言求例 7.5.1。

30. 用 MATLAB 语言求解：甲乙两个铸造厂生产同一种铸件，铸件的重量都服从正态分布。分别从两厂的产品中抽取 7 件和 6 件样品，称得重量(单位：千克)如下：

甲：93.3　92.1　94.7　90.1　95.6　90.0　94.7

乙：95.0　94.9　96.2　95.1　95.8　96.3

在显著性水平 $\alpha=0.05$ 下，问甲厂铸件重量的均值是否比乙厂的小？而甲厂铸件重量的方差是否比乙厂的大？

31. 设 $X_1,X_2,\cdots,X_n$ 为来自总体 $N\left(\sigma,\frac{\sigma^2}{2n}\right)$的简单随机样本，$n=100$，$x_{100}=45$，求 σ 的置信度为 0.95 的置信区间。

第8章

参数的点估计及其优良性

第 7 章介绍了参数估计中的区间估计，本章将介绍另一种估计方式——点估计。与区间估计不同的是：点估计要通过样本求出总体未知参数的一个具体估计值。而要得到点估计值首先需要得到点估计量。具体如下。

设总体 X 的分布形式已知，但是其中一个或是多个参数未知，记为 θ。我们知道，一旦确定了参数 θ 的值，总体 X 的统计特性便容易掌握。为了估计 θ 的值，我们从总体 X 中抽取样本 $X_1,X_2,\cdots,X_n$，然后按照一定的原理构造合适的统计量 $\theta(X_1,X_2,\cdots,X_n)$ 作为 θ 的估计量，习惯性记为 $\hat{\theta}(X_1,X_2,\cdots,X_n)$。代入样本观测值 $x_1,x_2,\cdots,x_n$，可得参数的估计值 $\hat{\theta}(x_1,x_2,\cdots,x_n)$。

点估计的方法有很多，本章介绍两种最常用的估计方法：矩估计法和极大似然估计法。

在进行点估计时，使用的数学思想不同，得到的估计量也不尽相同，为了辨别估计量的优劣，在本章最后我们介绍几个常用的评价估计量优良性的标准。

本章要用到的准备知识：样本矩，总体矩，独立性和函数求极值。

通过本章的学习可以解决如下问题：

假设某电子元件寿命服从指数分布 $e(\lambda)$，但是 λ 未知。如何求出 λ 呢？在第 7 章，我们介绍了区间估计，区间估计的结果是一个区间，并没有将参数具体值估计出来。如果随机选出 20 件产品，测得平均寿命为 6800h，样本标准差为 346h。那么，可否用这些数据求出 λ 的取值呢？

8.1 矩估计法

设总体 X 的分布形式已知，θ 为总体的待估参数，$X_1,X_2,\cdots,X_n$ 为从总体 X 中抽取的样本，如果总体 X 的数学期望 $E(X)$ 存在，那么 $E(X)$ 是 θ 的函数。例如，在泊松分布总体 $\pi(\lambda)$ 中，样本一阶矩 $E(X)=\lambda$；在指数分布总体 $X\sim e(\lambda)$ 中，$E(X)=\dfrac{1}{\lambda}$。由于 $X_1,X_2,\cdots,X_n$ 相互独立且与总体 X 同分布，由大数定理知，当 n 越来越大时，$\overline{X}=\dfrac{1}{n}\sum\limits_{i=1}^{n}X_i$ 依概率收敛

到 $E(X)=h(\theta)$。

要估计 θ,令

$$E(X)=\frac{1}{n}\sum_{i=1}^{n}X_i=\overline{X},$$

解方程

$$h(\theta)=\overline{X},$$

可求出 θ 的估计量 $\hat{\theta}$,此种方法所得的估计量 $\hat{\theta}$ 称为未知参数 θ 的矩估计量。矩估计量的观测值是矩估计值。

例 8.1.1 设总体 X 具有分布律

X	0	1	2
p_k	θ^2	$2\theta(1-\theta)$	$(1-\theta)^2$

其中 $\theta\left(0<\theta<\frac{1}{2}\right)$ 为未知参数。已知取得了样本观测值 $x_1=3,x_2=1,x_3=3,x_4=0,x_5=1,x_6=2$,试求 θ 的矩估计值。

解 令

$$E(X)=\overline{X}。$$

已知

$$E(X)=0\cdot\theta^2+1\cdot 2\theta(1-\theta)+2\cdot(1-\theta)^2=2-2\theta,$$

$$\bar{x}=\frac{1}{6}\times(3+1+3+0+1+2)=\frac{5}{3},$$

即

$$2-2\theta=\frac{5}{3},$$

解得

$$\hat{\theta}=\frac{1}{6}。$$

由此例可以看出,矩估计值是基于样本观测值的一个数值。每做一次取样,就会有一组样本值,所得的估计值也会随之发生变化。因此 $\hat{\theta}$ 的值可以有很多个,由此方法计算出来的 $\hat{\theta}$ 值有可能是 θ 的真实值,也可能不是,所以我们称之为估计。

例 8.1.2 已知总体 $X\sim e(\lambda)$,$X_1,X_2,\cdots,X_n$ 为从总体 X 中抽取的一个样本,求 λ 的矩估计量。

解 令

$$E(X)=\overline{X},$$

$X\sim e(\lambda)$,则 $E(X)=\frac{1}{\lambda}$,即

$$\frac{1}{\lambda}=\overline{X},$$

解得

$$\hat{\lambda}=\frac{1}{\overline{X}}。$$

由上述例题可以看出，进行矩估计时，若有一个待估参数，所用的方法是：用样本一阶原点矩来估计相应的总体一阶原点矩，从而可以获得未知参数的估计量。矩估计遵循的是替换原则，该原则由英国统计学家 K. Pearson 于 1894 年提出。替换原则是指用样本矩去替换总体矩，用样本矩的函数去替换相应总体矩的函数。这里所说的矩可以是原点矩，也可以是中心矩。这种方法只需假设总体矩存在，无须知道总体的分布类型。

如果总体 X 中的未知参数多于一个，假设有 k 个未知参数：$\theta_1,\theta_2,\cdots,\theta_k$，该如何估计这些未知参数呢？此时假设总体 X 的前k 阶原点矩都存在，即 $E(X^l)(l=1,2,\cdots,k)$ 都存在，由大数定律知，当样本容量 n 越来越大时，样本 $l(1\leqslant l\leqslant k)$ 阶矩$\frac{1}{n}\sum\limits_{i=1}^{n}X_i^l$ 依概率收敛到总体 l 阶矩 $E(X^l)$，于是我们可以令各阶样本矩与总体矩相等，从而有 k 个方程

$$E(X^l)=\frac{1}{n}\sum_{i=1}^{n}X_i^l,\quad l=1,2,\cdots,k。$$

此时等式左边 $E(X^l)$都是含有未知参数 $\theta_1,\theta_2,\cdots,\theta_k$ 的函数，这时我们可以通过解这 k 个方程求出k 个未知参数 $\theta_1,\theta_2,\cdots,\theta_k$ 的估计。

注 建立等式的个数与未知参数个数相等，即有 k 个未知参数，就选择前 k 阶矩来建立k 个方程。

例 8.1.3 设总体 $X\sim U(a,b)$，a,b 未知。$X_1,X_2,\cdots,X_n$ 为来自总体X 的样本，$x_1,x_2,\cdots,x_n$ 是样本值，试求 a,b 的矩估计量和矩估计值。

解 令

$$\begin{cases}E(X)=\dfrac{1}{n}\sum\limits_{i=1}^{n}X_i=\overline{X},\\[2ex] E(X^2)=\dfrac{1}{n}\sum\limits_{i=1}^{n}X_i^2。\end{cases}$$

由于 $X\sim U(a,b)$，则

$$E(X)=\frac{a+b}{2},\quad E(X^2)=D(X)+[E(X)]^2=\frac{(b-a)^2}{12}+\frac{(a+b)^2}{4},$$

从而

$$\begin{cases}\dfrac{a+b}{2}=\overline{X},\\[2ex] \dfrac{(b-a)^2}{12}+\dfrac{(a+b)^2}{4}=\dfrac{1}{n}\sum\limits_{i=1}^{n}X_i^2,\end{cases}$$

即

$$\begin{cases}a+b=2\overline{X},\\[2ex] b-a=2\sqrt{3}\sqrt{\dfrac{1}{n}\sum\limits_{i=1}^{n}X_i{}^2-\overline{X}^2}。\end{cases}$$

其中$\frac{1}{n}\sum\limits_{i=1}^{n}X_i{}^2-\overline{X}^2=\frac{1}{n}\sum\limits_{i=1}^{n}(X_i-\overline{X})^2$，解得矩估计量为

$$\begin{cases}\hat{a}=\overline{X}-\sqrt{\dfrac{3}{n}\sum\limits_{i=1}^{n}(X_i-\overline{X})^2},\\ \hat{b}=\overline{X}+\sqrt{\dfrac{3}{n}\sum\limits_{i=1}^{n}(X_i-\overline{X})^2}。\end{cases}$$

矩估计值为

$$\begin{cases}\hat{a}=\bar{x}-\sqrt{\dfrac{3}{n}\sum\limits_{i=1}^{n}(x_i-\bar{x})^2},\\ \hat{b}=\bar{x}+\sqrt{\dfrac{3}{n}\sum\limits_{i=1}^{n}(x_i-\bar{x})^2}。\end{cases}$$

例 8.1.4 已知总体 $X\sim N(\mu,\sigma^2)$，其中 μ,σ^2 均未知。$X_1,X_2,\cdots,X_n$ 为来自总体 X 的样本，求 μ 和 σ^2 的矩估计量。

解 令

$$\begin{cases}E(X)=\overline{X},\\ E(X^2)=\dfrac{1}{n}\sum\limits_{i=1}^{n}X_i^{\ 2}。\end{cases}$$

由于

$$E(X^2)=D(X)+[E(X)]^2=\sigma^2+\mu^2,$$

所以

$$\begin{cases}\mu=\overline{X},\\ \mu^2+\sigma^2=\dfrac{1}{n}\sum\limits_{i=1}^{n}X_i^{\ 2},\end{cases}$$

解得

$$\begin{cases}\hat{\mu}=\overline{X},\\ \hat{\sigma}^2=\dfrac{1}{n}\sum\limits_{i=1}^{n}X_i^{\ 2}-\overline{X}^2=\dfrac{1}{n}\sum\limits_{i=1}^{n}(X_i-\overline{X})^2。\end{cases}$$

此例表明，总体 X 均值和方差的矩估计量分别是样本均值与样本的二阶中心矩，而不依赖总体 X 的分布。

8.2 极大似然估计

极大似然估计法是使用最广泛的参数估计方法，最早由德国数学家高斯 Gauss 于 1821 年提出，但是此法一般归功于英国统计学家费希尔(Fisher)，因为费希尔于 1922 年再次提出了这个思想，并且证明了这种方法的一些性质，从而使得极大似然法得到更普遍的应用。

8.1 节讲述的矩估计法只需假设总体矩存在，并没有充分利用总体分布这一信息，为了获得更理想的估计，我们引入极大似然估计。它的一个直观想法是当某个随机试验有若干个结果 A,B,C 等，如果在一次试验中，出现结果 A，一般认为试验条件对 A 的出现有利，即 A 出现的概率最大。例如，一个袋子里有黑白两种外形相同的球，这两种球的数量不详，只知道它们占总数的比例：一种球为 10%，另一种球占 90%。今从中任意抽取一只球，取得白球，比较合理的想法是认为袋子里白球的数量较多，这就是极大似然估计的基本思想，即在一次试验中，概率大的事件更容易发生。我们通过下面的例子说明极大似然估计法的原理。

考虑一个离散的分布总体 X，不妨设 $X\sim b(4,p)$，其中 p 是未知参数。现抽取容量为 3 的样本 X_1,X_2,X_3，若样本观测值为 2,1,1，那么参数 p 的值如何估计？

首先我们考虑一个问题：为什么所取得的样本观测值是 2,1,1，而不是其他组数值。依据概率统计思想，在一次试验中，概率大的事件更有可能发生。记

$$A=\{X_1=2,X_2=1,X_3=1\},$$

则事件 A 发生的概率为

$$\begin{aligned}P(A)&=P\{X_1=2,X_2=1,X_3=1\}\\&=P\{X_1=2\}P\{X_2=1\}P\{X_3=1\}\\&=96p^4(1-p)^8。\end{aligned}$$

然而 p 取何值会比较合理呢？这里我们认为使得事件 A 发生概率最大的 p 较合适。通过求 $96p^4(1-p)^8$ 的极值，可得当 $p=\dfrac{1}{3}$ 时，$96p^4(1-p)^8$ 值最大。所以我们认为 p 的取值在 $\dfrac{1}{3}$ 附近比较合适。

将上述分析过程抽象为更一般的结果，如下所述：

设总体 X 为离散型随机变量，分布律为 $P\{X=x_i\}=f(x_i;\theta)(i=1,2,\cdots)$，其中 θ 是未知参数。$X_1,X_2,\cdots,X_n$ 为来自总体 X 的样本，$x_1,x_2,\cdots,x_n$ 是一组样本值。则参数 θ 的取值应该使得下式取得最大：

$$\begin{aligned}P\{X_1=x_1,X_2=x_2,\cdots,X_n=x_n\}&=P\{X_1=x_1\}P\{X_2=x_2\}\cdots P\{X_n=x_n\}\\&=\prod_{i=1}^{n}f(x_i;\theta)。\end{aligned}$$

这里，称 θ 的函数 $L(\theta)=\prod\limits_{i=1}^{n}f(x_i;\theta)$ 为 θ 的似然函数。

由此可以看出，求参数 θ 的极大似然估计实际上就是求使得似然函数 $L(\theta)$ 取得极大值的那个 θ，即是 $\hat{\theta}$。

当总体 X 为连续型随机变量时，似然函数 $L(\theta)$ 中的 $f(x_i;\theta)$ 为概率密度。这样，确定极大似然估计量的问题就归结为微分学中的求极值问题。

例 8.2.1 设总体 $X\sim\pi(\lambda)$，求 λ 的极大似然估计量。

解 设 $X_1,X_2,\cdots,X_n$ 为来自总体 X 的样本，$x_1,x_2,\cdots,x_n$ 是一组样本值。由于 X 的分布律为

$$P\{X=k\}=\frac{\lambda^k}{k!}\mathrm{e}^{-\lambda},\quad k=0,1,\cdots,$$

所以似然函数为

$$L(\lambda)=\prod_{i=1}^{n}\frac{\mathrm{e}^{-\lambda}\lambda^{x_i}}{x_i!}=\frac{\mathrm{e}^{-n\lambda}\lambda^{x_1+x_2+\cdots+x_n}}{x_1!\ x_2!\ \cdots x_n!}。$$

取对数为

$$\ln L(\lambda)=\ln\lambda\cdot\sum_{i=1}^{n}x_i-n\lambda-\sum_{i=1}^{n}\ln(x_i!)。$$

令$\frac{\mathrm{d}\ln L(\lambda)}{\mathrm{d}\lambda}=\frac{\sum_{i=1}^{n}x_i}{\lambda}-n=0$,求得$\lambda$的极大似然估计值为$\hat{\lambda}=\frac{1}{n}\sum_{i=1}^{n}x_i=\bar{x}$,所以$\lambda$的极大似然估计量为$\hat{\lambda}=\frac{1}{n}\sum_{i=1}^{n}X_i=\bar{X}$。

注 在求似然函数$L(\theta)$的极值时,由于$L(\theta)$形式复杂,处理起来较麻烦。而我们知道,$L(\theta)$与$\ln L(\theta)$具有相同的极值点,所以在计算过程中我们借助于函数$\ln L(\theta)$。

例 8.2.2 设总体$X\sim e(\lambda)$,求λ的极大似然估计量。

解 设$X_1,X_2,\cdots,X_n$为来自总体X的样本,$x_1,x_2,\cdots,x_n$是一组样本值。总体X的概率密度为

$$f(x,\lambda)=\begin{cases}\lambda\mathrm{e}^{-\lambda x}, & x>0,\\ 0, & x\leqslant 0。\end{cases}$$

则当$x_i>0,i=1,2,\cdots,n$时,似然函数为

$$L(\lambda)=\prod_{i=1}^{n}\lambda\mathrm{e}^{-\lambda x_i}=\lambda^n\mathrm{e}^{-\lambda\sum_{i=1}^{n}x_i}\quad(x_i>0,i=1,2,\cdots,n),$$

取对数得$\ln L(\lambda)=n\ln\lambda-\lambda\sum_{i=1}^{n}x_i$。令$\frac{\mathrm{d}\ln L(\lambda)}{\mathrm{d}\lambda}=0$,有$\frac{n}{\lambda}-\sum_{i=1}^{n}x_i=0$,因此,$\lambda$的极大似然估计值为

$$\hat{\lambda}=\frac{n}{\sum_{i=1}^{n}x_i}=\frac{1}{\bar{x}},$$

极大似然估计量为$\hat{\lambda}=\frac{1}{\bar{X}}$。

上述例题考虑的是一个未知参数情形,若总体的分布中含有k个未知参数$\theta_1,\theta_2,\cdots,\theta_k$,类似地,先写出似然函数$L=L(\theta_1,\theta_2,\cdots,\theta_k)$,求解方程组

$$\frac{\partial L}{\partial\theta_i}=0,\quad i=1,2,\cdots,k,$$

或

$$\frac{\partial\ln L}{\partial\theta_i}=0,\quad i=1,2,\cdots,k,$$

可获得未知参数$\theta_1,\theta_2,\cdots,\theta_k$的极大似然估计。

例 8.2.3 设总体$X\sim N(\mu,\sigma^2)$,$x_1,x_2,\cdots,x_n$是来自总体X的一组样本值,求μ,σ^2的极大似然估计量。

解 似然函数为

$$L(\mu,\sigma^2)=\frac{1}{(2\pi\sigma^2)^{\frac{n}{2}}}\exp\left\{-\frac{1}{2\sigma^2}\sum_{i=1}^{n}(x_i-\mu)^2\right\}。$$

取对数得

$$\ln L(\mu,\sigma^2) = -\frac{n}{2}\ln(2\pi) - \frac{n}{2}\ln\sigma^2 - \frac{1}{2\sigma^2}\sum_{i=1}^{n}(x_i-\mu)^2。$$

分别求关于 μ 和 σ^2 的偏导数,令偏导数为 0,得方程组

$$\begin{cases}\dfrac{\partial \ln L(\mu,\sigma^2)}{\partial \mu} = \dfrac{1}{\sigma^2}\sum\limits_{i=1}^{n}(x_i-\mu) = 0, \\ \dfrac{\partial \ln L(\mu,\sigma^2)}{\partial \sigma^2} = -\dfrac{n}{2\sigma^2} + \dfrac{1}{2\sigma^4}\sum\limits_{i=1}^{n}(x_i-\mu)^2 = 0。\end{cases}$$

解上述方程组得 μ 和 σ^2 的极大似然估计值分别为

$$\hat{\mu} = \frac{1}{n}\sum_{i=1}^{n}x_i = \bar{x},$$

$$\hat{\sigma}^2 = \frac{1}{n}\sum_{i=1}^{n}(x_i-\bar{x})^2。$$

因此 μ 和 σ^2 的极大似然估计量分别为 $\hat{\mu}=\overline{X}$ 和 $\hat{\sigma}^2 = \frac{1}{n}\sum_{i=1}^{n}(X_i-\overline{X})^2$。

最后我们给出求极大似然估计的一般步骤:

(1) 写出似然函数 $L(\theta)$,即由总体分布求出样本的联合分布律(或联合概率密度);

(2) 求似然函数的对数,即求出 $\ln L(\theta)$;

(3) 求函数 $\ln L(\theta)$ 的驻点,即令 $\frac{\mathrm{d}\ln L(\theta)}{\mathrm{d}\theta}=0$ 或 $\frac{\partial \ln L}{\partial \theta_i}=0(i=1,2,\cdots,k)$(偏导数不能等于 0 的情况需具体分析);

(4) 求解方程或方程组,得到极大似然估计。

8.3 估计量优良性的评定标准

虽然总体分布中的参数是确定的,但是对于同一个参数,可以有许多不同的点估计量。在这些估计中,我们希望挑选一个最"优"的点估计,因此,有必要建立评价估计量优劣的标准。下面介绍几个常用的标准:无偏性、有效性和一致性。

1. 无偏性

定义 8.3.1 如果未知参数 θ 的估计量 $\hat{\theta}=\hat{\theta}(X_1,X_2,\cdots,X_n)$ 的数学期望 $E(\hat{\theta})$ 存在,且

$$E(\hat{\theta}) = \theta,$$

则称 $\hat{\theta}$ 是 θ 的无偏估计量,否则称为有偏估计量。

注 在科学技术中,称 $E(\hat{\theta})-\theta$ 是以 $\hat{\theta}$ 作为 θ 估计的系统误差。无偏估计的实际意义就是无系统误差。

例 8.3.1 已知总体 $E(X)=\mu, D(X)=\sigma^2$ 存在,$X_1,X_2,\cdots,X_n$ 为来自总体 X 的样本。试判定:

(1) $\overline{X}$ 是否为 μ 的无偏估计量；

(2) $\frac{1}{n}\sum_{i=1}^{n}(X_i-\overline{X})^2$ 是否为 σ^2 的无偏估计量。

解　(1) 因为总体 $E(X)=\mu, D(X)=\sigma^2, X_1, X_2, \cdots, X_n$ 为来自总体 X 的样本，则

$$E(X_i)=\mu, D(X_i)=\sigma^2,\quad i=1,2,\cdots,n。$$

所以

$$E(\overline{X})=E\left(\frac{1}{n}\sum_{i=1}^{n}X_i\right)=\frac{1}{n}\sum_{i=1}^{n}E(X_i)=\mu,$$

故 $\overline{X}$ 是 μ 的无偏估计量。

(2) 因为 $D(\overline{X})=D\left(\frac{1}{n}\sum_{i=1}^{n}X_i\right)=\frac{1}{n^2}\sum_{i=1}^{n}D(X_i)=\frac{\sigma^2}{n}$，则

$$\begin{aligned}E\left[\frac{1}{n}\sum_{i=1}^{n}(X_i-\overline{X})^2\right]&=E\left(\frac{1}{n}\sum_{i=1}^{n}X_i^2-\overline{X}^2\right)\\&=\frac{1}{n}\sum_{i=1}^{n}E(X_i^2)-E(\overline{X}^2)\\&=\frac{1}{n}\sum_{i=1}^{n}(\mu^2+\sigma^2)-\left(\frac{\sigma^2}{n}+\mu^2\right)\\&=\frac{n-1}{n}\sigma^2,\end{aligned}$$

所以 $\frac{1}{n}\sum_{i=1}^{n}(X_i-\overline{X})^2$ 不是 σ^2 的无偏估计量。

由例 8.3.1 可以看出，如果在 $\frac{1}{n}\sum_{i=1}^{n}(X_i-\overline{X})^2$ 前面乘以系数 $\frac{n}{n-1}$，就修正成为 σ^2 的无偏估计量。由此也解释了在定义样本方差时，我们之所以选择 $S^2=\frac{1}{n-1}\sum_{i=1}^{n}(X_i-\overline{X})^2$，而不是 $\frac{1}{n}\sum_{i=1}^{n}(X_i-\overline{X})^2$ 形式，是因为 S^2 是 σ^2 的无偏估计量。

例 8.3.2　设总体 $X\sim\pi(\lambda), X_1, X_2, \cdots, X_n$ 是 X 的一个样本，S^2 为样本方差，$0\leqslant\alpha\leqslant 1$。试证明 $L=\alpha\overline{X}+(1-\alpha)S^2$ 是参数 λ 的无偏估计量。

证明　由例 8.3.1 知，$E(\overline{X})=E(X)=\lambda, E(S^2)=D(X)=\lambda$，则

$$E(L)=\alpha E(\overline{X})+(1-\alpha)E(S^2)=\alpha\lambda+(1-\alpha)\lambda=\lambda,$$

所以估计量 $L=\alpha\overline{X}+(1-\alpha)S^2$ 是 λ 的无偏估计量。

例 8.3.3　已知 $X_1, X_2, \cdots, X_n$ 是来自总体 X 的一个样本，$\overline{X}$ 是样本均值，S^2 是样本方差，设 $E(X)=\mu, D(X)=\sigma^2$。确定常数 C，使 $(\overline{X})^2-CS^2$ 是 μ^2 的无偏估计量。

解　要保证 $(\overline{X})^2-CS^2$ 是 μ^2 的无偏估计量，当且仅当

$$E[(\overline{X})^2-CS^2]=\mu^2,$$

即

$$E[(\overline{X})^2]-CE(S^2)=\mu^2。$$

因为

$$E[(\overline{X})^2]=\frac{\sigma^2}{n}+\mu^2,\quad E(S^2)=\sigma^2,$$

所以

$$\left(\frac{\sigma^2}{n}+\mu^2\right)-C\sigma^2=\mu^2,$$

解得

$$C=\frac{1}{n}。$$

2. 有效性

同一个参数可以有多个无偏估计量,那么选择哪一个更好呢?设参数 θ 有两个无偏估计量 $\hat{\theta}_1$ 和 $\hat{\theta}_2$,在样本容量 n 相同的情况下,若 $\hat{\theta}_1$ 的观测值都集中在 θ 的真值附近,而 $\hat{\theta}_2$ 的观测值较远离 θ 的真值,很显然 $\hat{\theta}_1$ 作为 θ 的估计更合适。即当 $\hat{\theta}_1$ 的方差较 $\hat{\theta}_2$ 的方差小,我们认为 $\hat{\theta}_1$ 较 $\hat{\theta}_2$ 要好,由此有如下的定义。

定义 8.3.2 设 $\hat{\theta}_1=\hat{\theta}_1(X_1,X_2,\cdots,X_n)$ 和 $\hat{\theta}_2=\hat{\theta}_2(X_1,X_2,\cdots,X_n)$ 都是参数 θ 的无偏估计量,若

$$D(\hat{\theta}_1)\leqslant D(\hat{\theta}_2),$$

则称 $\hat{\theta}_1$ 较 $\hat{\theta}_2$ 有效。

例如,已知 $X_1,X_2,\cdots,X_n$ 是来自总体 X 的一组样本,设 $E(X)=\mu,D(X)=\sigma^2$。则 $\hat{\mu}_1=X_1,\hat{\mu}_2=\overline{X}$ 都是 μ 的无偏估计,但

$$D(\hat{\mu}_1)=\sigma^2,\quad D(\hat{\mu}_2)=\frac{\sigma^2}{n}。$$

显然,当 $n>1$,$\hat{\mu}_2$ 比 $\hat{\mu}_1$ 更有效,这表明,用全部数据的平均来估计总体均值,要比只使用部分数据均值估计总体均值更有效。

3. 一致性

无偏性和有效性都是在假设样本容量 n 固定的条件下讨论的。由于估计量是样本的函数,它依赖样本容量 n,自然地,我们希望一个好的估计量,当 n 越来越大时,它与参数的真值几乎一致,这就是估计量的一致性或称之为相合性。

定义 8.3.3 设 $\hat{\theta}_n=\hat{\theta}(X_1,X_2,\cdots,X_n)$ 为参数 θ 的一个估计量,n 为样本容量,$\hat{\theta}_n$ 依概率收敛于 θ,即对任意 $\varepsilon>0$,有

$$\lim_{n\to\infty}P\{|\hat{\theta}_n-\theta|<\varepsilon\}=1。$$

则称 $\hat{\theta}_n$ 为参数 θ 的一致估计量。

数理统计中给出了众多的估计量评价标准,对同一估计量使用不同的评价标准可能会得到不同的结论。因此,在评价某一个估计量好坏时,首先要说明在哪一个标准下,否则是无意义的。

习题 8

1. 思考题

(1) 用矩估计法和极大似然估计法所得的估计是否是一样的?

(2) 极大似然估计法的基本思想及一般步骤是什么?

(3) 未知参数的点估计和区间估计有何异同?

2. 对某一距离进行 5 次测量,结果(单位:m)如下:

2781 2836 2807 2765 2858

已知测量结果服从 $N(\mu,\sigma^2)$,其中 μ,σ^2 未知。求参数 μ 和 σ^2 的矩估计值。

3. 设总体 $X\sim b(n,p)$,$X_1,X_2,\cdots,X_m$ 为取自 X 的样本,试求参数 p 的矩估计量。

4. 设总体 X 具有概率密度

$$f(x;\theta)=\begin{cases} C^{\frac{1}{\theta}}\dfrac{1}{\theta}x^{-\left(1+\frac{1}{\theta}\right)}, & x>C, \\ 0, & \text{其他。}\end{cases}$$

其中,参数 $0<\theta<1$,C 为已知常数,且 $C>0$。从中抽得一个样本 $X_1,X_2,\cdots,X_n$,求 θ 的矩估计量。

5. 设总体 X 具有分布律

X	1	2	3
p_k	θ^2	$2\theta(1-\theta)$	$(1-\theta)^2$

其中 $\theta(0<\theta<1)$为未知参数。已知取得了样本值 $x_1=1,x_2=2,x_3=1$,试求 θ 的矩估计值和极大似然估计值。

6. 设总体 X 的概率密度为

$$f(x;\alpha)=\begin{cases}(\alpha+1)x^{\alpha}, & 0<x<1, \\ 0, & \text{其他。}\end{cases}$$

试利用样本 $X_1,X_2,\cdots,X_n$ 求参数 α 的矩估计和极大似然估计量。

7. 设总体 X 的概率密度为

$$f(x;\theta)=\begin{cases}(\theta\alpha)x^{\alpha-1}\mathrm{e}^{-\theta x^{\alpha}}, & x>0, \\ 0, & \text{其他。}\end{cases}$$

其中 α 已知,样本值为 $x_1,x_2,\cdots,x_n$,求参数 θ 的极大似然估计量。

8. 设总体 X 的概率密度函数为

$$f(x;\theta)=\begin{cases}\mathrm{e}^{-(x-\theta)}, & x\geqslant\theta, \\ 0, & \text{其他。}\end{cases}$$

试利用样本 $X_1,X_2,\cdots,X_n$ 求参数 θ 的极大似然估计量。

9. 设 $X_1,X_2,\cdots,X_n$ 来自几何分布

$$P\{X=k\}=p(1-p)^{k-1},\quad k=1,2,\cdots,0<p<1,$$

试求未知参数 p 的极大似然估计量。

10. 设 $X_1,X_2,\cdots,X_n$ 是来自两个参数指数分布的一个样本。总体的概率密度函数为

$$f(x;\theta_1,\theta_2)=\begin{cases}\dfrac{1}{\theta_2}\mathrm{e}^{-\frac{x-\theta_1}{\theta_2}}, & x>\theta_1,\\ 0, & \text{其他。}\end{cases}$$

其中,$-\infty<\theta_1<+\infty$,$0<\theta_2<+\infty$,求参数 θ_1 和 θ_2 的极大似然估计量。

11. 设总体 $X\sim N(\mu,\sigma^2)$,$X_1,X_2,\cdots,X_n$ 是来自总体 X 的一个样本。试确定 C,使 $C\sum\limits_{i=1}^{n-1}(X_{i+1}-X_i)^2$ 为 σ^2 的无偏估计量。

12. 设 X_1,X_2,X_3,X_4 是来自均值为 θ 的总体的样本,其中 θ 未知,设有估计量

$$T_1=\frac{1}{6}(X_1+X_2)+\frac{1}{3}(X_3+X_4),$$

$$T_2=\frac{X_1+2X_2+3X_3+4X_4}{5},$$

$$T_3=\frac{X_1+X_2+X_3+X_4}{4}。$$

(1) 指出 T_1,T_2,T_3 中哪几个是 θ 的无偏估计量;

(2) 在上述 θ 的无偏估计中指出哪一个较为有效。

13. 测试一台仪器的精度,对物体做 n 次测量,测量结果 $X_1,X_2,\cdots,X_n$ 来自正态总体 $N(\mu,\sigma^2)$,μ 已知,测量的绝对误差 $T_i=|X_i-\mu|(i=1,2,\cdots,n)$,利用 $T_1,T_2,\cdots,T_n$ 估计 σ。

(1) 求 T_1 的概率密度函数;

(2) 求参数 σ 的矩估计量和极大似然估计量。

14. 设总体 X 的概率密度为

$$f(x)=\begin{cases}\dfrac{3x^2}{\theta^3}, & 0<x<\theta,\\ 0, & \text{其他,}\end{cases}$$

其中,θ 为未知参数,$X_i(i=1,2,3)$为来自总体的简单随机样本,$T=\max\limits_{i=1,2,3}\{X_i\}$。

(1) 求 T 的概率密度函数;

(2) 若 aT 为 θ 的无偏估计,求 a。

15. 设随机变量 $X\sim U(\theta,1)$,$0<\theta<1$,θ 未知,$X_1,X_2,\cdots,X_n$ 是来自总体 X 的简单随机样本。

(1) 求 θ 的矩估计量;

(2) 求 θ 的极大似然估计量。

16. 设总体 X 的概率密度为

$$f(x;\sigma)=\frac{1}{2\sigma}\mathrm{e}^{-\frac{|x|}{\sigma}},\quad -\infty<x<+\infty,$$

其中 $\sigma\in(0,+\infty)$为未知参数,$X_1,X_2,\cdots,X_n$ 为来自总体 X 的简单随机样本。记 σ 的极大似然估计量为 $\hat{\sigma}$。求:

(1) $\hat{\sigma}$；(2) $E(\hat{\sigma}),D(\hat{\sigma})$。

17. 设总体 X 的概率密度为

$$f(x;\sigma^2)=\begin{cases}\dfrac{A}{\sigma}\mathrm{e}^{-\frac{(x-\mu)^2}{2\sigma^2}}, & x\geqslant\mu,\\ 0, & x<\mu,\end{cases}$$

其中 μ 为已知参数，$\sigma>0$ 为未知参数，A 是常数。$X_1,X_2,\cdots,X_n$ 为来自总体 X 的简单随机样本。求：

(1) A；(2) σ^2 的极大似然估计量。

第9章

方差分析

方差分析是统计推断中鉴别因素效应的统计方法，方差分析的基本理论是由英国统计学家和遗传学家费希尔在1926研究农业试验时提出的，在后来的发展中，方差分析具有很强的应用和理论意义，在理论上与回归分析、相关分析等统计理论的基本思想方法有相同之处。作为重要应用，其在农业试验、市场销售的统计指导作用已经十分明显。

本章要用到的准备知识：正态分布、F 分布、χ^2 分布的性质，假设检验。

本章拟解决的以下问题：

问题1 商品的销售量受价格、销售渠道、包装形式、广告投入等因素的影响，哪个因素最重要？

问题2 农作物的产量受施肥数量、耕作方式、农药用量、农作物种类的影响，如何合理搭配诸因素使产量最优？

以上两个问题是方差分析的实例，分别为单因素和双因素的方差分析。

9.1 方差分析的基本原理

本章我们讨论方差分析基本原理，在此之前，先介绍几个常用术语。

在试验中具体测定的性状或观测的项目称为试验指标。由于试验目的不同，选择的试验指标也不相同。在化学试验中常用的试验指标有反应温度、试剂用量，在体检测量试验中有肺活量、血糖含量、身高、体重、视力等。试验中所研究的影响试验指标的因素叫试验因素。如研究如何提高牛的日增重时，牛的品种、饲料的配方、饲养方式、健康状况等都对日增重有影响，均可作为试验因素来考虑。当试验中考察的因素只有一个时，称为单因素试验；若同时研究两个或两个以上的因素对试验指标的影响时，则称为双因素或多因素试验。试验因素常用大写字母 $A,B,C,\cdots$ 表示。试验因素所处的某种特定状态或数量等级称为因素水平，简称水平。如比较3个品种奶牛产奶量的高低，这3个品种就是奶牛品种这个试验因素的3个水平；研究某种饲料中4种不同能量水平对肥育猪瘦肉率的影响，这4种特定的能量水平就是饲料能量这一试验因素的4个水平。因素水平用代表该因素的字母加添足标 $1,2,\cdots$ 来表示。如 $A_1,A_2,\cdots$；$B_1,B_2,\cdots$。在多个因素和因素水平的试验中，几个效果较强的因素搭配组合试验后不一定出现最强的效果，如何搭配两个因素使试验的效果更明显，这种因素间的搭配所产生的新的影响叫做**交互作用**。在单因素方差分析中不存在交互作用，在多个因素试验中交互作用是存在的。

下面是一个单因素方差分析问题。

例 9.1.1　比较研究某种农作物四种不同品种的产量，选取 20 块面积相同、土壤环境相同的土地，每个品种选取 5 块，用相同的耕作方式，产量结果如下：

品种	产量/kg					$\bar{x}_i$/kg
1	45	51	38	48	41	44.6
2	38	32	29	45	39	36.6
3	39	45	44	49	42	43.8
4	35	36	31	37	32	34.2

下面我们结合上表指出因素、水平的具体意义，在本试验中，农作物的产量是试验指标，本例中我们只考虑品种这一个因素对农作物的影响，即品种是因素，每个品种选取 5 块土地。

例 9.1.2　比较研究某种化学药品四种不同试剂在五种不同温度下对得出结晶体质量的影响。每种试剂选取 5 瓶药品，测得在不同温度下结晶晶体的质量如下：

品种＼温度	B_1	B_2	B_3	B_4	B_5
A_1	334	312	333	267	277
A_2	245	222	231	211	209
A_3	333	343	354	278	290
A_4	453	444	367	389	453

本例中我们考虑的问题是：

(1) 不同温度下结晶晶体的质量是否有显著差异；

(2) 不同试剂对结晶晶体的质量是否有显著差异。

影响结晶体质量的因素在此有两个，一个是试剂的种类，另一个是温度。这是一个双因素方差分析问题，我们只考虑两个因素在不同水平上的试验结果，不考虑交互作用，所以在每个水平上只做一次试验。

例 9.1.3　比较研究某种化学药品在四种不同试剂、五种不同温度下得出结晶体的质量的影响。选取每种试剂共 20 瓶，在与例 9.1.2 同等条件下，每种试剂在五种不同温度下搭配做两次独立试验测得结晶体的质量结果如下：

g

品种＼温度	B_1	B_2	B_3	B_4	B_5
A_1	334,345	300,279	267,300	277,290	280,283
A_2	233,260	231,250	211,180	209,232	209,310
A_3	333,310	354,389	278,345	290,256	300,277
A_4	453,478	367,400	411,388	398,422	403,385

本例中我们考虑的问题是温度、试剂以及它们的交互作用下结晶体的质量是否有显著差异，所以我们对每一种搭配做两次试验。

9.2 单因素方差分析

9.2.1 问题模型

在例 9.1.1 中，若假定四个不同品种的产量来自四个不同的总体，而同一品种的作物的产量可以认为来自同一总体，不同品种作物的产量的差异性来自作物品种本身以及随机因素，同一品种作物的产量的差异性仅来自相关随机因素，进而对于品种对作物的影响是否具有显著性的问题就化为判断四个不同的总体是否具有相同分布，分布函数一般我们采用正态分布，因为正态分布是最常见的分布，大部分随机问题都服从正态分布。

设单因素 A 具有的水平为 $A_1,A_2,\cdots,A_r$，它们对应的总体为 $X_1,X_2,\cdots,X_r$，并假定 $X_i\sim N(\mu_i,\sigma^2)(i=1,2,\cdots,r)$，且可以认为 $X_1,X_2,\cdots,X_r$ 相互独立。这里我们强调的是单因素试验，于是在试验中，其他试验的条件尽量保持一致，变量的取值波动性由随机因素决定，我们可以认为总体的方差是相同的，于是分布是否相同取决于均值是否相同，即因素 A 的影响是否显著问题可以归结为在相同方差的正态总体问题下检验均值是否相同，进而检验的假设问题为

$$H_0: \mu_1=\mu_2=\cdots=\mu_r,$$

$$H_1: \mu_i \text{ 不全相等}, \quad i=1,2,\cdots,r。$$

如果 H_0 成立，则总体 $X_1,X_2,\cdots,X_r$ 服从相同的正态分布，因素 A 的影响不显著；如果 H_0 不成立，总体 $X_1,X_2,\cdots,X_r$ 不服从相同的正态分布，因素 A 的影响就是显著的。

取容量为 n 的样本，其中，在水平 A_i 上，容量为 n_i 样本为 $X_{i1},X_{i2},\cdots,X_{in_i}$ $(i=1,2,\cdots,r)$，设 X_{ij} $(i=1,2,\cdots,r;\ j=1,2,\cdots,n_i)$ 表示第 i 个因素的第 j 个抽样变量，且 $X_{ij}\sim N(\mu_i,\sigma^2)$，这里 $\sum\limits_{i=1}^{r}n_i=n$，记

$$\overline{X_i}=\frac{1}{n_i}\sum_{j=1}^{n_i}X_{ij},\quad \overline{X}=\frac{1}{n}\sum_{i=1}^{r}\sum_{j=1}^{n_i}X_{ij}$$

分别为水平 A_i 内平均值与总平均值。

现在我们开始讨论单因素方差分析。设因素 A 有 r 个水平 $A_1,A_2,\cdots,A_r$，在每个水平 A_j $(j=1,2,\cdots,r)$ 下进行 n_j $(n_j\geqslant 2)$ 次独立试验，数据模式如下表所示：

A 的水平	抽样结果				A_i 水平内平均数
A_1	x_{11}	x_{12}	…	x_{1n_1}	$\overline{X}_1$
A_2	x_{21}	x_{22}	…	x_{2n_2}	$\overline{X}_2$
⋮	⋮	⋮		⋮	⋮
A_i	x_{i1}	x_{i2}	…	x_{in_i}	$\overline{X}_i$
⋮	⋮	⋮		⋮	⋮
A_r	x_{r1}	x_{r2}	…	x_{rn_r}	$\overline{X}_r$
合计					$\overline{X}$

9.2.2 平方和的分解

为了引入假设检验的统计量,我们引入总离差平方和的概念。

$$S_T=\sum_{i=1}^{r}\sum_{j=1}^{n_i}(X_{ij}-\overline{X})^2$$

是在各个水平下全部样本与总平均的差异,它反映的是数据的分散程度,故 S_T 又叫做总离差平方和。

$$S_T=\sum_{i=1}^{r}\sum_{j=1}^{n_i}(X_{ij}-\overline{X})^2=\sum_{i=1}^{r}\sum_{j=1}^{n_i}[(X_{ij}-\overline{X}_i)-(\overline{X}-\overline{X}_i)]^2$$

$$=\sum_{i=1}^{r}\sum_{j=1}^{n_i}(X_{ij}-\overline{X}_i)^2-2\sum_{i=1}^{r}\sum_{j=1}^{n_i}(X_{ij}-\overline{X}_i)(\overline{X}-\overline{X}_i)+\sum_{i=1}^{r}\sum_{j=1}^{n_i}(\overline{X}-\overline{X}_i)^2。$$

上式的中间项

$$2\sum_{i=1}^{r}\sum_{j=1}^{n_i}(X_{ij}-\overline{X}_i)(\overline{X}-\overline{X}_i)=2\sum_{i=1}^{r}(\overline{X}-\overline{X}_i)\sum_{j=1}^{n_i}(X_{ij}-\overline{X}_i)$$

$$=2\sum_{i=1}^{r}(\overline{X}-\overline{X}_i)\left(\sum_{j=1}^{n_i}X_{ij}-n_i\overline{X}_i\right)=0。$$

S_T 分解为

$$S_T=S_E+S_A。$$

其中

$$S_E=\sum_{i=1}^{r}\sum_{j=1}^{n_i}(X_{ij}-\overline{X}_i)^2,\quad S_A=\sum_{i=1}^{r}\sum_{j=1}^{n_i}(\overline{X}_i-\overline{X})^2=\sum_{i=1}^{r}n_i(\overline{X}_i-\overline{X})^2。$$

S_E 中每一个加项 $\sum_{j=1}^{n_i}(X_{ij}-\overline{X}_i)^2$ 只涉及水平 A_i 这一组内的数据,与其他水平 A_j 内的数据无关,它表示在水平 A_i 的一组内的样本观察值与其样本均值的差异,可以看作是由因素水平 A_i 及随机因素引起的误差,S_E 称为组内平方和或误差平方和。S_A 中每一个加项 $n_i(\overline{X}_i-\overline{X})^2$ 涉及水平 A_i 内数据的平均值与总体均值的差异,S_A 称为组间平方和或系统效应平方和。

在总离差平方和 S_T 中,S_T 分解为两部分 S_E 与 S_A 的和,在和中,如果 S_A 比 S_E 占优,则因素A程度显著,即 S_A/S_E 比值大,说明水平差异是影响总差异的主要原因。于是,我们构造与 S_A/S_E 相关的统计量,令 $S_i^2=\frac{1}{n_i-1}\sum_{j=1}^{n_i}(X_{ij}-\overline{X}_i)^2(i=1,2,\cdots,r)$。则 $\frac{(n_i-1)S_i^2}{\sigma^2}\sim\chi^2(n_i-1)$,于是

$$\frac{\sum_{j=1}^{n_i}(X_{ij}-\overline{X}_i)^2}{\sigma^2}\sim\chi^2(n_i-1)。$$

由于各样本 X_{ij} 相互独立,根据 χ^2 分布的可加性及 $\sum_{i=1}^{r}(n_i-1)=n-r$,可得

$$\frac{S_E}{\sigma^2} \sim \chi^2(n-r)。$$

同理可得$\frac{S_A}{\sigma^2} \sim \chi^2(r-1)$,且 S_E 与 S_A 相互独立,进而得

$$F = \frac{S_A/(r-1)}{S_E/(n-r)} \sim F(r-1, n-r)。$$

于是在水平 α 下,拒绝域为 $F \geqslant F_\alpha(r-1, n-r)$,此处 $F_\alpha(r-1, n-r)$是 $F(r-1, n-r)$的上 α 分位点。

将上述分析过程用表总结如下。单因素方差分析表如下所示:

方差来源	平方和	自由度	均方	F 值
因素 A	S_A	$r-1$	$\bar{S}_A = \frac{S_A}{r-1}$	$\frac{\bar{S}_A}{\bar{S}_E}$
误差	S_E	$n-r$	$\bar{S}_E = \frac{S_E}{n-r}$	
总和	S_T	$n-1$		

例 9.2.1 在例 9.1.1 中我们提出假设检验($\alpha=0.05$)判别作物不同品种对产量的影响是否显著。

解 需检验假设为

$$H_0: \mu_1 = \mu_2 = \mu_3 = \mu_4,$$
$$H_1: \mu_1, \mu_2, \mu_3, \mu_4 \text{ 不全相等。}$$

这里 $r=4, n_1=n_2=n_3=n_4=5, n=20$,所以得

$$\bar{X} = 39.8,$$

$$S_T = \sum_{i=1}^{4}\sum_{j=1}^{5}(X_{ij} - \bar{X})^2 = 751.2,$$

$$\bar{X}_1 = 44.6,\ \bar{X}_2 = 36.6,\ \bar{X}_3 = 43.8,\ \bar{X}_4 = 34.2,$$

$$S_E = \sum_{i=1}^{4}\sum_{j=1}^{5}(X_{ij} - \bar{X}_i)^2 = 348,$$

$$S_A = S_T - S_E = 403.2$$

S_A, S_E, S_T 的自由度依次为 $r-1=3, n-r=16, n-1=19$。

单因素方差分析表如下所示:

方差来源	平方和	自由度	均方	F 值
因素	403.2	3	134.4	6.179
误差	348	16	21.75	
总和	751.2	19		

由于 $F_{0.05}(3,16) = 3.24 < 6.179$,故在显著水平 0.05 下拒绝 H_0,认为作物不同品种对产量的影响有显著的差异。

9.3 双因素方差分析

9.3.1 双因素方差分析的相关约定

前面讨论了单因素方差分析，在试验中，试验结果往往受到多因素的影响，这些因素交互产生作用，这时，我们需要同时研究多因素对试验结果的影响。如农作物的产量试验中，需要同时考虑肥料和品种对农作物产量的影响。于是该问题就存在两个因素：一个因素是肥料的种类，另一个因素是种子的品种。它们两者通过交互作用影响着农作物的产量。我们的目的是通过试验合理选取使产量达到最高的肥料种类和种子品种。由于有交互作用的影响，所以不同种类的肥料和不同品种的种子分别对产量的综合影响在效果上不能等同于它们各自对产量影响的简单叠加，即肥料类型和种子品种要合理搭配才能使产量最高。

本节我们仅介绍双因素的方差分析，多因素的考虑方法是类似的。对于双因素的方差分析我们分两种情况讨论，即无交互作用的双因素的方差分析和有交互作用的双因素的方差分析。

9.3.2 相关假设

设因素 A 有 r 个不同的水平 $A_1,A_2,\cdots,A_r$，因素 B 有 s 个不同的水平 $B_1,B_2,\cdots,B_s$，对每种不同水平的组合 (A_i,B_j) 均进行一次独立试验，设对应的随机变量为 X_{ij}，$X_{ij}\sim N(\mu_{ij},\sigma^2)(i=1,2,\cdots,r;\ j=1,2,\cdots,s)$。

引入记号

$$\mu=\frac{1}{rs}\sum_{i=1}^{r}\sum_{j=1}^{s}\mu_{ij},$$

$$\mu_{i.}=\frac{1}{s}\sum_{j=1}^{s}\mu_{ij},\quad i=1,2,\cdots,r,$$

$$\mu_{.j}=\frac{1}{r}\sum_{i=1}^{r}\mu_{ij},\quad j=1,2,\cdots,s。$$

$$\mu=\frac{1}{r}\sum_{i=1}^{r}\mu_{i.}=\frac{1}{s}\sum_{j=1}^{s}\mu_{.j},$$

$$\alpha_i=\mu_{i.}-\mu,$$

$$\beta_j=\mu_{.j}-\mu,$$

$$\gamma_{ij}=\mu_{ij}-\mu_{i.}-\mu_{.j}+\mu。$$

其中，$\mu,\mu_{i.},\mu_{.j}$ 分别代表总体均值的总平均、水平 A_i 下的总体均值的平均、水平 B_j 下的总体均值的平均，α_i 和 β_j 代表水平 A_i 总体和 B_j 总体均值下与变量均值的差异。

整理上面式子，易知

$$\sum_{i=1}^{r}\alpha_i=0,\quad \sum_{j=1}^{s}\beta_j=0,\quad \sum_{i=1}^{r}\gamma_{ij}=0,\quad \sum_{j=1}^{s}\gamma_{ij}=0,$$

$$\mu_{ij}=\mu+\alpha_i+\beta_j+\gamma_{ij}。$$

于是，提出下列检验：

$$\begin{cases} H_A: \alpha_i = 0, & i=1,2,\cdots,r, \\ H_B: \beta_i = 0, & j=1,2,\cdots,s \\ H_{AB}: \gamma_{ij} = 0, & i=1,2,\cdots,r;\ j=1,2,\cdots,s。 \end{cases}$$

这里,判断因素 A 的影响是否显著,即是要检验假设 H_A;判断因素 B 的影响是否显著,即是要检验假设 H_B;判断因素 A,B 的交互作用影响是否显著,即是要检验假设 H_{AB}。下面我们分无交互作用和有交互作用情况来讨论。

9.3.3 无交互作用情况

由于不考虑交互作用的影响,所以在前面的假设中,应该用假定

$$\gamma_{ij}=0,\quad i=1,2,\cdots,r;\quad j=1,2,\cdots,s。$$

进而

$$\mu_{ij}=\mu+\alpha_i+\beta_j,\quad i=1,2,\cdots,r;\quad j=1,2,\cdots,s。$$

无交互作用双因素方差分析数据结构如下表所示:

因素 B / 因素 A	B_1	B_2	…	B_s	平均
A_1	X_{11}	X_{12}	…	X_{1s}	$\overline{X}_{1.}$
A_2	X_{21}	X_{22}	…	X_{2s}	$\overline{X}_{2.}$
⋮	⋮	⋮		⋮	⋮
A_r	X_{r1}	X_{r2}	…	X_{rs}	$\overline{X}_{r.}$
平均	$\overline{X}_{.1}$	$\overline{X}_{.2}$	…	$\overline{X}_{.s}$	$\overline{X}$

这里

$$\overline{X}=\frac{1}{rs}\sum_{i=1}^{r}\sum_{j=1}^{s}X_{ij},$$

$$\overline{X}_{i.}=\frac{1}{s}\sum_{j=1}^{s}X_{ij},\quad i=1,2,\cdots,r,$$

$$\overline{X}_{.j}=\frac{1}{r}\sum_{i=1}^{r}X_{ij},\quad j=1,2,\cdots,s。$$

于是模型可以变为

$$\begin{cases} X_{ij}=\mu+\alpha_i+\beta_j+\varepsilon_{ij}, \\ \varepsilon_{ij}\sim N(0,\sigma^2)\text{ 且相互独立}, \quad i=1,2,\cdots,r;\ j=1,2,\cdots,s, \\ \sum_{i=1}^{r}\alpha_i=0,\ \sum_{j=1}^{s}\beta_j=0. \end{cases}$$

模型提出下列检验:

$$\begin{cases} H_A: \alpha_i=0, & i=1,2,\cdots,r, \\ H_B: \beta_j=0, & j=1,2,\cdots,s。 \end{cases}$$

对于总离差平方和,我们按照前面的方法进行分解:

$$
\begin{aligned}
S_{\mathrm{T}} &= \sum_{i=1}^{r}\sum_{j=1}^{s}(X_{ij}-\overline{X})^2 \\
&= \sum_{i=1}^{r}\sum_{j=1}^{s}[(X_{ij}-\overline{X}_{i.}-\overline{X}_{.j}+\overline{X})+(\overline{X}_{i.}-\overline{X})+(\overline{X}_{.j}-\overline{X})]^2 \\
&= \sum_{i=1}^{r}\sum_{j=1}^{s}(X_{ij}-\overline{X}_{i.}-\overline{X}_{.j}+\overline{X})^2+s\sum_{i=1}^{r}(\overline{X}_{i.}-\overline{X})^2+r\sum_{j=1}^{s}(\overline{X}_{.j}-\overline{X})^2 \\
&= S_{\mathrm{R}}+S_{\mathrm{A}}+S_{B}。
\end{aligned}
$$

其中，$S_{\mathrm{R}}=\sum_{i=1}^{r}\sum_{j=1}^{s}(X_{ij}-\overline{X}_{i.}-\overline{X}_{.j}+\overline{X})^2$ 称为误差平方和，它反映了误差的波动和随机性；$S_{\mathrm{A}}=s\sum_{i=1}^{r}(\overline{X}_{i.}-\overline{X})^2$ 称为因素A的偏差平方和；$S_B=r\sum_{j=1}^{s}(\overline{X}_{.j}-\overline{X})^2$ 称为因素B的偏差平方和。

下面我们构造检验统计量，当 H_A 为真时，$\alpha_i=0, i=1,2,\cdots,r$，即 $\alpha_i=\mu_{i.}-\mu=0$。又由于 $\gamma_{ij}=\mu_{ij}-\mu_{i.}-\mu_{.j}+\mu=0$，进而

$$\mu_{ij}=\mu_{.j},\quad i=1,2,\cdots,r;\ j=1,2,\cdots,s,$$

$$X_{ij}\sim N(\mu_{.j},\sigma^2),\quad i=1,2,\cdots,r;\ j=1,2,\cdots,s。$$

则对任意 i，$X_{i1},X_{i2},\cdots,X_{is}\sim N(\mu_{.j},\sigma^2)$，有

$$\frac{S_{\mathrm{A}}}{\sigma^2}\sim\chi^2(r-1),$$

$$\frac{S_{\mathrm{R}}}{\sigma^2}\sim\chi^2((r-1)(s-1))。$$

由于 $S_{\mathrm{A}}, S_{\mathrm{R}}$ 相互独立，于是

$$F_{\mathrm{A}}=\frac{S_{\mathrm{A}}/(r-1)}{S_{\mathrm{R}}/(r-1)(s-1)}\sim F(r-1,(r-1)(s-1))。$$

拒绝域为

$$F_{\mathrm{A}}\geqslant F_{\alpha}(r-1,(r-1)(s-1))。$$

同理可得，当 H_B 为真时，有

$$F_{B}=\frac{S_{B}/(s-1)}{S_{\mathrm{R}}/(r-1)(s-1)}\sim F(s-1,(r-1)(s-1))。$$

拒绝域为

$$F_{B}\geqslant F_{\alpha}(s-1,(r-1)(s-1))。$$

无交互作用双因素方差分析如下表所示：

方差来源	平方和	自由度	均方	F值
因素 A	$S_{\mathrm{A}}=s\sum_{i=1}^{r}(\overline{X}_{i.}-\overline{X})^2$	$r-1$	$\overline{S}_{\mathrm{A}}=\frac{S_{\mathrm{A}}}{r-1}$	$F_{\mathrm{A}}=\frac{\overline{S}_{\mathrm{A}}}{\overline{S}_{\mathrm{R}}}$
因素 B	$S_B=r\sum_{j=1}^{s}(\overline{X}_{.j}-\overline{X})^2$	$s-1$	$\overline{S}_B=\frac{S_B}{s-1}$	$F_B=\frac{\overline{S}_B}{\overline{S}_{\mathrm{R}}}$

续表

方差来源	平方和	自由度	均方	F值
误差	$S_R=\sum_{i=1}^{r}\sum_{j=1}^{s}(X_{ij}-\overline{X}_{i.}-\overline{X}_{.j}+\overline{X})^2$	$(r-1)(s-1)$	$\overline{S}_R=\frac{S_R}{(r-1)(s-1)}$	
总和	$S_T=\sum_{i=1}^{r}\sum_{j=1}^{s}(X_{ij}-\overline{X})^2$	$rs-1$		

例 9.3.1 在例 9.1.2 中我们提出假设检验($\alpha=0.05$):判别试剂种类和温度对结晶质量是否有显著的影响。

解 这里 $r=4,n_1=n_2=n_3=n_4=5,n=20$,所以有

$$H_{A0}:\alpha_1=\alpha_2=\alpha_3=\alpha_4=0,$$

$$H_{A1}:\alpha_1,\alpha_2,\alpha_3,\alpha_4\ \text{不全相等};$$

$$H_{B0}:\beta_1=\beta_2=\beta_3=\beta_4=\beta_5=0,$$

$$H_{B1}:\beta_1,\beta_2,\beta_3,\beta_4,\beta_5\ \text{不全相等}。$$

假设为

$$\overline{X}=317.25,$$

$$\overline{X}_{1.}=304.6,\overline{X}_{2.}=223.6,\overline{X}_{3.}=319.6,\overline{X}_{4.}=421.2,$$

$$\overline{X}_{.1}=341.25,\overline{X}_{.2}=330.25,\overline{X}_{.3}=321.25,\overline{X}_{.4}=286.25,\overline{X}_{.5}=307.25。$$

从而可得

$$S_A=5\sum_{i=1}^{4}(X_{i.}-\overline{X})^2=98707.35,$$

$$S_B=4\sum_{j=1}^{5}(X_{.j}-\overline{X})^2=7288,$$

$$S_R=\sum_{i=1}^{4}\sum_{j=1}^{5}(X_{ij}-\overline{X}_{i.}-\overline{X}_{.j}+\overline{X})^2=8534.45,$$

$$S_T=\sum_{i=1}^{4}\sum_{j=1}^{5}(X_{ij}-\overline{X})^2=114530。$$

S_A,S_B,S_R,S_T 的自由度计算为 $r-1=3,s-1=4,(r-1)(s-1)=12,rs-1=19$。

无交互作用双因素方差分析如下表所示:

方差来源	平方和	自由度	均方	F值
因素 A	98707.35	3	32902.45	46.26329
因素 B	7288	4	1822	2.5618
误差	8534.4	12	711.2	
总和	114530	19		

由于 $F_{0.05}(3,12)=3.49<F_A=46.26329$，$F_{0.05}(4,12)=3.26>F_B=2.5618$，故在显著水平 0.05 下拒绝 H_A，接受 H_B，认为试剂种类对结晶质量影响显著，而试剂温度对结晶质量影响无显著的差异。

9.3.4 有交互作用情况

设因素 A 有 r 个不同的水平 $A_1,A_2,\cdots,A_r$，因素 B 有 s 个不同的水平 $B_1,B_2,\cdots,B_s$，由于因素 A 与因素 B 在实验中的交互作用对试验结果产生明确的影响，对每种不同水平的组合 (A_i,B_j) 要进行 $t(t\geqslant 2)$ 次独立试验，试验结果如下表所示：

因素 B / 因素 A	B_1	B_2	…	B_s
A_1	$X_{111},X_{112},\cdots,X_{11t}$	$X_{121},X_{122},\cdots,X_{12t}$	…	$X_{1s1},X_{1s2},\cdots,X_{1st}$
A_2	$X_{211},X_{212},\cdots,X_{21t}$	$X_{221},X_{222},\cdots,X_{22t}$	…	$X_{2s1},X_{2s2},\cdots,X_{2st}$
⋮	⋮	⋮		⋮
A_r	$X_{r11},X_{r12},\cdots,X_{r1t}$	$X_{r21},X_{r22},\cdots,X_{r2t}$	…	$X_{rs1},X_{rs2},\cdots,X_{rst}$

设对应的随机变量为

$$X_{ijk}\sim N(\mu_{ij},\sigma^2),\quad i=1,2,\cdots,r;\ j=1,2,\cdots,s;\ k=1,2,\cdots,t。$$

其中，X_{ijk} 相互独立，根据前面的假设，有交互作用的双因素方差分析模型为

$$\begin{cases}X_{ijk}=\mu+\alpha_i+\beta_j+\gamma_{ij}+\varepsilon_{ijk},\\ \varepsilon_{ijk}\sim N(0,\sigma^2),\text{且相互独立},\\ i=1,2,\cdots,r;\ j=1,2,\cdots,s;\ k=1,2,\cdots,t。\end{cases}$$

其中

$$\mu=\frac{1}{rs}\sum_{i=1}^{r}\sum_{j=1}^{s}\mu_{ij},\quad \mu_{i.}=\frac{1}{s}\sum_{j=1}^{s}\mu_{ij},\quad \mu_{.j}=\frac{1}{r}\sum_{i=1}^{r}\mu_{ij},$$
$$\alpha_i=\mu_{i.}-\mu,\quad \beta_j=\mu_{.j}-\mu,\quad \gamma_{ij}=\mu_{ij}-\mu_{i.}-\mu_{.j}+\mu,$$
$$i=1,2,\cdots,r;\ j=1,2,\cdots,s。$$

计算得

$$\sum_{i=1}^{r}\alpha_i=\sum_{j=1}^{s}\beta_j=0。$$

μ 为总平均，α_i 和 β_j 分别代表水平 A_i 和 B_j 的效应，且

$$\mu_{ij}=\mu+\alpha_i+\beta_j+\gamma_{ij}。$$

μ 为总平均，α_i 和 β_j 分别代表水平 A_i 和 B_j 的效应，且 γ_{ij} 称为水平 A_i 和 B_j 的交互效应，它们满足：

$$\sum_{i=1}^{r}\gamma_{ij}=\sum_{j=1}^{s}\gamma_{ij}=0。$$

于是原模型可以归结为

$$\begin{cases} X_{ijk}=\mu+\alpha_i+\beta_j+\gamma_{ij}+\varepsilon_{ijk}, \\ \varepsilon_{ijk}\sim N(0,\sigma^2),\text{且相互独立}, \\ \sum_{i=1}^{r}\alpha_i=\sum_{j=1}^{s}\beta_j=0, \\ \sum_{i=1}^{r}\gamma_{ij}=\sum_{j=1}^{s}\gamma_{ij}=0, \\ i=1,2,\cdots,r;\ j=1,2,\cdots,s;\ k=1,2,\cdots,t。 \end{cases}$$

对此模型,我们需要对下面的假设进行检验:

$$H_A: \alpha_i=0,\quad i=1,2,\cdots,r,$$

$$H_B: \beta_j=0,\quad j=1,2,\cdots,s,$$

$$H_{AB}: \gamma_{ij}=0,\quad i=1,2,\cdots,r; j=1,2,\cdots,s。$$

下面构造统计量利用模型进行数据分析:

$$\bar{X}=\frac{1}{rst}\sum_{i=1}^{r}\sum_{j=1}^{s}\sum_{k=1}^{t}X_{ijk}。$$

$$\bar{X}_{ij.}=\frac{1}{t}\sum_{k=1}^{t}X_{ijk},\quad i=1,2,\cdots,r;\ j=1,2,\cdots,s.$$

$$\bar{X}_{i..}=\frac{1}{s}\sum_{j=1}^{s}\bar{X}_{ij.},\quad i=1,2,\cdots,r.$$

$$\bar{X}_{.j.}=\frac{1}{r}\sum_{i=1}^{r}\bar{X}_{ij.}\quad j=1,2,\cdots,s。$$

对于总偏差平方和,我们按照前面的方法进行分解:

$$\begin{aligned} S_T&=\sum_{i=1}^{r}\sum_{j=1}^{s}\sum_{k=1}^{t}(X_{ijk}-\bar{X})^2 \\ &=\sum_{i=1}^{r}\sum_{j=1}^{s}\sum_{k=1}^{t}[(X_{ijk}-\bar{X}_{ij.})+(\bar{X}_{i..}-\bar{X})+(\bar{X}_{.j.}-\bar{X})+ \\ &\quad(\bar{X}_{ij.}-\bar{X}_{i..}-\bar{X}_{.j.}+\bar{X})]^2 \\ &=\sum_{i=1}^{r}\sum_{j=1}^{s}\sum_{k=1}^{t}(X_{ijk}-\bar{X}_{ij.})^2+st\sum_{i=1}^{r}(\bar{X}_{i..}-\bar{X})^2+rt\sum_{j=1}^{s}(\bar{X}_{.j.}-\bar{X})^2+ \\ &\quad t\sum_{i=1}^{r}\sum_{j=1}^{s}(\bar{X}_{ij.}-\bar{X}_{i..}-\bar{X}_{.j.}+\bar{X})^2\triangleq S_R+S_A+S_B+S_{AB}。 \end{aligned}$$

平方和的分解式为

$$S_T=S_R+S_A+S_B+S_{AB},$$

$$S_R=\sum_{i=1}^{r}\sum_{j=1}^{s}\sum_{k=1}^{t}(X_{ijk}-\bar{X}_{ij.})^2,$$

$$S_A=st\sum_{i=1}^{r}(\bar{X}_{i..}-\bar{X})^2,$$

$$S_B = rt\sum_{j=1}^{s}(\overline{X}_{.j.} - \overline{X})^2,$$

$$S_{AB} = t\sum_{i=1}^{r}\sum_{j=1}^{s}(\overline{X}_{ij.} - \overline{X}_{i..} - \overline{X}_{.j.} + \overline{X})^2。$$

其中,S_R 称为误差平方和;S_A,S_B 称为因素 A 和因素 B 的偏差平方和;S_{AB} 称为因素 A 和因素 B 的交互效应偏差平方和。

下面我们构造检验统计量。

当 H_A 为真时,有

$$\frac{S_A}{\sigma^2} \sim \chi^2(r-1), \quad \frac{S_R}{\sigma^2} \sim \chi^2(rs(t-1))。$$

由于 S_A,S_R 相互独立,于是

$$F_A = \frac{S_A/(r-1)}{S_R/rs(t-1)} \sim F(r-1, rs(t-1))。$$

拒绝域为

$$F_A \geqslant F_\alpha(r-1, rs(t-1))。$$

同理可得,当 H_B 为真时,有

$$F_B = \frac{S_B/(s-1)}{S_R/rs(t-1)} \sim F(s-1, rs(t-1))。$$

拒绝域为

$$F_B \geqslant F_\alpha(s-1, rs(t-1))。$$

当 H_{AB} 为真时,有

$$F_{AB} = \frac{S_{AB}/(r-1)(s-1)}{S_R/rs(t-1)} \sim F((r-1)(s-1), rs(t-1))。$$

拒绝域为

$$F_{AB} \geqslant F_\alpha((r-1)(s-1), rs(t-1))。$$

有交互作用双因素方差分析如下表所示:

方差来源	平方和	自由度	均方	F 值
因素 A	$S_A = st\sum_{i=1}^{r}(\overline{X}_{i..} - \overline{X})^2$	$r-1$	$\overline{S}_A = \frac{S_A}{r-1}$	$F_A = \frac{\overline{S}_A}{\overline{S}_R}$
因素 B	$S_B = rt\sum_{j=1}^{s}(\overline{X}_{.j.} - \overline{X})^2$	$s-1$	$\overline{S}_B = \frac{S_B}{s-1}$	$F_B = \frac{\overline{S}_B}{\overline{S}_R}$
交互因素 AB	$S_{AB} = t\sum_{i=1}^{r}\sum_{j=1}^{s}(\overline{X}_{ij.} - \overline{X}_{i..} - \overline{X}_{.j.} + \overline{X})^2$	$(r-1)(s-1)$	$\overline{S}_{AB} = \frac{S_{AB}}{(r-1)(s-1)}$	$F_{AB} = \frac{\overline{S}_{AB}}{\overline{S}_R}$
误差	$S_R = \sum_{i=1}^{r}\sum_{j=1}^{s}\sum_{k=1}^{t}(X_{ijk} - \overline{X}_{ij.})^2$	$rs(t-1)$	$\overline{S}_R = \frac{S_R}{rs(t-1)}$	
总和	$S_T = \sum_{i=1}^{r}\sum_{j=1}^{s}\sum_{k=1}^{t}(X_{ijk} - \overline{X})^2$	$rst-1$		

例 9.3.2 用方差分析方法判别例 9.1.3 中试剂的种类、试剂的温度对结晶质量影响是否显著,试剂的种类和温度的交互作用对结晶质量是否有显著影响。

解 本例中，$r=4,s=5,t=2,\alpha=0.05$，具体计算如下。

$H_{A0}:\alpha_1=\alpha_2=\alpha_3=\alpha_4=0$，

$H_{A1}:\alpha_1,\alpha_2,\alpha_3,\alpha_4$ 不全为零；

$H_{B0}:\beta_1=\beta_2=\beta_3=\beta_4=\beta_5=0$，

$H_{B1}:\beta_1,\beta_2,\beta_3,\beta_4,\beta_5$ 不全为零；

$H_{AB0}:\gamma_{ij}=0(i=1,2,3,4;\ j=1,2,3,4,5)$；

$H_{AB1}:\gamma_{ij}$ 不全为 $0(i=1,2,3,4;\ j=1,2,3,4,5)$。

$\overline{X}=312.925$，

$\overline{X}_{1..}=295.5,\overline{X}_{2.}=232.5,\overline{X}_{3.}=313.2,\overline{X}_{4.}=410.5$，

$\overline{X}_{.1.}=343.25,\overline{X}_{.2}=321.25,\overline{X}_{.3}=297.5,\overline{X}_{.4}=296.75,\overline{X}_{.5}=305.875$，

$$\overline{X}_{ij.}=(\overline{X}_{ij.})_{4\times5}=\begin{bmatrix}339.5 & 289.5 & 283.5 & 283.5 & 281.5\\ 246.5 & 240.5 & 195.5 & 220.5 & 259.5\\ 321.5 & 371.5 & 311.5 & 273 & 288.5\\ 465.5 & 383.5 & 399.5 & 410 & 394\end{bmatrix},$$

$$S_A=10\sum_{i=1}^{4}(\overline{X}_{i..}-\overline{X})^2=162930,$$

$$S_B=8\sum_{j=1}^{5}(\overline{X}_{.j.}-\overline{X})^2=12305,$$

$$S_{AB}=2\sum_{i=1}^{4}\sum_{j=1}^{5}(\overline{X}_{ij.}-\overline{X}_{i..}-\overline{X}_{.j.}+\overline{X})^2=17299,$$

$$S_{\mathrm{R}}=\sum_{i=1}^{4}\sum_{j=1}^{5}\sum_{k=1}^{2}(X_{ijk}-\overline{X}_{ij.})^2=12841。$$

$S_A,S_B,S_{AB},S_{\mathrm{R}},S_{\mathrm{T}}$ 的自由度计算分别如下，$r-1=3,s-1=4,(r-1)(s-1)=12$，$rs(t-1)=20,rst-1=39$。有交互作用双因素方差分析如下表所示：

方差来源	平方和	自由度	均方	F 值
因素 A	$S_A=162930$	3	54309	84.5905
因素 B	$S_B=12305$	4	3076.3	4.7916
交互因素 AB	$S_{AB}=17299$	12	1441.6	2.2454
误差	$S_{\mathrm{R}}=12841$	20	642.025	
总和	$S_{\mathrm{T}}=205370$	39		

由于

$$F_{0.05}(3,20)=3.10<F_A=84.5905,$$

$$F_{0.05}(4,20)=2.87<F_B=4.7916,$$

$$F_{0.05}(3,20)=3.10>F_{AB}=2.2454。$$

故在显著水平 0.05 下拒绝 H_A,H_B,H_{AB},认为试剂的种类对结晶质量影响显著,而试剂温度对结晶质量影响有显著的差异,试剂的种类和温度的交互作用对结晶质量影响不是显著的。

由计算知,$\bar{x}_{41.}=465.5$ 是所有 $\bar{x}_{ij.}$ 中最大者,故搭配(A_4,B_1)为合理搭配,也是生产中选用的方案。

习题 9

1. 思考题

(1) 在农作物试验中,同一品种为什么要选取多块土地做试验?

(2) 试验中方差相等的假设的意义是什么?

(3) 例 9.3.2 中为什么要做两次试验? 例 9.3.1 中为什么只要做一次试验?

2. 抽查某地区 3 所小学五年级男生的身高,得出数据如下:

cm

小　学	身高数据					
第一小学	128.1	134.1	133.1	138.9	140.8	127.4
第二小学	150.3	147.9	136.8	126.0	150.7	155.8
第三小学	140.6	143.1	144.5	143.7	148.5	146.4

试问该地区 3 所小学五年级男生的平均身高是否有显著差异?(取显著性水平 $\alpha=0.05$)

3. 下面给出了小白鼠在接种 3 种不同菌型伤寒杆菌后的存活日数:

菌　型	存活日数									
1 菌型	2	4	3	2	4	7	7	2	5	4	
2 菌型	5	6	8	5	10	7	12	6	6		
3 菌型	7	11	6	6	7	9	5	10	6	3	10

用 MATLAB 判断 3 种不同菌型的平均存活日数是否有显著差异?(取显著性水平 $\alpha=0.05$)

4. 用 4 种不同型号的仪器对某种机器零件的七级光洁表面进行检查,每种仪器分别在同一表面反复测 4 次,得到数据如下:

仪器型号	数　据			
1	−0.21	−0.06	−0.17	−0.14
2	0.16	0.08	0.03	0.11
3	0.10	−0.07	0.15	−0.02
4	0.12	−0.04	−0.02	0.11

试从这些数据推断 4 种仪器的型号对测试结果有无显著差异。(取显著性水平 $\alpha=0.05$)

5. 车间里有 5 名工人,有 3 台不同型号的车床,生产同一品种的产品,现在让每个工人轮流在 3 台车床上操作,记录其日产量数据如下:

车床型号	工人				
	1	2	3	4	5
1	64	73	63	81	78
2	75	66	61	73	80
3	78	67	80	69	71

(1) 写出方差分析的具体模型;

(2) 试问这5名工人技术之间和不同车床型号之间对产量是否有显著差异?(取显著性水平 $\alpha=0.05$)

6. 有5种油菜品种,分别在4块试验田上种植,所得亩产量(单位:公斤)列表于下:

田块	品种				
	1	2	3	4	5
1	256	244	250	288	206
2	222	300	277	280	212
3	280	290	230	315	220
4	278	275	322	259	212

试问5种油菜品种的亩产量有无显著差异?如果有差异,那么哪一种产品的产量最高?该品种的平均产量是多少?(显著性水平 $\alpha=0.05$)

7. 在 B_1,B_2,B_3,B_4 这4台不同的纺织机器中,用3种不同的加压水平 A_1,A_2,A_3,在每种加压水平和每台机器中各取一个试样测量,得纱支强度如下表所示:

加压	机器			
	B_1	B_2	B_3	B_4
A_1	1577	1690	1800	1642
A_2	1535	1640	1783	1621
A_3	1592	1652	1810	1663

试问不同的加压水平和不同纺织机器之间纱支强度量有无显著差异?(取显著性水平 $\alpha=0.05$)

8. 下面记录了3位操作工分别在4台不同的机器上操作3天的日产量:

机器	操作工								
	甲			乙			丙		
A_1	15	15	17	19	19	16	16	18	21
A_2	17	17	17	15	15	15	19	22	22
A_3	15	17	16	18	17	16	18	18	18
A_4	18	20	22	15	16	17	17	17	17

在显著水平0.05下检验操作工人之间的差异是否显著?机器之间差异是否显著?交互影响是否显著?(取显著性水平 $\alpha=0.05$)

第10章

回 归 分 析

在现实生活中我们经常遇到的实际问题由多个变量决定，这些变量相互联系、相互影响。就变量之间的关系而言，一般分为两类：一类是确定关系，可以用函数的形式表达变量之间的关系；另一类是非确定关系，既相关关系，这种关系无法用确定函数关系式表达。例如，使用电器时通电时间与费用间的关系可以用函数式表达；而洗衣机的使用寿命与使用时间有一定的关联，但是这样的关联关系无法用准确的关系表达。

回归分析是现代统计学的重要分支，是研究事物间量变规律的一种科学方法。从统计的角度，回归分析是处理变量间非确定关系的方法。回归现象最早由英国生物统计学家高尔顿在研究父母亲和子女的遗传特性时所发现的一种现象。高尔顿发现，身高这种遗传特性，在同一种族中，高个子父母，其子代身高也高于种族平均身高，但不一定比其父母高；矮个子父母，其子代身高也低于种族平均身高，但一般比其父母高。这种现象表明身高到一定程度后会向平均身高方向发生某种“回归”。这种效应被称为趋中回归。回归分析的发展已经比较成熟，已经成功应用在现实生活中的各个领域的数据分析中。

本章要用到的准备知识：正态分布、t 分布及 F 分布、定积分与二重积分计算。

本章拟解决以下问题：

问题1 某产品的销量 x 与社会商品的零售销售总额 Y 是否有一定的关系，如果存在，找到它们之间的数学表达式，称为回归方程。方程是否有效，即是否与实际情况相违背，在数学表达式的待定变量中，经过预测能得到回归方程中的待定变量，但是在这些变量中哪些是显著的，哪些不显著？回归方程能否具有预测功能，如知道某地区零售销售总额 x，能否根据回归方程预测出该地区零售销售总额 Y，另外，这种预测能精确到什么程度。

问题2 某电器商品的需求量与消费者的平均收入、商品的价格等诸多因素有关。试根据搜集到的相关数据建立电器商品的需求量与消费者的平均收入、商品的价格的关系方程，方程是否具有一定的有效性；预测当消费者的平均收入、商品的价格已知时，电器商品的需求量，预测的误差范围是多少？

10.1 一元线性回归

对于相关关系，对任意的 x，没有确定的 y 与之对应，但是有对应的 y 值的分布，于是我们研究的对象是 x 与对应的 y 值的随机变量 Y 的关系。从上面的分析中，我们利用回归思想，建立 x 与对应随机变量 Y 的均值 $E(Y)$ 的关系；另外，我们知道这样的事实，如果 Y 是随机变量，c 是常数，则当 $c=E(Y)$ 时 $E[(Y-c)^2]$ 取最小值，也就是说，回归函数 $\mu(x)$ 中，用 $E(Y)$ 代替，误差最小，也是最合适的。$\mu(x)$ 未知，我们可以利用抽样所得观测值来估计，设 x 有观测值 $x_1,x_2,\cdots,x_n$，Y_i 为对应于 x_i 的观测值 Y 得到的观察结果。于是，我们得到样本

$$(x_1,Y_1),(x_2,Y_2),\cdots,(x_n,Y_n),$$

它们是独立的随机变量，样本值是

$$(x_1,y_1),(x_2,y_2),\cdots,(x_n,y_n)。$$

回归函数 $\mu(x)$ 中，我们必须从上面的观测值中知道它函数的具体形式，以及函数中的未知参数。本节中的回归函数均为一元函数。

例 10.1.1 为了研究某商品的销售量与利润的关系，现设销售量为 x，利润为 Y，观测得数据如下：

销售量 x/t	10	11	12	13	14	15	16	17	18	19
利润 Y/万元	4.6	5.2	5.5	6.2	6.6	7.1	7.5	7.7	8.4	9.2

试从散点图判别 $\mu(x)$ 是否为线性函数。

解 从散点图(见图 10-1)中可以看出，$\mu(x)$ 应该为线性函数，即 $\mu(x)=a+bx$。于是，只需估计线性函数中的系数 a,b 即可，这就是一元线性回归问题，用分布函数的形式，该模型总结为

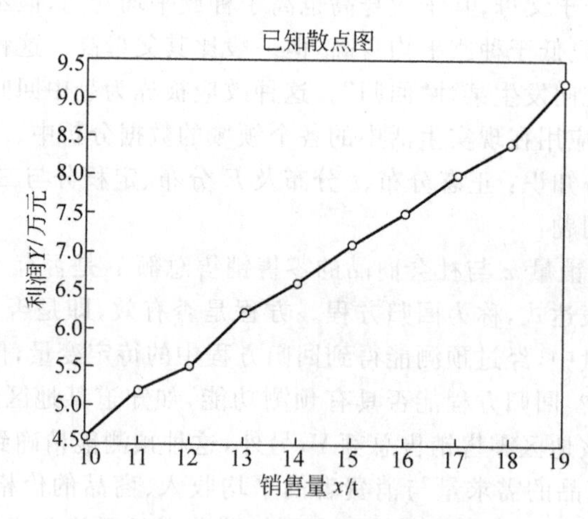

图 10-1 利润与销售量的函数关系散点图

$$\begin{cases} Y \sim N(a+bx,\sigma^2), \\ \varepsilon = Y-(a+bx), \\ \varepsilon \sim N(0,\sigma^2)。\end{cases}$$

其中，a,b,σ^2 为不依赖于 x 的未知参数；ε 为随机误差，且不依赖于 x。

10.1.1 系数 a,b 的估计

取 x 不完全相同值 $x_1,x_2,\cdots,x_n$,我们得到样本$(x_1,Y_1),(x_2,Y_2),\cdots,(x_n,Y_n)$的样本值$(x_1,y_1),(x_2,y_2),\cdots,(x_n,y_n)$。

模型化为

$$\begin{cases}Y_i \sim N(a+bx_i,\sigma^2),\\ \varepsilon_i = Y_i-(a+bx_i)\sim N(0,\sigma^2),\\ i=1,2,\cdots,n。\end{cases}$$

$Y_1,Y_2,\cdots,Y_n$ 相互独立,极大似然函数为

$$L=\prod_{i=1}^{n} f(y_i)=\prod_{i=1}^{n}\frac{1}{\sqrt{2\pi}\sigma}\exp\left[-\frac{1}{2\sigma^2}(y_i-a-bx_i)^2\right]。$$

取对数为

$$\ln L = n\cdot\ln\frac{1}{\sqrt{2\pi}\sigma}-\frac{1}{2\sigma^2}\sum_{i=1}^{n}(y_i-a-bx_i)^2。$$

求 $\ln L$ 关于 a,b 的偏导数,并令其为 0,得

$$\begin{cases}\dfrac{\partial \ln L}{\partial a}=-2\sum\limits_{i=1}^{n}(y_i-a-bx_i)=0,\\ \dfrac{\partial \ln L}{\partial b}=-2\sum\limits_{i=1}^{n}(y_i-a-bx_i)x_i=0。\end{cases}$$

整理得

$$\begin{cases}na+\left(\sum\limits_{i=1}^{n}x_i\right)b=\sum\limits_{i=1}^{n}y_i,\\ \left(\sum\limits_{i=1}^{n}x_i\right)a+\left(\sum\limits_{i=1}^{n}x_i^2\right)b=\sum\limits_{i=1}^{n}x_iy_i。\end{cases}$$

这个关于 a,b 的线性方程组的系数行列式为

$$D=\begin{vmatrix} n & \sum\limits_{i=1}^{n}x_i \\ \sum\limits_{i=1}^{n}x_i & \sum\limits_{i=1}^{n}x_i^2\end{vmatrix}=n\sum_{i=1}^{n}x_i^2-\left(\sum_{i=1}^{n}x_i\right)^2=n\sum_{i=1}^{n}(x_i-\bar{x})^2。$$

由于 $x_1,x_2,\cdots,x_n$ 不完全相同,所以 $D\neq0$,于是,方程组有唯一解

$$\begin{cases}\hat{b}=\dfrac{n\sum\limits_{i=1}^{n}x_iy_i-\left(\sum\limits_{i=1}^{n}x_i\right)\left(\sum\limits_{i=1}^{n}y_i\right)}{n\sum\limits_{i=1}^{n}x_i^2-\left(\sum\limits_{i=1}^{n}x_i\right)^2}=\dfrac{\sum\limits_{i=1}^{n}(x_i-\bar{x})(y_i-\bar{y})}{\sum\limits_{i=1}^{n}(x_i-\bar{x})^2},\\ \hat{a}=\dfrac{1}{n}\sum\limits_{i=1}^{n}y_i-\dfrac{\hat{b}}{n}\sum\limits_{i=1}^{n}x_i=\bar{y}-\hat{b}\bar{x}。\end{cases}$$

此处,$\bar{x}=\dfrac{1}{n}\sum\limits_{i=1}^{n}x_i$,$\bar{y}=\dfrac{1}{n}\sum\limits_{i=1}^{n}y_i$,由 a,b 的估计值$\hat{a}$,$\hat{b}$ 可以得出随机变量 Y 的对应估计值

$\hat{y}=\hat{a}+\hat{b}x$，代入上式得回归方程：

$$\tilde{y}=\bar{y}+\hat{b}(x-\bar{x}),$$

称此方程为 Y 关于 x 的回归方程。

为了方便，给出记号

$$\begin{cases} l_{xx}=\sum_{i=1}^{n}(x_i-\bar{x})^2=\sum_{i=1}^{n}x_i^2-\frac{1}{n}\left(\sum_{i=1}^{n}x_i\right)^2, \\ l_{yy}=\sum_{i=1}^{n}(y_i-\bar{y})^2=\sum_{i=1}^{n}y_i^2-\frac{1}{n}\left(\sum_{i=1}^{n}y_i\right)^2, \\ l_{xy}=\sum_{i=1}^{n}(x_i-\bar{x})(y_i-\bar{y})=\sum_{i=1}^{n}x_iy_i-\frac{1}{n}\left(\sum_{i=1}^{n}x_i\right)\left(\sum_{i=1}^{n}y_i\right)。 \end{cases}$$

值 $\hat{a},\hat{b}$ 可以写成

$$\begin{cases} \hat{b}=\frac{l_{xy}}{l_{xx}}, \\ \hat{a}=\frac{1}{n}\sum_{i=1}^{n}y_i-\frac{\hat{b}}{n}\sum_{i=1}^{n}x_i。 \end{cases}$$

例 10.1.2 求例 10.1.1 中的回归方程。

解 $n=10$，求相关的计算量并列于下表中：

编 号	x(销售量)	y(利润)	x^2	y^2	xy
1	10	4.6	100	21.16	46.0
2	11	5.2	121	27.04	57.2
3	12	5.5	144	30.25	66.0
4	13	6.2	169	38.44	80.6
5	14	6.6	196	43.56	92.4
6	15	7.1	225	50.41	106.5
7	16	7.5	256	56.25	120.0
8	17	7.7	289	59.29	130.9
9	18	8.4	324	70.56	151.2
10	19	9.2	361	84.64	174.8
$\sum$	145	68	2185	481.6	1025.6

由此表可以计算各系数为

$$\begin{cases} l_{xx}=2185-\frac{1}{10}\times 145^2=82.50, \\ l_{yy}=481.6-\frac{1}{10}\times 68^2=19.20, \\ l_{xy}=1025.6-\frac{1}{10}\times 145\times 68=39.60, \\ \hat{b}=39.60/82.50=0.48, \\ \hat{a}=\frac{1}{10}\times 68-\frac{1}{10}\times 145\times 0.48=-0.16。 \end{cases}$$

于是回归方程为 $\tilde{y}=-0.16+0.48x$。

实际上,上面的方法就是最小二乘法,最小二乘法就是已知点$(x_1,y_1),(x_2,y_2),\cdots,(x_n,y_n)$,寻找一条直线 $y=a+bx$,使得通过直线估计的 y 值的总误差最小,即求 a,b 使 $Q(a,b)=\sum_{i=1}^{n}[y_i-(a+bx_i)]^2$ 最小。

定理 10.1.1 在上述模型中

(1) $\hat{a}\sim N\left(a,\sigma^2\left(\frac{1}{n}+\frac{\bar{x}^2}{l_{xx}}\right)\right),\hat{b}\sim N\left(b,\frac{\sigma^2}{l_{xx}}\right)$;

(2) $\mathrm{Cov}(\hat{a},\hat{b})=-\frac{\bar{x}}{l_{xx}}\sigma^2$;

(3) $\hat{y}_i=a+b\hat{x}_i\sim N\left(a+bx_i,\left(\frac{1}{n}+\frac{(x_i-\bar{x})^2}{l_{xx}}\right)\sigma^2\right)$。

证明略。

10.1.2 σ^2 的估计

由于回归方程近似表达了函数的自变量 x 和随机变量 Y 的关系,所以对于近似程度我们要有个衡量,这里我们用

$$E\{[Y-(a+bx)]^2\}=E(\varepsilon^2)=\sigma^2$$

来度量,σ^2 越小,以回归方程 $\mu(x)=a+bx$ 近似产生的误差越小,即这样的近似更为有效,这里 σ^2 是未知的,我们只能用样本观测值来估计它。

$$\begin{aligned}Q_e&=\sum_{i=1}^{n}(y_i-\tilde{y}_i)^2=\sum_{i=1}^{n}[(y_i-\bar{y})-\hat{b}(x_i-\bar{x})]^2\\&=\sum_{i=1}^{n}(y_i-\bar{y})^2-2\hat{b}\sum_{i=1}^{n}(x_i-\bar{x})(y_i-\bar{y})+\hat{b}^2\sum_{i=1}^{n}(x_i-\bar{x})^2\\&=l_{yy}-2\hat{b}l_{xy}+\hat{b}^2l_{xx}=l_{yy}-2(l_{xy}/l_{xx})l_{xy}+(l_{xy}/l_{xx})^2l_{xx}=l_{yy}-\hat{b}l_{xy},\end{aligned}$$

注意到,$\sum_{i=1}^{n}(x_i-\bar{x})\bar{y}=\bar{y}\sum_{i=1}^{n}(x_i-\bar{x})=\bar{y}\left[\sum_{i=1}^{n}x_i-n\bar{x}\right]=0$。将 a,b 的估计值写成统计量的形式得

$$\begin{cases}\hat{b}=\dfrac{\sum_{i=1}^{n}(x_i-\bar{x})Y_i}{\sum_{i=1}^{n}(x_i-\bar{x})^2},\\[2ex]\hat{a}=\dfrac{1}{n}\sum_{i=1}^{n}Y_i-\dfrac{\hat{b}}{n}\sum_{i=1}^{n}x_i=\bar{Y}-\hat{b}\bar{x}。\end{cases}$$

此处,$\bar{Y}=\frac{1}{n}\sum_{i=1}^{n}Y_i,\bar{x}=\frac{1}{n}\sum_{i=1}^{n}x_i$。将 l_{yy},l_{xy} 的估计值写成统计量的形式得

$$l_{YY}=\sum_{i=1}^{n}(Y_i-\bar{Y})^2,\quad l_{xY}=\sum_{i=1}^{n}(x_i-\bar{x})(Y_i-\bar{Y})。$$

此时 Q_e 的估计值写成统计表达式的形式为

$$Q_e = l_{YY} - \hat{b} l_{xY}。$$

可以证明 Q_e 服从分布

$$\frac{Q_e}{\sigma^2} \sim \chi^2(n-2)。$$

于是 $E\left(\frac{Q_e}{\sigma^2}\right)=n-2$，即 $E\left(\frac{Q_e}{n-2}\right)=\sigma^2$。于是我们得到 σ^2 的无偏估计量：

$$\hat{\sigma}^2 = \frac{Q_e}{n-2} = \frac{l_{YY} - \hat{b} l_{xY}}{n-2}。$$

例 10.1.3 求例 10.1.1 中的回归方程 σ^2 的无偏估计。

解 由例 10.1.1 数据可计算得

$$\begin{cases} l_{yy} = 481.6 - \frac{1}{10} \times 68^2 = 19.20, \\ l_{xy} = 1025.6 - \frac{1}{10} \times 145 \times 68 = 39.60, \\ \hat{b} = 39.60/82.50 = 0.48, \\ \hat{a} = \frac{1}{10} \times 68 - \frac{1}{10} \times 145 \times 0.48 = -0.16, \end{cases}$$

从而 $Q_e = l_{yy} - \hat{b} l_{xy} = 19.20 - 0.48 \times 39.60 = 0.192$，所以得

$$\hat{\sigma}^2 = \frac{Q_e}{n-2} = Q_e/8 = 0.024。$$

10.1.3 回归方程的显著性检验

在回归方程 $\hat{y}=\hat{a}+\hat{b}x$ 中，线性函数的假设是根据相关领域的专业知识和实际观察的数据的分布规律来判断的。这个线性回归方程是否能真实反映数据实际情况，有待于检验。如果 $\hat{b}=0$，于是 Y 与 x 之间不存在线性回归关系，该回归方程没有任何实际意义，故需对下列假设进行检验：

$$H_0: \hat{b}=0, \quad H_1: \hat{b} \neq 0。$$

下面根据样本值来检验假设 H_0，先求样本观察值 $y_1, y_2, \cdots, y_n$ 的总的偏差平方和，记为

$$S_T = \sum_{i=1}^{n} (y_i - \bar{y})^2。$$

则有

$$\begin{aligned} S_T &= \sum_{i=1}^{n} (y_i - \hat{y}_i + \hat{y}_i - \bar{y})^2 \\ &= \sum_{i=1}^{n} (y_i - \hat{y}_i)^2 + 2\sum_{i=1}^{n} (y_i - \hat{y}_i)(\hat{y}_i - \bar{y}) + \sum_{i=1}^{n} (\hat{y}_i - \bar{y})^2。 \end{aligned}$$

由于

$$2\sum_{i=1}^{n}(y_i-\hat{y}_i)(\hat{y}_i-\bar{y})=2\sum_{i=1}^{n}(y_i-\hat{y}_i)\hat{y}_i-2\sum_{i=1}^{n}(y_i-\hat{y}_i)\bar{y},$$

经计算知

$$\sum_{i=1}^{n}(y_i-\hat{y}_i)\hat{y}_i=\sum_{i=1}^{n}(y_i-\hat{y}_i)\bar{y}=0。$$

进而

$$S_T=\sum_{i=1}^{n}(y_i-\hat{y}_i+\hat{y}_i-\bar{y})^2=\sum_{i=1}^{n}(y_i-\hat{y}_i)^2+\sum_{i=1}^{n}(\hat{y}_i-\bar{y})^2。$$

令 $S_R=\sum_{i=1}^{n}(\hat{y}_i-\bar{y})^2$，$S_E=\sum_{i=1}^{n}(y_i-\hat{y}_i)^2$，则有

$$S_T=S_R+S_E。$$

上式称为总偏差平方和分解式，S_R 称为回归平方和，它表达的是回归后估计值的分散程度；S_E 称为剩余平方和，它反映了回归后数据与真实数据的总差异，反映了回归的精度，是由试验误差引起的。对于 S_R 和 S_E，它们满足下面定理：

定理 10.1.2 设 $Y_1,Y_2,\cdots,Y_n$ 相互独立，且 $Y_i\sim N(a+bx_i,\sigma^2)$，$i=1,2,\cdots,n$，则有：

(1) $S_E/\sigma^2\sim\chi^2(n-2)$；

(2) 当 H_0 成立时，$S_R/\sigma^2\sim\chi^2(1)$；

(3) S_R 和 S_E 与 $\bar{y}$ 相互独立。

定理 10.1.3 条件同定理 10.1.2，记 $s=\hat{\sigma}=\sqrt{\dfrac{S_E}{n-2}}$。则当 H_0 成立时，有：

(1) $F=\dfrac{(n-2)S_R}{S_E}\sim F(1,n-2)$；

(2) $t=\dfrac{b}{s}\sqrt{l_{xx}}\sim t(n-2)$。

以上两个定理的证明都略去。

由上面的定理，我们得到假设 H_0 的检验方法如下。

(1) F 检验法

检验统计量为

$$F=\frac{(n-2)S_R}{S_E}\sim F(1,n-2)。$$

当 H_0 成立时，$F\sim F(1,n-2)$；由给定的显著性水平 α，取拒绝域为 $F\geqslant F_\alpha(1,n-2)$。

(2) t 检验法

检验统计量为

$$t=\frac{\hat{b}}{\hat{\sigma}}\sqrt{l_{xx}}。$$

当 H_0 成立时，$t\sim t(n-2)$；当 H_0 不成立时，$|t|$ 较大，由给定的显著性水平 α，取双边拒绝域为 $|t|>t_{\alpha/2}(n-2)$ 时，拒绝 H_0，这时回归效应显著；当 $|t|\leqslant t_{\alpha/2}(n-2)$ 时，接受 H_0，此时回归效果不显著。

例 10.1.4 用 F 检验法和 t 检验法分别判断例 10.1.1 中回归方程的显著性。

解 (1) F 检验法

$$S_R = b^2 l_{xx} = (0.48)^2 \times 82.50 = 19,$$
$$S_T = l_{yy} = 19.2,$$
$$S_E = S_T - S_R = 0.2,$$
$$F = \frac{(n-2)S_R}{S_E} = \frac{8 \times 19}{0.2} = 760。$$

回归方程显著性方差分析表如下：

方差来源	平方和	自由度	F 值
回归	$S_R=19$	1	760
误差	$S_E=0.2$	8	
总和	$S_T=19.2$	9	

若取 $\alpha=0.05$,则 $F_{0.95}(1,8)=1/F_{0.05}(8,1)=1/239=0.0042$。由于 $760>0.0042$,所以,在显著性水平 $\alpha=0.05$ 下,回归方程是显著的。

(2) t 检验法

$$S_R = b^2 l_{xx} = (0.48)^2 \times 82.50 = 19,$$
$$S_T = l_{yy} = 19.2,$$
$$S_E = S_T - S_R = 0.2,$$
$$s = \hat{\sigma} = \sqrt{\frac{S_E}{n-2}} = 0.158,$$
$$t = \frac{b}{s}\sqrt{l_{xx}} = (0.48/0.158)\sqrt{82.5} = 28.14。$$

若取 $\alpha=0.05$,则 $t_{0.025}(8)=2.306$。由于 $28.14>2.306$,所以,在显著性水平 $\alpha=0.05$ 下,回归方程是显著的。

从这个例子可以看出,用这两种方法得到的显著性检验结论相同。

10.1.4 Y 回归值的点估计与区间估计预测问题

回归方程与实际数据的拟合程度的高低取决于方程的显著性,效果显著的方程拟合程度高,而数据拟合的误差是客观存在的,于是对新的观测值 x_0 所对应的变量 Y 的新观察值 y_0 进行点预测或区间预测具有更重要的实际意义。

对于给定的 x_0,由回归方程可得到回归值

$$\hat{y}_0 = \hat{a} + \hat{b}x_0$$

要预测回归精度,要估计 Y 的测试值 y_0 与预测值 $\hat{y}_0$ 之差,即 $|\hat{y}_0 - y_0|$ 的大小。预测的步骤是：首先取一定的显著性水平 α,找一个正数 $\delta>0$,使实际观察值 y_0 以 $100(1-\alpha)\%$ 的概率落入区间 $(\hat{y}_0-\delta, \hat{y}_0+\delta)$ 中,即

$$P\{|y_0 - \hat{y}_0| < \delta\} = 1 - \alpha。$$

由定理 10.1.1 知

$$\hat{y}_0=\hat{a}+\hat{b}x_0\sim N\left(a+bx_0,\left(\frac{1}{n}+\frac{(x_0-\bar{x})^2}{l_{xx}}\right)\sigma^2\right),$$

$$y_0=a+bx_0+\varepsilon_0,\quad \varepsilon_0\sim N(0,\sigma^2)。$$

又因 $y_0-\hat{y}_0$ 与 σ^2 相互独立，而

$$E(y_0-\hat{y}_0)=E(y_0)-E(\hat{y}_0)=(a+bx_0+E(\varepsilon_0))-(a+bx_0)=E(\varepsilon_0)=0。$$

所以

$$y_0-\hat{y}_0\sim N\left(0,\left[1+\frac{1}{n}+\frac{(x_0-\bar{x})^2}{l_{xx}}\right]\sigma^2\right)。$$

又因 $y_0-\hat{y}_0$ 与 σ^2 相互独立，且

$$\frac{(n-2)\hat{\sigma}^2}{\sigma^2}\sim\chi^2(n-2),$$

这里 $\hat{\sigma}^2=\dfrac{S_E}{n-2}$ 是 σ^2 的无偏估计。所以

$$T=(y_0-\hat{y}_0)\Big/\left[\hat{\sigma}\sqrt{1+\frac{1}{n}+\frac{(x_0-\bar{x})^2}{l_{xx}}}\right]\sim t(n-2)。$$

故对给定的显著性水平 α，有

$$\delta=t_{\alpha/2}(n-1)\hat{\sigma}\sqrt{1+\frac{1}{n}+\frac{(x_0-\bar{x})^2}{l_{xx}}}。$$

故得 y_0 的置信度为 $1-\alpha$ 的预测区间为 $(\hat{y}_0-\delta,\hat{y}_0+\delta)$。对于置信区间，我们希望 y_0 的预测区间长度 2δ 越小越好；同时，对给定 α，x_0 越靠近样本均值 $\bar{x}$，即 $(x_0-\bar{x})^2$ 越小越好，预测区间长度越小。

例 10.1.5 求出例 10.1.1 中新观测点 $x_0=20$ 的置信度为 0.95 的预测区间，并求所有点的置信度为 0.95 的预测区间，

解 由前面的计算得

$$\hat{a}=-0.16,\hat{b}=0.48,l_{xx}=82.50,\bar{x}=14.5,\alpha=0.05,t_{0.025}(9)=2.262,$$

$$s=\hat{\sigma}=0.158,x_0=20。$$

所以

$$\delta=t_{\alpha/2}(n-1)\hat{\sigma}\sqrt{1+\frac{1}{n}+\frac{(x_0-\bar{x})^2}{l_{xx}}}$$

$$=2.262\times0.158\times\sqrt{1+\frac{1}{10}+\frac{(20-14.5)^2}{82.5}}=0.4146。$$

于是得 $x_0=20$ 的置信度为 0.95 的预测区间为(9.0256,9.8544)。

所有点的置信度为 0.95 的预测区间如下表所示：

x_0	Y 的预测区间	x_0	Y 的预测区间
10	(4.2254,5.0546)	15	(6.6646,7.4154)
11	(4.7207,5.5193)	16	(7.1405,7.8995)
12	(5.2125,5.9875)	17	(7.6125,8.3875)
13	(5.7005,6.4595)	18	(8.0807,8.8793)
14	(6.1846,6.9354)	19	(8.5454,9.3746)

10.1.5 可化为一元线性回归模型的情形

1. 常见的可化为一元线性回归模型的函数

确定回归函数的类型一般通过实际问题的经验公式。当问题比较复杂时，根据积累的经验不能完全确定函数的类型，此时，只能根据部分数据的散点图来确定，即将散点图与已知几个函数联系在一起，实际问题中的数据 Y 与 x 一般不一定满足线性关系，所以，一般不能用一元线性回归函数来模拟数据的函数规律。我们处理这类问题的方法是将数据经过适当的变换后，再用已知的一元线性回归的模型作回归分析。下面介绍几种常见的可化为一元线性回归模型的函数。

(1) 双曲函数

① $y=a+\dfrac{b}{x}$

其中 a,b 是与 x 无关的未知参数。

令 $x'=\dfrac{1}{x}$，则可化为下列一元线性回归模型：

$$y=a+bx'。$$

② $\dfrac{1}{y}=a+\dfrac{b}{x}$

其中 a,b 是与 x 无关的未知参数。

令 $y'=\dfrac{1}{y}$，$x'=\dfrac{1}{x}$，则可化为下列一元线性回归模型：

$$y'=a+bx'。$$

(2) 指数函数

$$y=a\mathrm{e}^{bx}\ (a>0),$$

其中 a,b 是与 x 无关的未知参数。

在 $y=a\mathrm{e}^{bx}$ 两边取对数得

$$\ln y=\ln a+bx,$$

令 $y'=\ln y$，$a'=\ln a$，则上述模型可转化为下列一元线性回归模型：

$$y'=a'+bx。$$

(3) 幂函数

$$y=ax^b,$$

其中 a,b 是与 x 无关的未知参数。

在 $y=ax^b$ 两边取对数得

$$\ln y=\ln a+b\ln x。$$

令 $y'=\ln y, a'=\ln a, x'=\ln x$，则可转化为下列一元线性回归模型：

$$y'=a'+bx'。$$

2. 选择合适函数的标准

由于散点图依赖于有限的样本点的规律，所提供的图形只是全部图形的片段，不能完全决定全部数据的分布规律；另外，与部分数据拟合的函数可能不止一个，究竟选择什么样的函数更能近似反映数据规律，需要建立一些标准来选择合适的函数。

（1）残差平方和

$$S_R=\sum_{i=1}^{n}(y_i-\hat{y}_i)^2。$$

S_R 越小，观察点 y_i 与回归值 $\hat{y}_i$ 的总偏离程度越小，回归函数越好。

（2）决定系数

$$R^2=1-\frac{\sum_{i=1}^{n}(y_i-\hat{y}_i)^2}{\sum_{i=1}^{n}(y_i-\bar{y})^2}。$$

R^2 越大，$\sum_{i=1}^{n}(y_i-\hat{y}_i)^2\Big/\sum_{i=1}^{n}(y_i-\bar{y})^2$ 越小，观察点 y_i 与回归值 $\hat{y}_i$ 的总偏离程度越小，回归函数越好。

（3）剩余标准差

$$s=\sqrt{\frac{\sum_{i=1}^{n}(y_i-\hat{y}_i)^2}{n-2}}。$$

上式是观察点 y_i 与回归值 $\hat{y}_i$ 的总平均偏离程度，s 越小，总偏离程度越小，回归函数越合适。

在实际应用中，以上几种指标要联合使用，如对于不同的回归函数，上述指标中某些指标相同时，可以用其他指标选择回归函数。

例 10.1.6 炼钢厂出钢时用的盛钢水的钢包，由于钢液及炉渣的侵蚀，其容积不断增大。经试验，钢包的容积（以钢包盛满钢水时钢水的质量来表示）与相应的使用次数如下表所示：

使用次数 x	2	3	4	5	7	8	10
容积 Y/kg	106.42	108.20	109.58	109.50	110.00	109.93	110.49
使用次数 x	11	14	15	16	18	19	
容积 Y/kg	110.59	110.60	110.90	110.76	111.00	111.20	

试决定它们之间的定量关系，且估计剩余标准差。（x_i, y_i 的关系可以考虑为 $1/y_i=a+b/x_i+\varepsilon_i$）。

解 首先将数据按照提示的倒代换变换如下：

$1/x$	0.5000	0.3333	0.2500	0.2000	0.1429	0.1250	0.1000
$1/Y$	0.009397	0.009242	0.009126	0.009132	0.009091	0.009097	0.009051
$1/x$	0.0909	0.0714	0.0667	0.0625	0.0556	0.0526	
$1/Y$	0.009042	0.009042	0.009017	0.009029	0.009009	0.008992	

得相关回归数据如下。

用 x 代替原来的 $1/x$，用 y 代替原来的 $1/y$，计算得

$\overline{X}=0.1578, \overline{Y}=0.0091$，

$$\begin{cases} l_{xx}=\sum_{i=1}^{13}(x_i-\bar{x})^2=\sum_{i=1}^{13}x_i^2-\frac{1}{13}\left(\sum_{i=1}^{13}x_i\right)^2=0.2137, \\ l_{yy}=\sum_{i=1}^{13}(y_i-\bar{y})^2=\sum_{i=1}^{13}y_i^2-\frac{1}{13}\left(\sum_{i=1}^{13}y_i\right)^2=1.5089\times10^{-7}, \\ l_{xy}=\sum_{i=1}^{13}(x_i-\bar{x})(y_i-\bar{y})=\sum_{i=1}^{13}x_iy_i-\frac{1}{13}\left(\sum_{i=1}^{13}x_i\right)\left(\sum_{i=1}^{13}y_i\right)=1.772\times10^{-4}, \\ \hat{b}=8.292\times10^{-4}, \\ \hat{a}=\frac{1}{13}\sum_{i=1}^{13}Y_i-\frac{\hat{b}}{13}\sum_{i=1}^{13}x_i=\overline{Y}-\hat{b}\bar{x}=0.00897。\end{cases}$$

于是得回归方程为

$$\frac{1}{y}=0.008967+0.008292\frac{1}{x},$$

进而

$$S_E=\sum_{i=1}^{n}(y_i-\hat{y}_i)^2=3.986\times10^{-9}。$$

进而可求 σ^2 的无偏估计，$\hat{\sigma}^2=\frac{S_E}{n-2}=3.623\times10^{-10}$，即 $\hat{\sigma}=1.903\times10^{-5}$。

例 10.1.7 某种雌性鱼的体长和体重的值如下表所示：

类别 \ 序号	1	2	3	4	5	6	7	8
体长/cm	70.7	98.25	112.57	122.48	138.46	148	152	162
体重/kg	1	4.85	6.59	9.01	12.34	15.5	21.25	22.11

试对鱼的体重和体长进行回归分析。

解 根据实际观测值在直角坐标系中的散点图(见图 10-2)，我们可以选择曲线的类型。从散点图中实测点的分布趋势看出它与幂函数曲线图形相似，先选取 $y=ax^b$ 作回归分析，取对数得

$$\ln y=\ln a+b\ln x。$$

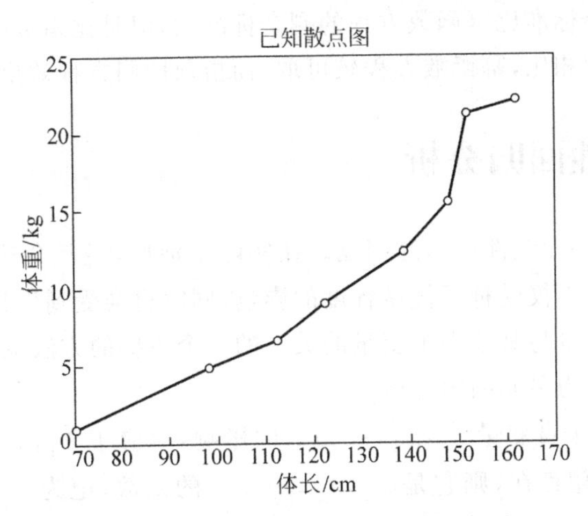

图 10-2 体重与体长的函数关系散点图

令 x，y 分别代表雌性鱼的体长和体重，令 $x_1=\ln x$，$y_1=\ln y$。变换后的数据如下表所示：

x_1	4.2584	4.5875	4.7236	4.8079	4.9306	4.9972	5.0239	5.0876
y_1	0	1.5790	1.8856	2.1983	2.5128	2.7408	3.0564	3.0960

解得 $\ln a=-15.3913$，$b=3.6494$，进而 $a=2.0683\times10^{-7}$，$b=3.6494$。于是回归方程为

$$y=2.0683\times10^{-7}x^{3.6494}。$$

从散点图上也可以看出，散点图也可以看成指数函数的一部分，取 $y=ae^{bx}$ 作回归分析，取对数得

$$\ln y=\ln a+bx。$$

令 x，y 分别代表雌性鱼的体长和体重，令 $x_2=\ln x$，$y_2=\ln y$，变换后的数据如下表所示：

x_2	70.7	98.25	112.57	122.48	138.46	148	152	162
y_2	0	1.5790	1.8856	2.1983	2.5128	2.7408	3.0564	3.0960

解得 $\ln a=-1.1080\times10^2$，$b=25.4863$，进而 $a=7.5392\times10^{-49}$。于是回归方程为 $y=7.5392\times10^{-49}e^{25.4863x}$。

三种回归方程的比较如下表所示：

曲线形式	回归方程	相关系数	剩余标准差
幂函数	$y=2.0683\times10^{-7}x^{3.6494}$	0.9827	1.5289
指数函数	$y=7.5392\times10^{-49}e^{25.4863x}$	0.9532	2.495
直线方程	$y=-18.23+0.2374x$	0.9558	2.428

从上面的表中可以看出，三种形式的回归方程中幂函数方程的相关系数最大，剩余标准差最小，直线回归方程相关系数比幂函数方程的相关系数小，但是比指数回归方程相关系数

大，直线回归方程剩余标准比幂函数方程的剩余标准大，但是比指数回归方程剩余标准小。

所以，与直线方程相比，幂函数方程较可取，而指数回归方程效果最差。

10.2 多元线性回归分析

前面已经讨论了一元线性回归的问题。在实际生活中，经常会遇到多个变量相互作用的问题，如作物的生长不仅受种子优良程度的影响，同时也会受到生长地的气温以及施肥状况的影响，研究一个变量与其他多个变量的关系的一个主要的方法就是多元回归分析，这类多变量的回归问题，称为多元回归分析。

设因变量 Y 受 p 个自变量 $x_1,x_2,\cdots,x_p$ 的影响，对应于 $x_1,x_2,\cdots,x_p$ 的每组取值，若因变量 Y 的数学期望存在，则它是 $x_1,x_2,\cdots,x_p$ 的函数，记为 $\mu_{Y|x_1,x_2,\cdots,x_p}$，也可以记为 $\mu(x_1,x_2,\cdots,x_p)$，它就是 Y 关于 $x_1,x_2,\cdots,x_p$ 的回归。这里，只考虑 $\mu(x_1,x_2,\cdots,x_p)$ 是 $x_1,x_2,\cdots,x_p$ 的线性函数的情形，即

$$Y=b_0+b_1x_1+b_2x_2+\cdots+b_px_p+\varepsilon,\varepsilon\sim N(0,\sigma^2)。$$

其中 $b_0,b_1,b_2,\cdots,b_p,\sigma^2$ 是与 $x_1,x_2,\cdots,x_p$ 无关的未知参数，其中 b_0 是常数项，$b_1,b_2,\cdots,b_p$ 是对应于 $x_1,x_2,\cdots,x_p$ 的回归系数。

设 $(x_{11},x_{12},\cdots,x_{1p},y_1),\cdots,(x_{n1},x_{n2},\cdots,x_{np},y_n)$ 是一个样本，我们用统计中的极大似然估计方法来估计参数 $b_0,b_1,b_2,\cdots,b_p$，使

$$Q=\sum_{i=1}^{n}(y_i-b_0-b_1x_{i1}-b_2x_{i2}-\cdots-b_px_{ip})^2$$

达到最小值。

求 Q 关于 $b_0,b_1,b_2,\cdots,b_p$ 的偏导数，令偏导数为零，得关于估计参数的线性方程组

$$\begin{cases}\dfrac{\partial Q}{\partial b_0}=-2\sum\limits_{i=1}^{n}(y_i-b_0-b_1x_{i1}-b_2x_{i2}-\cdots-b_px_{ip})=0,\\ \dfrac{\partial Q}{\partial b_j}=-2\sum\limits_{i=1}^{n}(y_i-b_0-b_1x_{i1}-b_2x_{i2}-\cdots-b_px_{ip})x_{ij}=0,\quad j=1,2,\cdots,p。\end{cases}$$

化简上述线性方程组为

$$\begin{cases}b_0n+b_1\sum\limits_{i=1}^{n}x_{i1}+b_2\sum\limits_{i=1}^{n}x_{i2}+\cdots+b_p\sum\limits_{i=1}^{n}x_{ip}=\sum\limits_{i=1}^{n}y_i,\\ b_0\sum\limits_{i=1}^{n}x_{i1}+b_1\sum\limits_{i=1}^{n}x_{i1}^2+b_2\sum\limits_{i=1}^{n}x_{i1}x_{i2}+\cdots+b_p\sum\limits_{i=1}^{n}x_{i1}x_{ip}=\sum\limits_{i=1}^{n}x_{i1}y_i,\\ \vdots\\ b_0\sum\limits_{i=1}^{n}x_{ip}+b_1\sum\limits_{i=1}^{n}x_{ip}x_{i2}+b_2\sum\limits_{i=1}^{n}x_{ip}x_{i2}+\cdots+b_p\sum\limits_{i=1}^{n}x_{ip}^2=\sum\limits_{i=1}^{n}x_{ip}y_i。\end{cases}$$

上式称为正规方程组，将上式写成矩阵形式为

$$\boldsymbol{X}^{\mathrm{T}}\boldsymbol{X}\boldsymbol{b}=\boldsymbol{X}^{\mathrm{T}}\boldsymbol{y},$$

其中

$$\boldsymbol{X}=\begin{bmatrix}1 & x_{11} & x_{12} & \cdots & x_{1p}\\ 1 & x_{21} & x_{22} & \cdots & x_{2p}\\ \vdots & \vdots & \vdots & & \vdots\\ 1 & x_{n1} & x_{n2} & \cdots & x_{np}\end{bmatrix},\quad \boldsymbol{y}=\begin{bmatrix}y_1\\ y_2\\ \vdots\\ y_n\end{bmatrix},\quad \boldsymbol{b}=\begin{bmatrix}b_1\\ b_2\\ \vdots\\ b_p\end{bmatrix}。$$

计算得

$$\boldsymbol{X}^{\mathrm{T}}\boldsymbol{X}=\begin{bmatrix}1 & 1 & \cdots & 1\\ x_{11} & x_{21} & \cdots & x_{2p}\\ \vdots & \vdots & & \vdots\\ x_{1p} & x_{2p} & \cdots & x_{np}\end{bmatrix}\begin{bmatrix}1 & x_{11} & x_{12} & \cdots & x_{1p}\\ 1 & x_{21} & x_{22} & \cdots & x_{n1}\\ \vdots & \vdots & \vdots & & \vdots\\ 1 & x_{n1} & x_{n2} & \cdots & x_{np}\end{bmatrix}$$

$$=\begin{bmatrix}n & \sum_{i=1}^{n}x_{i1} & \cdots & \sum_{i=1}^{n}x_{ip}\\ \sum_{i=1}^{n}x_{i1} & \sum_{i=1}^{n}x_{i1}^{2} & \cdots & \sum_{i=1}^{n}x_{i1}x_{ip}\\ \vdots & \vdots & & \vdots\\ \sum_{i=1}^{n}x_{ip} & \sum_{i=1}^{n}x_{ip}x_{i1} & \cdots & \sum_{i=1}^{n}x_{ip}^{2}\end{bmatrix},$$

$$\boldsymbol{X}^{\mathrm{T}}\boldsymbol{y}=\begin{bmatrix}1 & 1 & \cdots & 1\\ x_{11} & x_{21} & \cdots & x_{n1}\\ \vdots & \vdots & & \vdots\\ x_{1p} & x_{2p} & \cdots & x_{np}\end{bmatrix}\begin{bmatrix}y_1\\ y_2\\ \vdots\\ y_n\end{bmatrix}=\begin{bmatrix}\sum_{i=1}^{n}y_i\\ \sum_{i=1}^{n}x_{i1}y_i\\ \vdots\\ \sum_{i=1}^{n}x_{ip}y_p\end{bmatrix}。$$

前面几个式子可以写成矩阵形式为

$$\boldsymbol{X}^{\mathrm{T}}\boldsymbol{X}\boldsymbol{b}=\boldsymbol{X}^{\mathrm{T}}\boldsymbol{y}。$$

如果 $\boldsymbol{X}^{\mathrm{T}}\boldsymbol{X}$ 是一个 $p+1$ 阶可逆阵，上式两端左乘逆阵 $(\boldsymbol{X}^{\mathrm{T}}\boldsymbol{X})^{-1}$，得回归系数的解向量为

$$\boldsymbol{b}=\begin{bmatrix}b_0\\ b_1\\ \vdots\\ b_p\end{bmatrix}=(\boldsymbol{X}^{\mathrm{T}}\boldsymbol{X})^{-1}\boldsymbol{X}^{\mathrm{T}}\boldsymbol{y}。$$

这是极大似然估计的回归参数方程的系数，回归方程为

$$y=b_0+b_1x_1+b_2x_2+\cdots+b_px_p。$$

将 $\mu(x_1,x_2,\cdots,x_p)=b_0+b_1x_1+b_2x_2+\cdots+b_px_p$ 作为估计方程，方程

$$y=b_0+b_1x_1+b_2x_2+\cdots+b_px_p$$

称为 p 元线性回归方程。

例 10.2.1 一种金属合金在某种添加剂的不同浓度之下,各做 3 次试验,得数据如下表所示:

浓度 x	10.0	15.0	20.0	25.0	30.0
抗压强度 y	25.2 27.3 28.7	29.8 31.1 27.8	31.2 32.6 29.7	31.7 30.1 32.3	29.4 30.8 32.8

以模型 $Y=b_0+b_1x+b_2x^2+\varepsilon,\varepsilon\sim N(0,\sigma^2)$ 拟合数据,其中 b_0,b_1,b_2,σ^2 与 x 无关。求回归方程

$$y=b_0+b_1x+b_2x^2。$$

解 这是一个二元回归模型,矩阵为

$$\boldsymbol{X}=\begin{bmatrix}1&10&100\\1&10&100\\1&10&100\\1&15&225\\1&15&225\\1&15&225\\1&20&400\\1&20&400\\1&20&400\\1&25&625\\1&25&625\\1&25&625\\1&30&900\\1&30&900\\1&30&900\end{bmatrix},\quad \boldsymbol{y}=\begin{bmatrix}25.2\\27.3\\28.7\\29.8\\31.1\\27.8\\31.2\\32.6\\29.7\\31.7\\30.1\\32.3\\29.4\\30.8\\32.8\end{bmatrix},\quad \boldsymbol{b}=\begin{bmatrix}b_0\\b_1\\b_2\end{bmatrix}。$$

经矩阵乘法计算得

$$\boldsymbol{X}^{\mathrm{T}}\boldsymbol{X}=\begin{bmatrix}15&300&67500\\300&6750&165000\\6750&165000&4263750\end{bmatrix},\quad \boldsymbol{X}^{\mathrm{T}}\boldsymbol{y}=\begin{bmatrix}450.5\\9155\\207990\end{bmatrix},$$

$$(\boldsymbol{X}^{\mathrm{T}}\boldsymbol{X})^{-1}=\frac{1}{26250}\begin{bmatrix}138250&-14700&350\\-14700&1635&-40\\6750&-40&1\end{bmatrix},$$

得正规方程组的解为

$$\boldsymbol{b}=\begin{bmatrix}b_0\\b_1\\b_2\end{bmatrix}=(\boldsymbol{X}^{\mathrm{T}}\boldsymbol{X})^{-1}\boldsymbol{X}^{\mathrm{T}}\boldsymbol{y}=\begin{bmatrix}19.03333\\1.00857\\-0.02038\end{bmatrix}。$$

故回归方程为 $y=19.03333+1.00857x-0.02038x^2$。

10.2.1 回归方程的显著性检验

回归方程的显著性检验是指自变量 $x_1,x_2,\cdots,x_p$ 的线性函数是否能代表因变量 Y 的意义，检验假设为

$$H_0: b_0=b_1=b_2=\cdots=b_p=0。$$

如果 H_0 为真，则表明 Y 并没有受到自变量 $x_1,x_2,\cdots,x_p$ 的影响，即这样的回归方程没有实际意义。

用 $\hat{Y}_i=\hat{b}_0+\hat{b}_1x_{i1}+\hat{b}_2x_{i2}+\cdots+\hat{b}_px_{ip}(i=1,2,\cdots,n)$表示第 i 组样本的拟合值，记为

$$\bar{Y}=\frac{1}{n}\sum_{i=1}^{n}Y_i,\quad \mathrm{SST}=\sum_{i=1}^{n}(Y_i-\bar{Y})^2,\quad \mathrm{SSE}=\sum_{i=1}^{n}(Y_i-\hat{Y})^2,\quad \mathrm{SSR}=\sum_{i=1}^{n}(\hat{Y}_i-\bar{Y})^2。$$

由等式

$$\sum_{i=1}^{n}(Y_i-\hat{Y})(\hat{Y}_i-\bar{Y})=0$$

得到离差平方和的分解式为

$$\mathrm{SST}=\mathrm{SSE}+\mathrm{SSR}。$$

其中，SSR，SSE 分别为回归平方和、残差平方和。与一元线性回归类似，我们可以构造下列统计量：

$$F=\frac{\mathrm{SSR}/p}{\mathrm{SSE}/(n-p-1)}。$$

当 H_0 为真时，有

$$F=\frac{\mathrm{SSR}/p}{\mathrm{SSE}/(n-p-1)}\sim F(p,n-p-1)。$$

下面我们构造拒绝域。对于显著性水平 $0<\alpha<1$，$F_\alpha(p,n-p-1)$是自由度为 p 和 $n-p-1$ 的 F 分布的上 α 侧分位点，拒绝域为

$$F>F_\alpha(p,n-p-1),$$

称为 H_0 的一个显著性水平为 α 的检验。

下表给出了多元线性回归的显著性水平检验过程：

方差来源	平方和	自由度	均方	F 值
回归	$\mathrm{SSR}=\sum_{i=1}^{n}(\hat{Y}_i-\bar{Y})^2$	p	$\mathrm{MSR}=\frac{\mathrm{SSR}}{p}$	$F=\frac{\mathrm{MSR}}{\mathrm{MSE}}$
残差	$\mathrm{SSE}=\sum_{i=1}^{n}(Y_i-\hat{Y})^2$	$n-p-1$	$\mathrm{MSE}=\frac{\mathrm{SSE}}{n-p-1}$	
总和	$\mathrm{SST}=\sum_{i=1}^{n}(Y_i-\bar{Y})^2$	$n-1$		

例 10.2.2(煤净化问题)　下表给出了煤净化的一组数据：

编　号	x_1	x_2	x_3	y 值
1	1.50	6.00	1315	243
2	1.50	6.00	1315	261
3	1.50	9.00	1890	244
4	1.50	9.00	1890	285
5	2.00	7.50	1575	202
6	2.00	7.50	1575	180
7	2.00	7.50	1575	183
8	2.00	7.50	1575	207
9	2.50	9.00	1315	216
10	2.50	9.00	1315	160
11	2.50	6.00	1890	104
12	2.50	6.00	1890	110

这里,因变量 Y 为煤净化后煤溶液中所含的杂质的质量,这是衡量煤净化效率的指标;X_1 表示输入净化过程的溶液所含的煤与杂质的比例;X_2 为溶液的 pH 值;X_3 表示溶液流量。试验者的目的是通过一组试验数据,建立净化效率 Y 与 3 个因素 X_1, X_2, X_3 的经验关系。通过控制某些自变量来提高净化效率。线性回归模型为

$$Y=b_0+b_1X_1+b_2X_2+b_3X_3+\varepsilon, \varepsilon \sim N(0,\sigma^2)。$$

试通过显著性检验检验回归效果。

解

$$\boldsymbol{X}=\begin{bmatrix} 1 & 1.50 & 6.00 & 1315 \\ 1 & 1.50 & 6.00 & 1315 \\ 1 & 1.50 & 9.00 & 1890 \\ 1 & 1.50 & 9.00 & 1890 \\ 1 & 2.00 & 7.50 & 1575 \\ 1 & 2.00 & 7.50 & 1575 \\ 1 & 2.00 & 7.50 & 1575 \\ 1 & 2.00 & 7.50 & 1575 \\ 1 & 2.50 & 9.00 & 1315 \\ 1 & 2.50 & 9.00 & 1315 \\ 1 & 2.50 & 6.00 & 1890 \\ 1 & 2.50 & 6.00 & 1890 \end{bmatrix}, \quad \boldsymbol{y}=\begin{bmatrix} 243 \\ 261 \\ 244 \\ 285 \\ 202 \\ 180 \\ 183 \\ 207 \\ 216 \\ 160 \\ 104 \\ 110 \end{bmatrix}。$$

计算得

$$\boldsymbol{X}^{\mathrm{T}}\boldsymbol{X}=\begin{bmatrix} 12 & 24 & 90 & 19120 \\ 24 & 50 & 180 & 38240 \\ 90 & 180 & 693 & 143400 \\ 19120 & 38240 & 143400 & 31127800 \end{bmatrix},$$

$$(\boldsymbol{X}^{\mathrm{T}}\boldsymbol{X})^{-1}=\begin{bmatrix} 9.0359207 & -1 & -0.4166667 & -0.0024023 \\ -1 & 0.5000000 & 0 & 0 \\ -0.4166667 & 0 & 0.5555556 & 0 \\ -0.0024023 & 0 & 0 & 0.0000015 \end{bmatrix}。$$

得正规方程的解为

$$\boldsymbol{b}=\begin{bmatrix} b_0 \\ b_1 \\ b_2 \\ b_3 \end{bmatrix}=(\boldsymbol{X}^{\mathrm{T}}\boldsymbol{X})^{-1}\boldsymbol{X}^{\mathrm{T}}\boldsymbol{y}=\begin{bmatrix} 397.087 \\ -110.750 \\ 15.583 \\ -0.058 \end{bmatrix}。$$

由极大似然估计方法得回归方程为

$$Y=397.087-110.750X_1+15.583X_2-0.058X_3。$$

回归方程的显著性检验假设为

$$H_0: b_1=b_2=b_3=0。$$

净化煤问题的方差分析表如下：

方差来源	平方和	自由度	均方	F值
回归	SSR=31156.02	3	MSR=10385.33	$F=23.82$
残差	SSE=3486.89	8	MSE=435.85	
总和	SST=34642.92	11		

取显著性水平 $\alpha=0.05$，$F_{0.05}(3,8)=4.07$，由于 $F=23.82>F_{0.05}(3,8)=4.07$，拒绝原假设 H_0，即认为回归方程的效果是显著的，即 Y 与 3 个因素 X_1,X_2,X_3 有一定的关系。经过分析比较得结论如下：

(1) $b_2>0$，当 X_1,X_3 不改变时，Y 随 X_2 的增加而增加；

(2) $b_1<0$，当 X_2,X_3 不改变时，Y 随 X_1 的增加而减少；

(3) $b_3<0$，当 X_1,X_2 不改变时，Y 随 X_3 的增加而减少。

但是，从实际意义上来分析，当 X_1 增加时，溶液所含的煤与杂质的比例增加，则明显净化后的溶液中的杂质重量增加，即 Y 应该增加，而不应该减少。于是表明回归方法产生的回归系数与实际问题的实际意义不相符，解决这一问题的方法是：增加试验次数，即样本容量，结合对个别回归系数的显著性检验，重新进行回归系数分析。

10.2.2 回归方程的系数显著性检验

多元线性回归模型的显著性检验是衡量回归效果的指标，即对 Y 的影响，但是每个自变量对 Y 的影响没有得到体现，因而应对回归系数的绝对值的大小进行检验，选择临界值 c，检验 $|b_i|>c$ 是否成立，为此我们考虑原假设和拒绝域如下：

$$H_0: b_i=0。$$

在给定的水平下，如果接受原检验 H_0，则认为 x_i 对 Y 的影响不显著，在回归方程中可以不考虑 x_i 的影响，可以去掉 x_i；如果拒绝原检验 H_0，则认为 x_i 对 Y 的影响显著，在回归方程中保留 x_i。

构造统计量

$$F_j=\frac{b_j^2/a_{jj}}{\mathrm{SSE}/(n-p-1)}$$

和

$$t_j=\frac{b_j/\sqrt{a_{jj}}}{\sqrt{\mathrm{SSE}/(n-p-1)}}。$$

其中,a_{jj} 为矩阵$\boldsymbol{L}^{-1}$ 的元素对角线上第 j 个元素,$\boldsymbol{L}=(l_{kj})_{p\times p}$,其中

$$l_{kj}=\sum_{i=1}^{n}(x_{ik}-\overline{x_k})(x_{ij}-\overline{x_j}),\quad k,j=1,2,\cdots,p。$$

可以证明

$$F_j\sim F(1,n-p-1),$$

$$t_j\sim t(n-p-1)。$$

对于给定的显著性水平 $0<\alpha<1$,$F_\alpha(1,n-p-1)$是自由度为 1 和 $n-p-1$ 的 $F(1,n-p-1)$分布的上 α 侧分位点,$t_{\alpha/2}(n-p-1)$是自由度为 $n-p-1$ 的 $t(n-p-1)$ 分布的上 $\alpha/2$ 侧分位点,H_0 的拒绝域分别为

$$F_j>F_\alpha(1,n-p-1)$$

和

$$|t_j|>t_{\alpha/2}(n-p-1)。$$

上面分别得到 H_0 的显著性水平为 α 的 F 检验的拒绝域和 H_0 的显著性水平为 $\alpha/2$ 的 t 检验的拒绝域。注意到事实:$X\sim t(m)$,则 $X^2\sim F(1,m)$,从而上述两个拒绝域是等价的。

如果经过检验有不止一个回归系数不显著,则把 F_j 值中最小的去掉,对剩下的 $p-1$ 个自变量用极大似然方法重新建立回归方程,对得到的新的回归系数重新作显著性检验,重复这一过程直到所有系数都显著为止。

例 10.2.3(续例 10.2.2) 判别该例中回归系数的显著性。

在例 10.2.2 中,$n=12$,$p=3$,$n-p-1=8$,回归系数对应的 t 检验值按如下公式计算:

$$t_j=\frac{b_j/\sqrt{a_{jj}}}{\sqrt{\mathrm{SSE}/(n-p-1)}},\quad j=1,2,3。$$

可以求得

$$t_1=-7.502,\quad t_2=3.167,\quad t_3=-2.27。$$

取显著性水平为 $\alpha=0.05$,由于 $t_{\alpha/2}(n-p-1)=t_{0.025}(8)=2.306$,于是$|t_1|>t_{0.025}(8)$,$|t_2|>t_{0.025}(8)$。但是$|t_3|<t_{0.025}(8)$。所以,可以认为在显著性水平为 $\alpha=0.05$ 下,自变量 X_1,X_2 对净化效果有显著的影响。

习题 10

1. 思考题

(1) 回归分析是研究变量间的确定关系还是相依关系?

(2) 回归分析主要包含哪几方面的内容?

(3) 回归分析主要应用在哪几方面？

(4) 多元回归与一元回归的主要区别是什么？

2. 下表列出在不同质量下的6根弹簧的长度：

质量 x/g	5	10	15	20	25	30
长度 y/cm	7.25	8.12	8.95	9.9	10.9	11.8

(1) 求出回归方程；

(2) 试在 $x=16$ 作出 Y 的置信度为95%的预测区间。

3. 某医院用光电比色计检验尿汞时，得尿汞含量与消光系数读数的结果如下：

尿汞含量 x/(mg/L)	2	4	6	8	10
消光系数 y	64	138	205	285	360

已知它们之间有关系式：$y_i=a+bx_i+\varepsilon_i,\varepsilon_i\sim N(0,\sigma^2)$，且 ε_i 相互独立。试估计 a,b，并在显著水平 $\alpha=0.05$ 水平下检验 b 是否为零(用MATLAB语言编程计算)。

4. 在考察硝酸钠的可溶性程度时，在一系列不同温度下观察它在100mL的水中溶解的硝酸钠的质量，得观察结果如下：

温度 x/℃	0	4	10	15	21	29	36	51	68
质量 y/g	66.7	71.0	76.8	80.6	85.7	92.9	99.4	113.6	125.1

已知它们之间有关系式：$y_i=a+bx_i+\varepsilon_i,\varepsilon_i\sim N(0,\sigma^2)$，且 ε_i 相互独立。试估计 a,b 及 σ^2 的无偏估计，取显著水平 $\alpha=0.05$。

5. 黏虫是上海地区危害三麦的主要害虫，为防治黏虫，就要研究黏虫的生长过程，现测得观察的数据如下：

编号	1	2	3	4	5	6	7	8
平均温度 T/℃	11.8	14.7	15.4	16.5	17.1	18.1	19.8	20.3
历期 N/天	30.4	15.0	13.8	12.7	10.7	7.5	6.8	5.7

其中历期 N 为卵块卵化成幼虫的天数，平均温度 T 为历期内每日平均温度的算术平均数，经研究 N 与 T 间的下列数据结构：

$$N_i=\frac{k}{T_i-c}+\varepsilon_i,\quad \varepsilon_i\sim N(0,\sigma^2),\quad i=1,2,\cdots,n。$$

试估计 k,c。

6. 电容器充电达某电压值时为时间的计算原点，此后电容器串联一电阻放电，测定各时刻的电压 u，测量结果如下：

时间 t/s	0	1	2	3	4	5	6	7	8	9	10
电压 u/V	100	75	55	40	30	20	15	10	10	5	5

若 u 与 t 的关系为 $u=u_0\mathrm{e}^{-ct}$，其中 u_0，c 未知。求 u 对 t 的回归方程。

7. 某种化工产品的得率 Y 与反应温度 x_1、反应时间 x_2 及某反应物浓度 x_3 有关，每个因素均有两个水平 +1，−1，测试结果如下表所示：

x_1	−1	−1	−1	−1	1	1	1	1
x_2	−1	−1	1	1	−1	−1	1	1
x_2	−1	1	−1	1	−1	1	−1	1
得率	7.6	10.3	9.2	10.2	8.4	11.1	9.8	12.6

(1) 设 $\mu(x_1,x_2,x_3)=b_0+b_1x_1+b_2x_2+b_3x_3$。求 Y 的多元线性回归方程；

(2) 若认为反应时间不影响得率，即认为 $\mu(x_1,x_2,x_3)=c_0+c_1x_1+c_3x_3$。求 Y 的多元线性回归方程。

8. 假设某种钢材的硬度与含铜量的百分比以及温度之间服从线性关系，下面给出 6 次试验得到的数据：

钢材硬度 Y/HB	含铜量/%	温度/℃
78.9	0.02	1000
55.2	0.02	1200
80.9	0.01	1000
57.4	0.01	1200
85.3	0.18	1000
60.7	0.18	1200

(1) 建立硬度对含铜量及温度的二元线性回归方程；

(2) 对回归方程的显著性进行检验，取显著水平 $\alpha=0.05$；

(3) 对回归方程的系数进行显著性检验，取显著水平 $\alpha=0.05$，并解释系数的含义。

9. 研究同一地区土壤所含植物可给态磷的情况得到 18 组数据如下表所示：

土壤样本	x_1	x_2	x_3	y
1	0.4	53	158	64
2	0.4	23	163	60
3	3.1	19	37	71
4	0.6	34	157	61
5	4.7	24	59	54
6	1.7	65	123	77
7	9.4	44	46	81
8	10.1	31	117	93
9	11.6	29	173	93
10	12.6	58	112	51
11	10.9	37	111	76
12	23.1	46	114	96
13	23.1	50	134	77

续表

土壤样本	x_1	x_2	x_3	y
14	21.6	44	73	93
15	23.1	56	168	95
16	1.9	36	143	54
17	26.8	58	202	168
18	29.9	51	124	99

其中，x_1 为土壤内所含无机磷浓度，x_2 为土壤内溶于 K_2CO_3 溶液并受溴化物水解的无机磷浓度，x_3 为土壤内溶于 K_2CO_3 溶液但不受溴化物水解的无机磷浓度，y 为栽在 20℃土壤内的玉米的可给态磷。

已知 y 对 x_1, x_2, x_3 存在着线性关系，试求回归方程，并进行检验。

附录A 数学实验

MATLAB是美国MathWorks公司自20世纪80年代中期推出的数学软件，其优秀的数值计算能力和卓越的数据可视化能力使其在众多的数学软件中脱颖而出。到目前为止，该软件已成为多学科多种工作平台的功能强大的大型软件，在欧美高校，MATLAB已成为线性代数、概率论与数理统计、数据挖掘等课程的基本数学工具，是大学生必须掌握的基本技能。

MATLAB 7.0及更高版本提供的统计工具箱功能非常强大，内容非常丰富，几乎涉及了当前概率统计教材中的所有课题。MATLAB概率统计工具箱里面有大量的概率统计函数可直接应用，无须编程就可以在该软件上实现，这从根本上简化了计算过程的繁杂与查表工作。比如，随机数的产生，各种概率密度函数，分布函数的计算，求期望、方差和相关系数等，直接调用这些函数可方便地得到结果。

实验一 用频率估计概率

以抛掷骰子为例，假设我们要计算"在一次抛掷中出现一点"这样一个事件的概率为多少，这时我们可以通过实验的方法来得到事件的概率：设反复地将骰子抛掷大量的次数，例如n次，若在n次抛掷中一点共发生了m次，则称m/n是这个事件在这n次实验中的频率，概率的统计定义就是将频率作为事件的概率估计。

当一个事件发生的可能性大(小)时，如果在同样条件下反复重复这个实验时，则该事件发生的频繁程度就大(小)。同时，我们在数学上可以证明，当n趋向无穷时，频率趋向同一个数。

1. 实验内容

(1) 模拟抛掷一颗均匀的骰子，可用产生1～6的随机整数来模拟实验结果模拟抛掷骰子次数分别为$n=1000,3000,5000$，统计出现各点的次数，计算相应频率并与概率值1/6比较；

(2) 观察出现3点的频率随实验次数n变化的情形。

2. 实验目的

从中体会频率和概率的关系。

3. 实验程序

(1) 实验程序1

编写函数frequencyOfDice.m

```
frequency = frequencyOfDice(n)
 %n是抛骰子的次数
tran = rand(1,n);                        %产生n个0到1之间的随机数
data = floor(tran*6)+1;                  %函数floor()是比这个数小的整数中最大的那个
time = zeros(1,6);                       %产生一个1行6列的零矩阵
for i = 1 : 6
    time(i) = sum(data == i);            %sum是求和函数
end
```

```
frequency = time./n
return
```

在 MATLAB 命令行窗口运行如下命令：

```
clc,clear;
n = 1000;
frequencyOfDice(n)
```

得到结果如下：

```
frequency =   0.1500    0.1570    0.1750    0.1750    0.1730    0.1700
n = 3000;
frequencyOfDice(n)
```

得到结果如下：

```
frequency =   0.1740    0.1733    0.1553    0.1753    0.1613    0.1607
n = 5000;
frequencyOfDice(n)
```

得到结果如下：

```
frequency =   0.1670    0.1663    0.1643    0.1691    0.1656    0.1677
```

(2) 实验程序 2

在 MATLAB 命令行窗口运行如下命令：

```
clc,clear;
%n 是抛骰子的次数
n = 2000;
tran = rand(1,n);                    %产生 n 个 0 到 1 之间的随机数
data = floor(tran * 6) + 1;          %函数 floor()是比这个数小的整数中最大的那个
for i = 1 : n
    time(i) = sum(data(1:i) == 3)/i;
end
hold on
plot(1:n,time,'-.r')
plot([1,n],[1/6,1/6],'-b')
hold off
```

得到的结果见图 A-1。可以看出，随着 n 的增大，频率逐渐接近理论值 1/6。

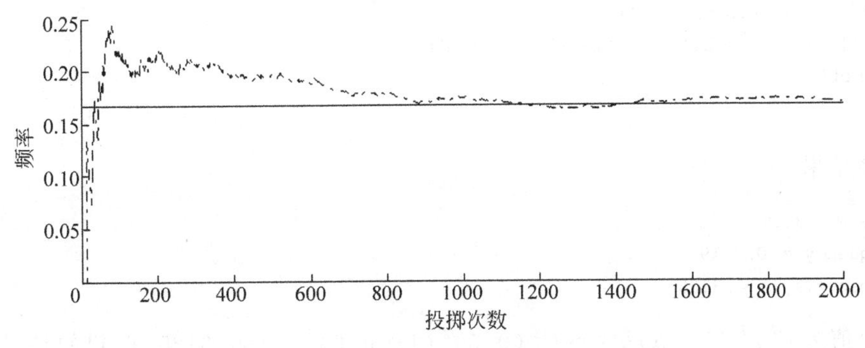

图 A-1 投郑次数与“3”点出现频率关系图

实验二　二项分布

设某事件 A 在一次实验中发生的概率为 p，把此实验独立地重复 n 次，用 X 记 A 在这 n 次实验中发生的次数，求 X 恰好为 k 的概率。如果事件 A 不发生，则记为 $\bar{A}$，要想 X 正好等于 k，必须在这 n 次实验中，有 k 个 A，$n-k$ 个 $\bar{A}$，所以 X 正好等于 k 的概率 $C_n^k p^k(1-p)^{n-k}$，X 服从参数为 n,p 的二项分布。在 MATLAB 中，用函数 binopdf(k,n,p)来求二项分布的概率，即 X 正好等于 k 的概率 $C_n^k p^k(1-p)^{n-k}$。

1. 实验内容

(1) 练习抛硬币，5 次为一组，共做 10000 次这样的实验，那么 5 个 0、1 随机数中出现两个 0 的次数与频率是多少，与理论值是否接近？

(2) 以从 1～1000 整数中随机取出一个数为一次实验，共做 10000 次实验，求取出 5 的次数和概率。

2. 实验目的

从中体会频率和概率的关系，用 MATLAB 编程计算二项分布。

3. 实验程序

(1) 实验程序 1

在 MATLAB 命令行窗口运行如下命令：

```
clc,clear;
n = 10000;
time = 0;
for i = 1 : n
    tran = rand(1,5);                    %产生 5 个 0 到 1 之间的随机数
    data = floor(tran * 2);              %函数 floor()是比这个数小的整数中最大的那个
    if sum(data == 0) == 2
        time = time + 1 ;
    end
    frequency(i) = time/i;
end

%理论值
probability = binopdf(2,5,0.5)          %binopdf()为二项分布的概率函数
hold on
plot(1:n,frequency,'-.r')
plot([1,n],[probability,probability],'-b')
hold off
```

程序结果

```
time =   3119
frequency = 0.3119
probability = 0.3125
```

理论值为 $C_n^k p^k(1-p)^{n-k} = C_5^2(0.5)^2(1-0.5)^{5-2} = 0.3125$，得到的估计结果为

0.3119。由图 A-2 可以看出，随着试验次数的增加，估计约为准确。

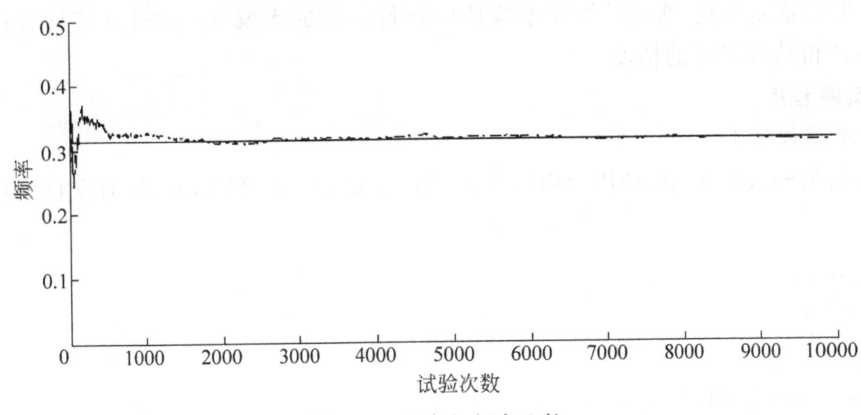

图 A-2 概率与频率比较

(2) 实验程序 2

在 MATLAB 命令行窗口运行如下命令：

```
clc,clear;
n = 10000;
time = 0;
for i = 1 : n
    tran = rand(1,1);                    % 产生 1 个 0 到 1 之间的随机数
    data = floor(tran * 1000) + 1;
    if data == 5
        time = time + 1;
    end
end
time
frequency = time/n
```

程序结果

```
time =   12
frequency =   0.0012
```

理论值为 0.001，估计值为 0.0012，比较接近。

实验三 用蒙特卡罗方法估计积分值

1. 实验内容

用蒙特卡罗方法估计积分$\int_0^1 \frac{1}{\sqrt{2\pi}} e^{-\frac{x^2}{2}} dx$ 的值，并将估计值与真值进行比较。

(1) 根据伯努利大数定律，利用频率统计法估计定积分；

(2) 根据辛钦大数定律，利用频率统计法估计定积分。

2. 实验目的

(1) 针对要估计的积分选择适当的概率分布设计蒙特卡罗方法；

(2) 利用计算机产生所选分布的随机数以估计积分值;

(3) 进行重复实验,通过计算样本均值以评价估计的无偏性;通过计算均方误差或样本方差以评价估计结果的精度。

3. 实验程序

(1) 实验程序 1

根据伯努利大数定律,利用频率统计法估计定积分。在 MATLAB 命令行窗口运行如下命令:

```
clc,clear;
n = 10000;
time = 0;
for i = 1 : n
    x = rand(1,1);
    y = rand(1,1);
    z = (1/sqrt(2. * pi)) * exp( - x.^2/2);
    if y <= z
        time = time + 1;
    end
    estimate(i) = time/i;
end

% 理论真实值
% 函数 int()用于计算积分
% 函数 eval()用于将计算结果转成数据
syms xx;
true = eval(int((1/sqrt(2. * pi)) * exp( - xx.^2/2),0,1))
hold on
plot(1:n,estimate,'-.r')
plot([1,n],[true,true],'-b')
hold off
```

程序结果

```
result =   0.3368
true =   0.3413
```

估计值为 0.3368,真实值为 0.3413,可见估计值与理论值比较接近见图 A-3。

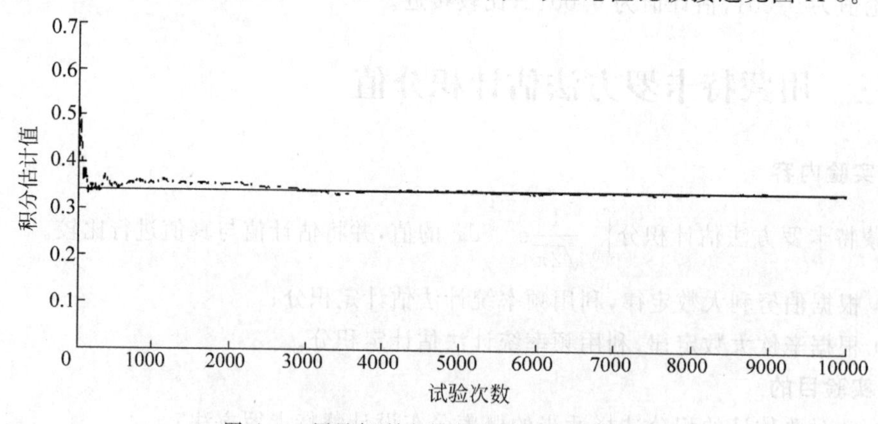

图 A-3 用贝努利大数定律近似计算定积分

(2) 实验程序 2

根据辛钦大数定律,利用频率统计法估计定积分。在 MATLAB 命令行窗口运行如下命令:

```
clc,clear;
n = 10000;
sumz = 0;
for i = 1 : n
    x = rand(1,1);
    z = (1/sqrt(2. * pi)) * exp( - x.^2/2);
    sumz = sumz + z;
    estimate(i) = sumz/i;
end

%理论真实值
syms xx;
true = eval(int((1/sqrt(2. * pi)) * exp( - xx.^2/2),0,1))
hold on
plot(1:n,estimate,'-.r')
plot([1,n],[true,true],'-b')
hold off
```

程序结果

```
result =   0.3405
true =   0.3413
```

估计值为 0.3405,真实值为 0.3413。可见利用辛钦大数定律比伯努利大数定律利用的信息更多,逼近的效果更好,更准确一些。图 A-4 中展示了随实验次数的增加,估计值越来越逼近于真实值。对比图 A-3,显然利用辛钦大数定律比伯努利大数定律逼近得更快。

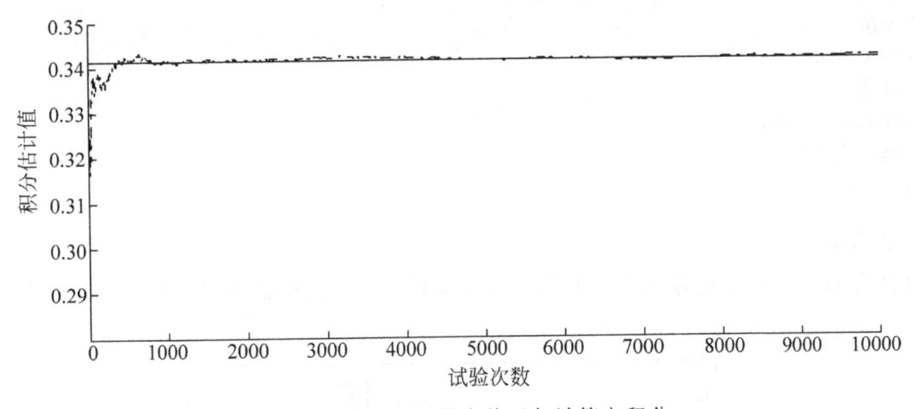

图 A-4 用辛钦大数定律近似计算定积分

实验四 基本统计量实验

1. 实验内容

已知某校 60 名学生的一次考试成绩如下:

93	75	83	93	91	85	84	82	77	76	77	95
94	89	91	88	86	83	96	81	79	97	78	75
67	69	68	84	83	81	75	66	85	70	94	84
83	82	80	78	74	73	76	70	86	76	90	89
71	66	86	73	80	94	79	78	77	63	53	55

(1) 计算均值、标准差、极差、偏度、峰度，画出直方图；

(2) QQ 图检验分布的正态性。

2. 实验目的

(1) 用 MATLAB 计算基本统计量；

(2) 掌握 MATLAB 进行 QQ 图检验分布的正态性。

3. 实验程序

(1) 计算均值、标准差、极差、偏度、峰度，画出直方图

在 MATLAB 命令行窗口运行如下命令：

```
clc,clear;
data = [ 93  75  83  93  91  85  84  82  77  76  77  95
         94  89  91  88  86  83  96  81  79  97  78  75
         67  69  68  84  83  81  75  66  85  70  94  84
         83  82  80  78  74  73  76  70  86  76  90  89
         71  66  86  73  80  94  79  78  77  63  53  55];
data = data(:)';
 %均值
mean(data)
 %标准差
std(data)
 %极差
range(data)
 %偏度
skewness(data)
 %峰度
kurtosis(data)
 %画出直方图
hist(data,15)
```

程序结果

均值为 80.1，标准差为 9.71，极差为 44，偏度为 −0.4682，峰度为 3.1529。直方图见图 A-5。

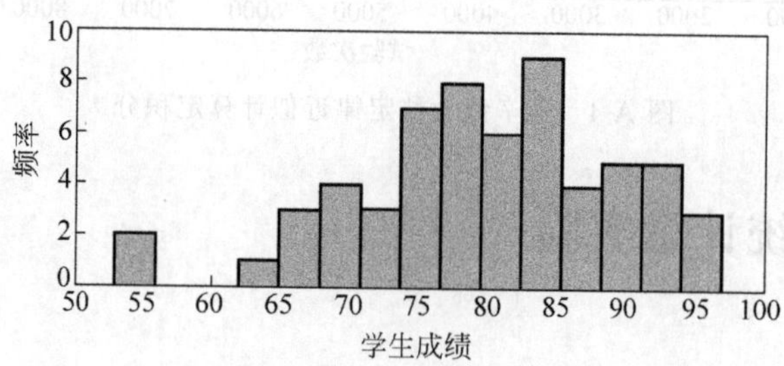

图 A-5　考试成绩直方图

（2）QQ图检验分布的正态性

要对一组样本进行正态性检验，在 MATLAB 中，一种方法是用 normplot 画出样本，如果都分布在一条直线上，则表明样本来自正态分布；否则是非正态分布。在本例中应用命令 normplot(data)，即可得到图 A-6。由图形可知，数据分布在一条直线附近，说明数据基本服从正态分布。

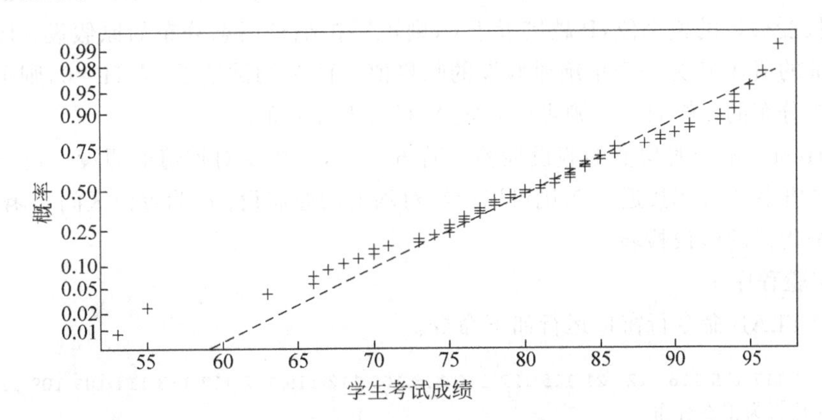

图 A-6 考试成绩分布于正态分布的比较

实验五 区间估计和假设检验

1. 实验内容

（1）某种产品的长度（单位：mm）测量数据如下：

119	117	115	116	112	121	115	122	116	118
109	112	119	112	117	113	114	109	109	118

① 用假设检验方法判断，这种产品的长度是否服从正态分布？

② 若服从正态分布，这种产品的长度是否可以认为等于 114？

（2）据说某地汽油的平均价格是每加仑 115 美分，为了验证这种说法，一位学者开车随机选择了一些加油站，得到某年一月、二月的数据如下：

一月：

122	112	116	119	117	116	118	118	109	112
119	112	117	113	114	109	121	115	109	115

二月：

118	119	115	122	118	121	120	122	128	116
120	123	121	119	117	119	128	126	118	125

分别用 MATLAB 的区间估计（或假设检验）函数和区间估计的计算公式回答如下问题：

① 分别用一月和二月的数据验证这种说法的可靠性；

② 一月和二月汽油的平均价格是否相同？

2. 实验目的

（1）用假设检验方法判断是否服从正态分布，用 MATLAB 估计正态分布的参数并检验参数。

(2) 用 MATLAB 进行参数估计、假设检验。

3. 实验程序

在 MATLAB 中,函数 jbtest(X,alpha)用来判断数据 X 是否服从正态分布的 Jarque-Bera 检验,置信水平为 alpha。当运行命令[H,P,JBSTAT,CV]= jbtest(X,alpha)时,返回结果 P 为接受假设的概率值,P 越接近于 0,则可以拒绝是正态分布的原假设; JBSTAT 为测试统计量的值,CV 为是否拒绝原假设的临界值。H 为测试结果,若 H=0,则可以认为 X 是服从正态分布的; 若 H=1,则可以否定 X 服从正态分布。

函数 ttest()用于对均值的假设检验。若 h = 0,则接受对均值的假设。返回结果 p 为接受假设的概率值,p 越接近于 0,则可以拒绝对均值的原假设; ci 为置信区间。函数 ttest2()用于对两个均值的假设检验。

(1) 实验程序 1

在 MATLAB 命令行窗口运行如下命令:

```
X =[119 117 115 116 112 121 115 122 116 118 109 112 119 112 117 113 114 109 109 118];
%判读是否为正态分布
[H,P,JBSTAT,CV] = jbtest(X)
%这种产品的长度是否可以认为等于 114
[h,p,ci] = ttest(X,114)
```

程序结果

H = 0,P = 0.5000,JBSTAT =0.6799,CV =3.8011。H 为测试结果,H=0,则可以认为 X 是服从正态分布的。P 为接受假设的概率值,P 不接近于 0,则可以接受是正态分布的原假设。

h = 0,p =1,ci =[113.3970 116.9030]。表明接受原假设认为该种产品的平均长度为 114mm,ci 为置信区间。

(2) 实验程序 2

在 MATLAB 命令行窗口运行如下命令:

```
clc,clear;
X1 =[122 112 116 119 117 116 118 118 109 112 119 112 117 113 114 109 121 115 109 115];
X2 = [118 119 115 122 118 121 120 122 128 116 120 123 121 119 117 119 128 126 118 125];
%用一月的数据验证,汽油的平均价格是否可以认为等于 115
[h1,p,ci] = ttest(X1,115)
%用二月的数据验证,汽油的平均价格是否可以认为等于 115
[h2,p,ci] = ttest(X2,115)
%一月和二月汽油的平均价格是否相同
[h3,p,ci] = ttest2(X1,X2,0.05)
```

程序结果

h1 = 0,用一月的数据验证,可以认为汽油的平均价格等于 115;

h2 = 1,用二月的数据验证,不认为汽油的平均价格等于 115;

h3 = 1,不认为一月和二月汽油的平均价格相同。

实验六　回归分析

1. 实验内容

一矿脉有13个相邻样本点，人为设定一个原点，现测得各样本点对原点的距离 x 与该样本点某种金属含量 y 的一组数据如下：

x/m	2	3	4	5	7	8	10
y/g	106.42	109.20	109.58	109.50	110.00	109.93	110.49
x/m	11	14	15	15	18	19	
y/g	110.59	110.60	110.90	110.76	111.00	111.20	

画出散点图观察二者的关系，试建立合适的回归模型，如二次曲线、双曲线、对数曲线等。

2. 实验目的

(1) 掌握回归分析的MATLAB的实现方法；

(2) 练习用回归分析方法解决实际问题。

3. 实验程序

在MATLAB中，函数regress()用来解决线性回归问题，调用格式如下：

```
[b,bint,r,rint,stats] = regress(y,X,alpha)
```

这里，y是一个列向量。X是一个矩阵，其中X的第一列是全1向量(这一点对于回归来说很重要，这一个全1列向量对应回归方程的常数项)，一般情况下，需要人工造一个全1列向量。在返回项[b,bint,r,rint,stats]中，各项含义如下：

① b是回归方程的系数的估计值；

② bint是一个矩阵，它的第i行表示第i个系数的(1−alpha)置信区间；

③ r是回归的残差列向量；

④ rint是一个矩阵，它的第i行表示第i个残差的(1−alpha)置信区间。

(1) 实验程序1

在MATLAB命令行窗口运行如下命令：

```
clc
clear
x = [2  3   4   5   7   8   10 11   14  15  15  18  19  ]';
y =[106.42  109.20  109.58  109.50  110.00  109.93  110.49 110.59    110.60  110.90
110.76  111.00  111.20  ]';
figure
plot(x,y,'ob')
X = [ones(13,1),x];
[k,bint,r,rint,stats]=regress(y,X);
figure
rcoplot(r,rint)
```

程序结果

由图 A-7，基本可以看出，各样本点对原点的距离 x，与该样本点某种金属含量 y 之间是线性关系。并且由图 A-8 看到，第一个点的残差没有正常取此次回归的系数。故此剔除第一个点，再进行实验。

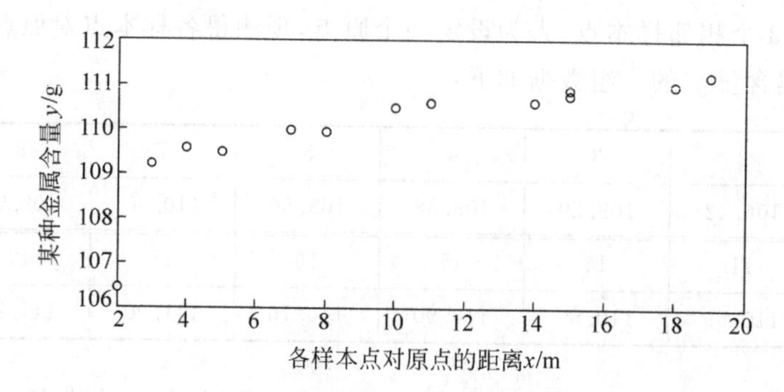

图 A-7 距离 x 与含金量 y 的关系散点图

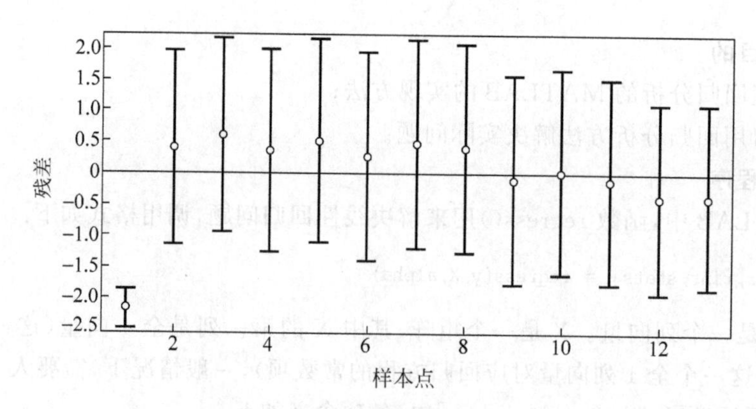

图 A-8 全部样本点的残差分析图

(2) 实验程序 2

在 MATLAB 命令行窗口运行如下命令：

```
clc,clear
x = [2  3  4  5  7  8  10 11  14  15  15  18  19  ]';
y = [106.42  109.20  109.58  109.50  110.00  109.93  110.49 110.59  110.60  110.90
110.76  111.00  111.20  ]';
x = x(2:end);y = y(2:end);
figure
plot(x,y,'ob')
X = [ones(12,1),x];
[k,bint,r,rint,stats] = regress(y,X);
figure
rcoplot(r,rint)
```

程序结果

由图 A-9 看到，所有点的残差都正常取此次回归的系数。可以进行最小二乘直线回归。

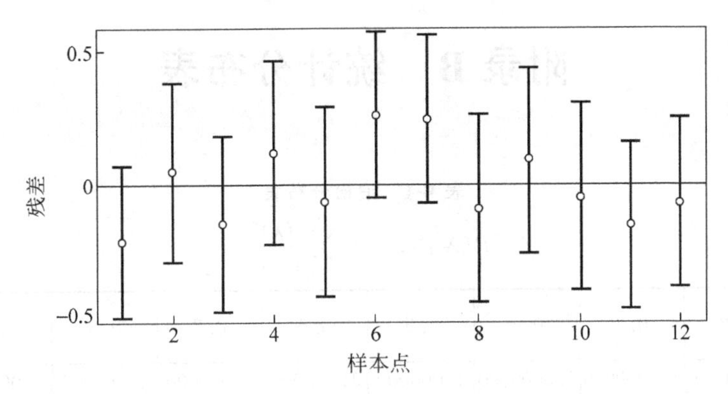

图 A-9 除第一个点外剩余样本点的残差分析图

(3) 实验程序 3

在 MATLAB 命令行窗口运行如下命令：

```
clc
clear
x = [2  3   4  5   7   8  10 11   14  15  15  18  19  ]';
y = [106.42  109.20  109.58  109.50  110.00  109.93  110.49 110.59   110.60  110.90
110.76  111.00  111.20  ]';
x = x(2:end);y = y(2:end);
X = [ones(12,1),x];
[k,bint,r,rint,stats] = regress(y,X);
estimateY = [ones(12,1),x] * k;
MSE = sum((estimateY - y).^2)
figure
hold on
plot(x,y,'ob')
plot(x,estimateY,'- * r')
hold off
```

拟合的公式为 $y=109.1+0.116x$。拟合的效果见图 A-10，由图可见，拟合效果很好。

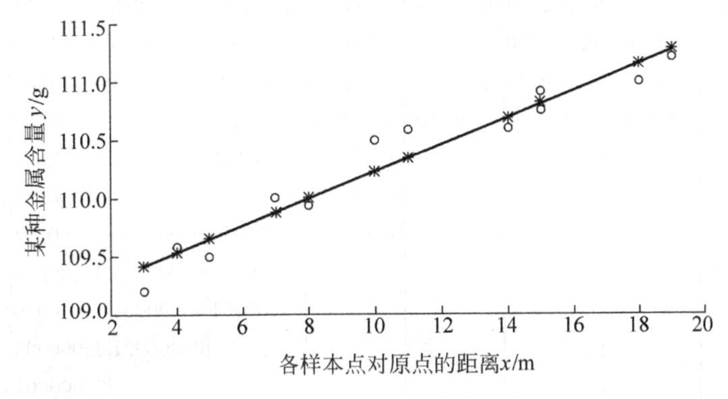

图 A-10 变量 x 和 y 的线性回归图

附录 B　统计分布表

表 B-1　泊松分布表

$$P(X \geqslant x)=\sum_{r=x}^{\infty}\frac{(\lambda)^{r}}{r!\ \mathrm{e}^{\lambda}}$$

x \ λ	0.2	0.3	0.4	0.5	0.6	0.7	0.8	0.9	1.0
0	1.0000000	1.0000000	1.0000000	1.000000	1.000000	1.000000	1.000000	1.000000	1.000000
1	0.1812692	0.2591818	0.3296800	0.393469	0.451188	0.503415	0.550671	0.593430	0.632121
2	0.0175231	0.0369363	0.0615519	0.393469	0.121901	0.155805	0.191208	0.227518	0.264241
3	0.0011485	0.0035995	0.0079263	0.014388	0.023115	0.03414	0.047423	0.062857	0.080301
4	0.0000568	0.0002658	0.0007763	0.001752	0.003358	0.005753	0.009080	0.013459	0.018988
5	0.0000023	0.0000158	0.0000612	0.00172	0.000394	0.000786	0.001411	0.002344	0.003660
6		0.0000008	0.0000040	0.000014	0.000039	0.000090	0.000184	0.000343	0.000594
7			0.0000002	0.000001	0.000003	0.000009	0.000021	0.000043	0.000083
8						0.000001	0.000002	0.000005	0.000010
9									0.000001
10									

x \ λ	1.2	1.4	1.6	1.8	2.5	3.0	3.5	4.0	4.5	5.0
0	1.000000	1.000000	1.000000	1.000000	1.000000	1.000000	1.000000	1.000000	1.000000	1.000000
1	0.698806	0.753403	0.798103	0.834701	0.917915	0.950213	0.969803	0.981684	0.988891	0.993262
2	0.337373	0.408167	0.475069	0.537163	0.712703	0.800852	0.864112	0.908422	0.938901	0.959572
3	0.120513	0.166502	0.216642	0.269379	0.456187	0.576810	0.679153	0.761897	0.826422	0.875348
4	0.033769	0.053725	0.078813	0.108708	0.242424	0.352768	0.463367	0.566530	0.657704	0.734974
5	0.007746	0.014253	0.023682	0.036407	0.108822	0.184737	0.274555	0.371163	0.467896	0.559507
6	0.001500	0.003201	0.006040	0.010378	0.042021	0.083918	0.142386	0.214870	0.297070	0.384039
7	0.000251	0.000622	0.001336	0.002569	0.014187	0.033509	0.065288	0.110674	0.168949	0.237817
8	0.000037	0.000107	0.000260	0.000562	0.004247	0.011905	0.026739	0.051134	0.086586	0.133372
9	0.000005	0.000016	0.000045	0.000110	0.001140	0.003803	0.009874	0.021363	0.040257	0.068094
10	0.000001	0.000002	0.000007	0.000019	0.000277	0.001102	0.003315	0.008132	0.017093	0.031828
11			0.000001	0.000003	0.000062	0.000292	0.001019	0.002840	0.006669	0.013695
12					0.000013	0.000071	0.000289	0.000915	0.002404	0.005453
13					0.000002	0.000016	0.000076	0.000274	0.000805	0.002019
14						0.000003	0.000019	0.000076	0.000252	0.000698
15						0.000001	0.000004	0.000020	0.000074	0.000226
16							0.000001	0.000005	0.000020	0.000069
17								0.000001	0.000005	0.000020
18									0.000001	0.000005
19										0.000001

表 B-2 标准正态分布表

$$\Phi(x)=\int_{-\infty}^{x}\frac{1}{\sqrt{2\pi}}\mathrm{e}^{-\frac{x^2}{2}}\mathrm{d}x$$

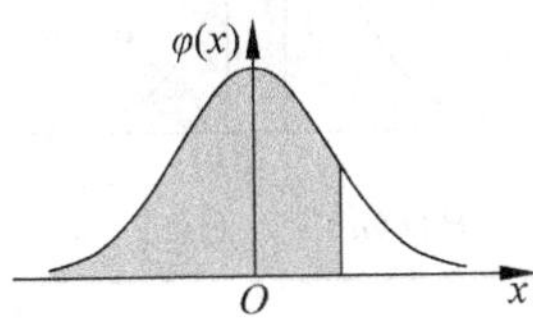

x	0	1	2	3	4	5	6	7	8	9
0.0	0.500000	0.503989	0.507978	0.511966	0.515953	0.519939	0.523922	0.527903	0.531881	0.535856
0.1	0.539828	0.543795	0.547758	0.551717	0.555670	0.559618	0.563559	0.567495	0.571424	0.575345
0.2	0.579260	0.583166	0.587064	0.590954	0.594835	0.598706	0.602568	0.606420	0.610261	0.614092
0.3	0.617911	0.621720	0.625516	0.629300	0.633072	0.636831	0.640576	0.644309	0.648027	0.651732
0.4	0.655422	0.659097	0.662757	0.666402	0.670031	0.673645	0.677242	0.680822	0.684386	0.687933
0.5	0.691462	0.694974	0.698468	0.701944	0.705401	0.708840	0.712260	0.715661	0.719043	0.722405
0.6	0.725747	0.729069	0.732371	0.735653	0.738914	0.742154	0.745373	0.748571	0.751748	0.754903
0.7	0.758036	0.761148	0.764238	0.767305	0.770350	0.773373	0.776373	0.779350	0.782305	0.785236
0.8	0.788145	0.791030	0.793892	0.796731	0.799546	0.802337	0.805105	0.807850	0.810570	0.813267
0.9	0.815940	0.818589	0.821214	0.823814	0.826391	0.828944	0.831472	0.833977	0.836457	0.838913
1.0	0.841345	0.843752	0.846136	0.848495	0.850830	0.853141	0.855428	0.857690	0.859929	0.862143
1.1	0.864334	0.866500	0.868643	0.870762	0.872857	0.874928	0.876976	0.879000	0.881000	0.882977
1.2	0.884930	0.886861	0.888768	0.890651	0.892512	0.894350	0.896165	0.897958	0.899727	0.901475
1.3	0.903200	0.904902	0.906582	0.908241	0.909877	0.911492	0.913085	0.914657	0.916207	0.917736
1.4	0.919243	0.920730	0.922196	0.923641	0.925066	0.926471	0.927855	0.929219	0.930563	0.931888
1.5	0.933193	0.934478	0.935745	0.936992	0.938220	0.939429	0.940620	0.941792	0.942947	0.944083
1.6	0.945201	0.946301	0.947384	0.948449	0.949497	0.950529	0.951543	0.952540	0.953521	0.954486
1.7	0.955435	0.956367	0.957284	0.958185	0.959070	0.959941	0.960796	0.961636	0.962462	0.963273
1.8	0.964070	0.964852	0.965620	0.966375	0.967116	0.967843	0.968557	0.969258	0.969946	0.970621
1.9	0.971283	0.971933	0.972571	0.973197	0.973810	0.974412	0.975002	0.975581	0.976148	0.976705
2.0	0.977250	0.977784	0.978308	0.978822	0.979325	0.979818	0.980301	0.980774	0.981237	0.981691
2.1	0.982136	0.982571	0.982997	0.983414	0.983823	0.984222	0.984614	0.984997	0.985371	0.985738
2.2	0.986097	0.986447	0.986791	0.987126	0.987455	0.987776	0.988089	0.988396	0.988696	0.988989
2.3	0.989276	0.989556	0.989830	0.990097	0.990358	0.990613	0.990863	0.991106	0.991344	0.991576
2.4	0.991802	0.992024	0.992240	0.992451	0.992656	0.992857	0.993053	0.993244	0.993431	0.993613
2.5	0.993790	0.993963	0.994132	0.994297	0.994457	0.994614	0.994766	0.994915	0.995060	0.995201
2.6	0.995339	0.995473	0.995604	0.995731	0.995855	0.995975	0.996093	0.996207	0.996319	0.996427
2.7	0.996533	0.996636	0.996736	0.996833	0.996928	0.997020	0.997110	0.997197	0.997282	0.997365
2.8	0.997445	0.997523	0.997599	0.997673	0.997744	0.997814	0.997882	0.997948	0.998012	0.998074
2.9	0.998134	0.998193	0.998250	0.998305	0.998359	0.998411	0.998462	0.998511	0.998559	0.998605
3.0	0.998650	0.998694	0.998736	0.998777	0.998817	0.998856	0.998893	0.998930	0.998965	0.998999

注：本表对于 x 给出正态分布函数 $\Phi(x)$的数值。例如，对于 $x=1.33$，$\Phi(x)=0.908241$。

表 B-3　t 分布表

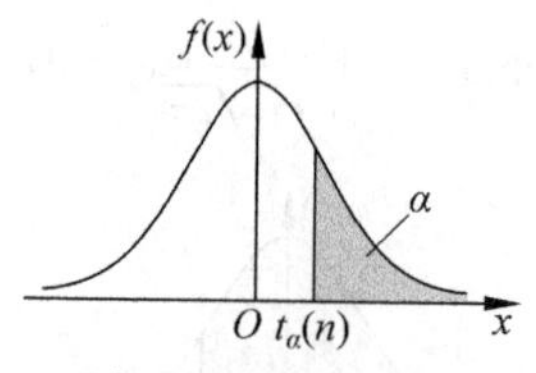

$$P\{t(n)>t_\alpha(n)\}=\alpha$$

自由度 n	α				
	0.10	0.05	0.025	0.01	0.005
1	3.0777	6.3138	12.7062	31.8205	63.6567
2	1.8856	2.9200	4.3027	6.9646	9.9248
3	1.6377	2.3534	3.1824	4.5407	5.8409
4	1.5332	2.1318	2.7764	3.7469	4.6041
5	1.4759	2.0150	2.5706	3.3649	4.0321
6	1.4398	1.9432	2.4469	3.1427	3.7074
7	1.4149	1.8946	2.3646	2.9980	3.4995
8	1.3968	1.8595	2.3060	2.8965	3.3554
9	1.3830	1.8331	2.2622	2.8214	3.2498
10	1.3722	1.8125	2.2281	2.7638	3.1693
11	1.3634	1.7959	2.2010	2.7181	3.1058
12	1.3562	1.7823	2.1788	2.6810	3.0545
13	1.3502	1.7709	2.1604	2.6503	3.0123
14	1.3450	1.7613	2.1448	2.6245	2.9768
15	1.3406	1.7531	2.1314	2.6025	2.9467
16	1.3368	1.7459	2.1199	2.5835	2.9208
17	1.3334	1.7396	2.1098	2.5669	2.8982
18	1.3304	1.7341	2.1009	2.5524	2.8784
19	1.3277	1.7291	2.0930	2.5395	2.8609
20	1.3253	1.7247	2.0860	2.5280	2.8453
21	1.3232	1.7207	2.0796	2.5176	2.8314
22	1.3212	1.7171	2.0739	2.5083	2.8188
23	1.3195	1.7139	2.0687	2.4999	2.8073
24	1.3178	1.7109	2.0639	2.4922	2.7969
25	1.3163	1.7081	2.0595	2.4851	2.7874
26	1.3150	1.7056	2.0555	2.4786	2.7787
27	1.3137	1.7033	2.0518	2.4727	2.7707
28	1.3125	1.7011	2.0484	2.4671	2.7633
29	1.3114	1.6991	2.0452	2.4620	2.7564
30	1.3104	1.6973	2.0423	2.4573	2.7500
31	1.3095	1.6955	2.0395	2.4528	2.7440
32	1.3086	1.6939	2.0369	2.4487	2.7385
33	1.3077	1.6924	2.0345	2.4448	2.7333
34	1.3070	1.6909	2.0322	2.4411	2.7284
35	1.3062	1.6896	2.0301	2.4377	2.7238
36	1.3055	1.6883	2.0281	2.4345	2.7195
37	1.3049	1.6871	2.0262	2.4314	2.7154
38	1.3042	1.6860	2.0244	2.4286	2.7116
39	1.3036	1.6849	2.0227	2.4258	2.7079
40	1.3031	1.6839	2.0211	2.4233	2.7045
41	1.3025	1.6829	2.0195	2.4208	2.7012
42	1.3020	1.6820	2.0181	2.4185	2.6981
43	1.3016	1.6811	2.0167	2.4163	2.6951
44	1.3011	1.6802	2.0154	2.4141	2.6923
45	1.3006	1.6794	2.0141	2.4121	2.6896

表 B-4 χ^2 分布表

$P\{\chi^2(n)>\chi^2_\alpha(n)\}=\alpha$

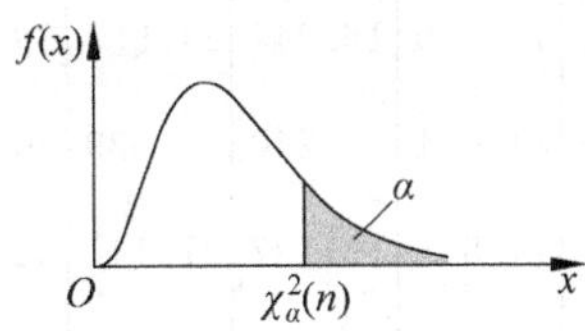

n \ α	0.995	0.99	0.975	0.95	0.90	0.75	0.25	0.1	0.05	0.025	0.01	0.005
1	—	—	0.001	0.004	0.016	0.102	1.323	2.706	3.841	5.024	6.635	7.879
2	0.010	0.020	0.051	0.103	0.211	0.575	2.773	4.605	5.991	7.378	9.210	10.597
3	0.072	0.115	0.216	0.352	0.584	1.213	4.108	6.251	7.815	9.348	11.345	12.838
4	0.207	0.297	0.484	0.711	1.064	1.923	5.385	7.779	9.488	11.143	13.277	14.860
5	0.412	0.554	0.831	1.145	1.610	2.675	6.626	9.236	11.070	12.833	15.086	16.750
6	0.676	0.872	1.237	1.635	2.204	3.455	7.841	10.645	12.592	14.449	16.812	18.548
7	0.989	1.239	1.690	2.167	2.833	4.255	9.037	12.017	14.067	16.013	18.475	20.278
8	1.344	1.646	2.180	2.733	3.490	5.071	10.219	13.362	15.507	17.535	20.090	21.955
9	1.735	2.088	2.700	3.325	4.168	5.899	11.389	14.684	16.919	19.023	21.666	23.589
10	2.156	2.558	3.247	3.940	4.865	6.737	12.549	15.987	18.307	20.483	23.209	25.188
11	2.603	3.053	3.816	4.575	5.578	7.584	13.701	17.275	19.675	21.920	24.725	26.757
12	3.074	3.571	4.404	5.226	6.304	8.438	14.845	18.549	21.026	23.337	26.217	28.300
13	3.565	4.107	5.009	5.892	7.042	9.299	15.984	19.812	22.362	24.736	27.688	29.819
14	4.075	4.660	5.629	6.571	7.790	10.165	17.117	21.064	23.685	26.119	29.141	31.319
15	4.601	5.229	6.262	7.261	8.547	11.037	18.245	22.307	24.996	27.488	30.578	32.801
16	5.142	5.812	6.908	7.962	9.312	11.912	19.369	23.542	26.296	28.845	32.000	34.267
17	5.697	6.408	7.564	8.672	10.085	12.792	20.489	24.769	27.587	30.191	33.409	35.718
18	6.265	7.015	8.231	9.390	10.865	13.675	21.605	25.989	28.869	31.526	34.805	37.156
19	6.844	7.633	8.907	10.117	11.651	14.562	22.718	27.204	30.144	32.852	36.191	38.582
20	7.434	8.260	9.591	10.851	12.443	15.452	23.828	28.412	31.410	34.170	37.566	39.997

续表

n \ α	0.995	0.99	0.975	0.95	0.90	0.75	0.25	0.1	0.05	0.025	0.01	0.005
21	8.034	8.897	10.283	11.591	13.240	16.344	24.935	29.615	32.671	35.479	38.932	41.401
22	8.643	9.542	10.982	12.338	14.041	17.240	26.039	30.813	33.924	36.781	40.289	42.796
23	9.260	10.196	11.689	13.091	14.848	18.137	27.141	32.007	35.172	38.076	41.638	44.181
24	9.886	10.856	12.401	13.848	15.659	19.037	28.241	33.196	36.415	39.364	42.980	45.559
25	10.520	11.524	13.120	14.611	16.473	19.939	29.339	34.382	37.652	40.646	44.314	46.928
26	11.160	12.198	13.844	15.379	17.292	20.843	30.435	35.563	38.885	41.923	45.642	48.290
27	11.808	12.879	14.573	16.151	18.114	21.749	31.528	36.741	40.113	43.195	46.963	49.645
28	12.461	13.565	15.308	16.928	18.939	22.657	32.620	37.916	41.337	44.461	48.278	50.993
29	13.121	14.256	16.047	17.708	19.768	23.567	33.711	39.087	42.557	45.722	49.588	52.336
30	13.787	14.953	16.791	18.493	20.599	24.478	34.800	40.256	43.773	46.979	50.892	53.672
31	14.458	15.655	17.539	19.281	21.434	25.390	35.887	41.422	44.985	48.232	52.191	55.003
32	15.134	16.362	18.291	20.072	22.271	26.304	36.973	42.585	46.194	49.480	53.486	56.328
33	15.815	17.074	19.047	20.867	23.110	27.219	38.058	43.745	47.400	50.725	54.776	57.648
34	16.501	17.789	19.806	21.664	23.952	28.136	39.141	44.903	48.602	51.966	56.061	58.964
35	17.192	18.509	20.569	22.465	24.797	29.054	40.223	46.059	49.802	53.203	57.342	60.275
36	17.887	19.233	21.336	23.269	25.643	29.973	41.304	47.212	50.998	54.437	58.619	61.581
37	18.586	19.960	22.106	24.075	26.492	30.893	42.383	48.363	52.192	55.668	59.893	62.883
38	19.289	20.691	22.878	24.884	27.343	31.815	43.462	49.513	53.384	56.896	61.162	64.181
39	19.996	21.426	23.654	25.695	28.196	32.737	44.539	50.660	54.572	58.120	62.428	65.476
40	20.707	22.164	24.433	26.509	29.051	33.660	45.616	51.805	55.758	59.342	63.691	66.766
41	21.421	22.906	25.215	27.326	29.907	34.585	46.692	52.949	56.942	60.561	64.950	68.053
42	22.138	23.650	25.999	28.144	30.765	35.510	47.766	54.090	58.124	61.777	66.206	69.336
43	22.859	24.398	26.785	28.965	31.625	36.436	48.840	55.230	59.304	62.990	67.459	70.616
44	23.584	25.148	27.575	29.787	32.487	37.363	49.913	56.369	60.481	64.201	68.710	71.893
45	24.311	25.901	28.366	30.612	33.350	38.291	50.985	57.505	61.656	65.410	69.957	73.166

表 B-5 F 分布表

$P\{F(n_1,n_2)>F_\alpha(n_1,n_2)\}=\alpha$

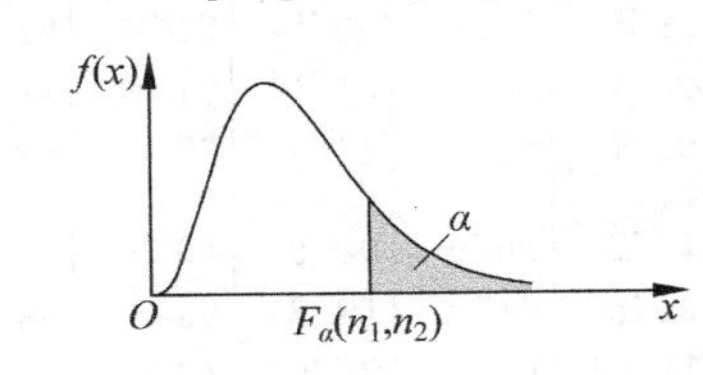

$\alpha=0.10$

n_2 \ n_1	1	2	3	4	5	6	7	8	9	10	12	15	20	24	30	40	60	120	∞
1	39.86	49.50	53.59	55.83	57.24	58.20	58.91	59.44	59.86	60.19	60.71	61.22	61.74	62.00	62.26	62.53	62.79	63.06	63.33
2	8.53	9.00	9.16	9.24	9.29	9.33	9.35	9.37	9.38	9.39	9.41	9.42	9.44	9.45	9.46	9.47	9.47	9.48	9.49
3	5.54	5.46	5.39	5.34	5.31	5.28	5.27	5.25	5.24	5.23	5.22	5.20	5.18	5.18	5.17	5.16	5.15	5.14	5.13
4	4.54	4.32	4.19	4.11	4.05	4.01	3.98	3.95	3.94	3.92	3.90	3.87	3.84	3.83	3.82	3.80	3.79	3.78	3.76
5	4.06	3.78	3.62	3.52	3.45	3.40	3.37	3.34	3.32	3.30	3.27	3.24	3.21	3.19	3.17	3.16	3.14	3.12	3.10
6	3.78	3.46	3.29	3.18	3.11	3.05	3.01	2.98	2.96	2.94	2.90	2.87	2.84	2.82	2.80	2.78	2.76	2.74	2.72
7	3.59	3.26	3.07	2.96	2.88	2.83	2.78	2.75	2.72	2.70	2.67	2.63	2.59	2.58	2.56	2.54	2.51	2.49	2.47
8	3.46	3.11	2.92	2.81	2.73	2.67	2.62	2.59	2.56	2.54	2.50	2.46	2.42	2.40	2.38	2.36	2.34	2.32	2.29
9	3.36	3.01	2.81	2.69	2.61	2.55	2.51	2.47	2.44	2.42	2.38	2.34	2.30	2.28	2.25	2.23	2.21	2.18	2.16
10	3.29	2.92	2.73	2.61	2.52	2.46	2.41	2.38	2.35	2.32	2.28	2.24	2.20	2.18	2.16	2.13	2.11	2.08	2.06
11	3.23	2.86	2.66	2.54	2.45	2.39	2.34	2.30	2.27	2.25	2.21	2.17	2.12	2.10	2.08	2.05	2.03	2.00	1.97
12	3.18	2.81	2.61	2.48	2.39	2.33	2.28	2.24	2.21	2.19	2.15	2.10	2.06	2.04	2.01	1.99	1.96	1.93	1.90
13	3.14	2.76	2.56	2.43	2.35	2.28	2.23	2.20	2.16	2.14	2.10	2.05	2.01	1.98	1.96	1.93	1.90	1.88	1.85
14	3.10	2.73	2.52	2.39	2.31	2.24	2.19	2.15	2.12	2.10	2.05	2.01	1.96	1.94	1.91	1.89	1.86	1.83	1.80
15	3.07	2.70	2.49	2.36	2.27	2.21	2.16	2.12	2.09	2.06	2.02	1.97	1.92	1.90	1.87	1.85	1.82	1.79	1.76
16	3.05	2.67	2.46	2.33	2.24	2.18	2.13	2.09	2.06	2.03	1.99	1.94	1.89	1.87	1.84	1.81	1.78	1.75	1.72
17	3.03	2.64	2.44	2.31	2.22	2.15	2.10	2.06	2.03	2.00	1.96	1.91	1.86	1.84	1.81	1.78	1.75	1.72	1.69
18	3.01	2.62	2.42	2.29	2.20	2.13	2.08	2.04	2.00	1.98	1.93	1.89	1.84	1.81	1.78	1.75	1.72	1.69	1.66
19	2.99	2.61	2.40	2.27	2.18	2.11	2.06	2.02	1.98	1.96	1.91	1.86	1.81	1.79	1.76	1.73	1.70	1.67	1.63

续表

n_2 \ n_1	1	2	3	4	5	6	7	8	9	10	12	15	20	24	30	40	60	120	∞
20	2.97	2.59	2.38	2.25	2.16	2.09	2.04	2.00	1.96	1.94	1.89	1.84	1.79	1.77	1.74	1.71	1.68	1.64	1.61
21	2.96	2.57	2.36	2.23	2.14	2.08	2.02	1.98	1.95	1.92	1.87	1.83	1.78	1.75	1.72	1.69	1.66	1.62	1.59
22	2.95	2.56	2.35	2.22	2.13	2.06	2.01	1.97	1.93	1.90	1.86	1.81	1.76	1.73	1.70	1.67	1.64	1.60	1.57
23	2.94	2.55	2.34	2.21	2.11	1.05	1.99	1.95	1.92	1.89	1.84	1.80	1.74	1.72	1.69	1.66	1.62	1.59	1.55
24	2.93	2.54	2.33	2.19	2.10	2.04	1.98	1.94	1.91	1.88	1.83	1.78	1.73	1.70	1.67	1.64	1.61	1.57	1.53
25	2.92	2.53	2.32	2.18	2.09	2.02	1.97	1.93	1.89	1.87	1.82	1.77	1.72	1.69	1.66	1.63	1.59	1.56	1.52
26	2.91	2.52	2.31	2.17	2.08	2.01	1.96	1.92	1.88	1.86	1.81	1.76	1.71	1.68	1.65	1.61	1.58	1.54	1.50
27	2.90	2.51	2.30	2.17	2.07	2.00	1.95	1.91	1.87	1.85	1.80	1.75	1.70	1.67	1.64	1.60	1.57	1.53	1.49
28	2.89	2.50	2.29	2.16	2.06	2.00	1.94	1.90	1.87	1.84	1.79	1.74	1.69	1.66	1.63	1.59	1.56	1.52	1.48
29	2.89	2.50	2.28	2.15	2.06	1.99	1.93	1.89	1.86	1.83	1.78	1.73	1.68	1.65	1.62	1.58	1.55	1.51	1.47
30	2.88	2.49	2.28	2.14	2.05	1.98	1.93	1.88	1.85	1.82	1.77	1.72	1.67	1.64	1.61	1.57	1.54	1.50	1.46
40	2.84	2.44	2.23	2.09	2.00	1.93	1.87	1.83	1.79	1.76	1.71	1.66	1.61	1.57	1.54	1.51	1.47	1.42	1.38
60	2.79	2.39	2.18	2.04	1.95	1.87	1.82	1.77	1.74	1.71	1.66	1.60	1.54	1.51	1.48	1.44	1.40	1.35	1.29
120	2.75	2.35	2.13	1.99	1.90	1.82	1.77	1.72	1.68	1.65	1.60	1.55	1.48	1.45	1.41	1.37	1.32	1.26	1.19
∞	2.71	2.30	2.08	1.94	1.85	1.77	1.72	1.67	1.63	1.60	1.55	1.49	1.42	1.38	1.34	1.30	1.24	1.17	1.00

$\alpha=0.05$

n_2 \ n_1	1	2	3	4	5	6	7	8	9	10	12	15	20	24	30	40	60	120	∞
1	161.4	199.5	215.7	224.6	230.2	234.0	236.8	238.9	240.5	241.9	243.9	245.9	248.0	249.1	250.1	251.1	252.2	253.3	254.3
2	18.51	19.00	19.16	19.25	19.3	19.33	19.35	19.37	19.38	19.4	19.41	19.43	19.45	19.45	19.46	19.47	19.48	19.49	19.5
3	10.13	9.55	9.28	9.12	9.01	8.94	8.89	8.85	8.81	8.79	8.74	8.70	8.66	8.64	8.62	8.59	8.57	8.55	8.53
4	7.71	6.94	6.59	6.39	6.26	6.16	6.09	6.04	6.00	5.96	5.91	5.86	5.80	5.77	5.75	5.72	5.69	5.66	5.63
5	6.61	5.79	5.41	5.19	5.05	4.95	4.88	4.82	4.77	4.74	4.68	4.62	4.56	4.53	4.50	4.46	4.43	4.40	4.36
6	5.99	5.14	4.76	4.53	4.39	4.28	4.21	4.15	4.10	4.06	4.00	3.94	3.87	3.84	3.81	3.77	3.74	3.70	3.67
7	5.59	4.74	4.35	4.12	3.97	3.87	3.79	3.73	3.68	3.64	3.57	3.51	3.44	3.41	3.38	3.34	3.30	3.27	3.23
8	5.32	4.46	4.07	3.84	3.69	3.58	3.50	3.44	3.39	3.35	3.28	3.22	3.15	3.12	3.08	3.04	3.01	2.97	2.93
9	5.12	4.26	3.86	3.63	3.48	3.37	3.29	3.23	3.18	3.14	3.07	3.01	2.94	2.90	2.86	2.83	2.79	2.75	2.71

续表

n_2 \ n_1	1	2	3	4	5	6	7	8	9	10	12	15	20	24	30	40	60	120	∞
10	4.96	4.10	3.71	3.48	3.33	3.22	3.14	3.07	3.02	2.98	2.91	2.85	2.77	2.74	2.70	2.66	2.62	2.58	2.54
11	4.84	3.98	3.59	3.36	3.20	3.09	3.01	2.95	2.90	2.85	2.79	2.72	2.65	2.61	2.57	2.53	2.49	2.45	2.40
12	4.75	3.89	3.49	3.26	3.11	3.00	2.91	2.85	2.80	2.75	2.69	2.62	2.54	2.51	2.47	2.43	2.38	2.34	2.30
13	4.67	3.81	3.41	3.18	3.03	2.92	2.83	2.77	2.71	2.67	2.60	2.53	2.46	2.42	2.38	2.34	2.30	2.25	2.21
14	4.60	3.74	3.34	3.11	2.96	2.85	2.76	2.70	2.65	2.60	2.53	2.46	2.39	2.35	2.31	2.27	2.22	2.18	2.13
15	4.54	3.68	3.29	3.06	2.90	2.79	2.71	2.64	2.59	2.54	2.48	2.40	2.33	2.29	2.25	2.20	2.16	2.11	2.07
16	4.49	3.63	3.24	3.01	2.85	2.74	2.66	2.59	2.54	2.49	2.42	2.35	2.28	2.24	2.19	2.15	2.11	2.06	2.01
17	4.45	3.59	3.20	2.96	2.81	2.70	2.61	2.55	2.49	2.45	2.38	2.31	2.23	2.19	2.15	2.10	2.06	2.01	1.96
18	4.41	3.55	3.16	2.93	2.77	2.66	2.58	2.51	2.46	2.41	2.34	2.27	2.19	2.15	2.11	2.06	2.02	1.97	1.92
19	4.38	3.52	3.13	2.90	2.74	2.63	2.54	2.48	2.42	2.38	2.31	2.23	2.16	2.11	2.07	2.03	1.98	1.93	1.88
20	4.35	3.49	3.10	2.87	2.71	2.6	2.51	2.45	2.39	2.35	2.28	2.20	2.12	2.08	2.04	1.99	1.95	1.90	1.84
21	4.32	3.47	3.07	2.84	2.68	2.57	2.49	2.42	2.37	2.32	2.25	2.18	2.1	2.05	2.01	1.96	1.92	1.87	1.81
22	4.30	3.44	3.05	2.82	2.66	2.55	2.46	2.40	2.34	2.30	2.23	2.15	2.07	2.03	1.98	1.94	1.89	1.84	1.78
23	4.28	3.42	3.03	2.80	2.64	2.53	2.44	2.37	2.32	2.27	2.20	2.13	2.05	2.01	1.96	1.91	1.86	1.81	1.76
24	4.26	3.40	3.01	2.78	2.62	2.51	2.42	2.36	2.30	2.25	2.18	2.11	2.03	1.98	1.94	1.89	1.84	1.79	1.73
25	4.24	3.39	2.99	2.76	2.60	2.49	2.40	2.34	2.28	2.24	2.16	2.09	2.01	1.96	1.92	1.87	1.82	1.77	1.71
26	4.23	3.37	2.98	2.74	2.59	2.47	2.39	2.32	2.27	2.22	2.15	2.07	1.99	1.95	1.90	1.85	1.80	1.75	1.69
27	4.21	3.35	2.96	2.73	2.57	2.46	2.37	2.31	2.25	2.20	2.13	2.06	1.97	1.93	1.88	1.84	1.79	1.73	1.67
28	4.20	3.34	2.95	2.71	2.56	2.45	2.36	2.29	2.24	2.19	2.12	2.04	1.96	1.91	1.87	1.82	1.77	1.71	1.65
29	4.18	3.33	2.93	2.70	2.55	2.43	2.35	2.28	2.22	2.18	2.10	2.03	1.94	1.90	1.85	1.81	1.75	1.70	1.64
30	4.17	3.32	2.92	2.69	2.53	2.42	2.33	2.27	2.21	2.16	2.09	2.01	1.93	1.89	1.84	1.79	1.74	1.68	1.62
40	4.08	3.23	2.84	2.61	2.45	2.34	2.25	2.18	2.12	2.08	2.00	1.92	1.84	1.79	1.74	1.69	1.64	1.58	1.51
60	4.00	3.15	2.76	2.53	2.37	2.25	2.17	2.10	2.04	1.99	1.92	1.84	1.75	1.70	1.65	1.59	1.53	1.47	1.39
120	3.92	3.07	2.68	2.45	2.29	2.17	2.09	2.02	1.96	1.91	1.83	1.75	1.66	1.61	1.55	1.50	1.43	1.35	1.25
∞	3.84	3.00	2.60	2.37	2.21	2.10	2.01	1.94	1.88	1.83	1.75	1.67	1.57	1.52	1.46	1.39	1.32	1.22	1.00

$\alpha=0.025$

n_2 \ n_1	1	2	3	4	5	6	7	8	9	10	12	15	20	24	30	40	60	120	∞
1	647.8	799.5	864.2	899.6	921.8	937.1	948.2	956.7	963.3	968.6	976.7	984.9	993.1	997.2	1001	1006	1010	1014	1018
2	38.51	39.00	39.17	39.25	39.30	39.33	39.36	39.37	39.39	39.40	39.41	39.43	39.45	39.46	39.46	39.47	39.48	39.40	39.50
3	17.44	16.04	15.44	15.10	14.88	14.73	14.62	14.54	14.47	14.42	14.34	14.25	14.17	14.12	14.08	14.04	13.99	13.95	13.90
4	12.22	10.65	9.98	9.60	9.36	9.2	9.07	8.98	8.90	8.84	8.75	8.66	8.56	8.51	8.46	8.41	8.36	8.31	8.26
5	10.01	8.43	7.76	7.39	7.15	6.98	6.85	6.76	6.68	6.62	6.52	6.43	6.33	6.28	6.23	6.18	6.12	6.07	6.02
6	8.81	7.26	6.60	6.23	5.99	5.82	5.70	5.60	5.52	5.46	5.37	5.27	5.17	5.12	5.07	5.01	4.96	4.90	4.85
7	8.07	6.54	5.89	5.52	5.29	5.12	4.99	4.90	4.82	4.76	4.67	4.57	4.47	4.42	4.36	4.31	4.25	4.20	4.14
8	7.57	6.06	5.42	5.05	4.82	4.65	4.53	4.43	4.36	4.30	4.20	4.10	4.00	3.95	3.89	3.84	3.78	3.73	3.67
9	7.21	5.71	5.08	4.72	4.48	4.23	4.20	4.10	4.03	3.96	3.87	3.77	3.67	3.61	3.56	3.51	3.45	3.39	3.33
10	6.94	5.46	4.83	4.47	4.24	4.07	3.95	3.85	3.78	3.72	3.62	3.52	3.42	3.37	3.31	3.26	3.20	3.14	3.08
11	6.72	5.26	4.63	4.28	4.04	3.88	3.76	3.66	3.59	3.53	3.43	3.33	3.23	3.17	3.12	3.06	3.00	2.94	2.88
12	6.55	5.10	4.47	4.12	3.89	3.73	3.61	3.51	3.44	3.37	3.28	3.18	3.07	3.02	2.96	2.91	2.85	2.79	2.72
13	6.41	4.97	4.35	4.00	3.77	3.60	3.48	3.39	3.31	3.25	3.15	3.05	2.95	2.89	2.84	2.78	2.72	2.66	2.60
14	6.30	4.86	4.24	3.89	3.66	3.50	3.38	3.29	3.21	3.15	3.05	2.95	2.84	2.79	2.73	2.67	2.61	2.55	2.49
15	6.20	4.77	4.15	3.80	3.58	3.41	3.29	3.20	3.12	3.06	2.96	2.86	2.76	2.70	2.64	2.59	2.52	2.46	2.40
16	6.12	4.69	4.08	3.73	3.50	3.34	3.22	3.12	3.05	2.99	2.89	2.79	2.68	2.63	2.57	2.51	2.45	2.38	2.32
17	6.04	4.62	4.01	3.66	3.44	3.28	3.26	3.06	2.98	2.92	2.82	2.72	2.62	2.56	2.50	2.44	2.38	2.32	2.25
18	5.98	4.56	3.95	3.61	3.38	3.22	3.10	3.01	2.93	2.87	2.77	2.67	2.56	2.50	2.44	2.38	2.32	2.26	2.19
19	5.92	4.51	3.90	3.56	3.33	3.17	3.05	2.96	2.88	2.82	2.72	2.62	2.51	2.45	2.39	2.33	2.27	2.20	2.13
20	5.87	4.46	3.86	3.51	3.29	3.13	3.01	2.91	2.84	2.77	2.68	2.57	2.46	2.41	2.35	2.29	2.22	2.16	2.09
21	5.83	4.42	3.82	3.48	3.25	3.09	2.97	2.87	2.80	2.73	2.64	2.53	2.42	2.37	2.31	2.25	2.18	2.11	2.04
22	5.79	4.38	3.78	3.44	3.22	3.05	2.73	2.84	2.76	2.70	2.60	2.50	2.39	2.33	2.27	2.21	2.14	2.08	2.00
23	5.75	4.35	3.75	3.41	3.18	3.02	2.90	2.81	2.73	2.67	2.57	2.47	2.36	2.30	2.24	2.18	2.11	2.04	1.97
24	5.72	4.32	3.72	3.38	3.15	2.99	2.87	2.78	2.70	2.64	2.54	2.44	2.33	2.27	2.21	2.15	2.08	2.01	1.94

续表

n_2 \ n_1	1	2	3	4	5	6	7	8	9	10	12	15	20	24	30	40	60	120	∞
25	5.69	4.29	3.69	3.35	3.13	2.97	2.85	2.75	2.68	2.61	2.51	2.41	2.30	2.24	2.18	2.12	2.05	1.98	1.91
26	5.66	4.27	3.67	3.33	3.10	2.94	2.82	2.73	2.65	2.59	2.49	2.39	2.28	2.22	2.16	2.09	2.03	1.95	1.88
27	5.63	4.24	3.65	3.31	3.08	2.92	2.80	2.71	2.63	2.57	2.47	2.36	2.25	2.19	2.13	2.07	2.00	1.93	1.85
28	5.61	4.22	3.63	3.29	3.06	2.90	2.78	2.69	2.61	2.55	2.45	2.34	2.23	2.17	2.11	2.05	1.98	1.91	1.83
29	5.59	4.20	3.61	3.27	3.04	2.88	2.76	2.67	2.59	2.53	2.43	2.32	2.21	2.15	2.09	2.03	1.96	1.89	1.81
30	5.57	4.18	3.59	3.25	3.03	2.87	2.75	2.65	2.57	2.51	2.41	2.31	2.20	2.14	2.07	2.01	1.94	1.87	1.79
40	5.42	4.05	3.46	3.13	3.90	2.74	2.62	2.53	2.45	2.39	2.29	2.18	2.07	2.01	1.94	1.88	1.80	1.72	1.64
60	5.29	3.93	3.34	3.01	2.79	2.63	2.51	2.41	2.33	2.27	3.17	2.06	1.94	1.88	1.82	1.74	1.67	1.58	1.48
120	5.15	3.80	3.23	2.89	2.67	2.52	2.39	2.30	2.22	2.16	2.05	1.94	1.82	1.76	1.69	1.61	1.53	1.43	1.31
∞	5.02	3.69	3.12	2.79	2.57	2.41	2.29	2.19	2.11	2.05	1.94	1.83	1.71	1.64	1.57	1.48	1.39	1.27	1.00

$\alpha=0.01$

n_2 \ n_1	1	2	3	4	5	6	7	8	9	10	12	15	20	24	30	40	60	120	∞
1	4052	4999.5	5403	5625	5764	5859	5928	5982	6022	6056	6106	6157	6209	6235	6261	6287	6313	6339	6366
2	98.50	99.00	99.17	99.25	99.30	99.33	99.36	99.37	99.39	99.40	99.42	99.43	99.45	99.46	99.47	99.47	99.48	99.49	99.50
3	34.12	30.82	29.46	28.71	28.24	27.91	27.67	27.49	27.35	27.23	27.05	26.87	26.69	26.60	26.50	26.41	26.32	26.22	26.13
4	21.20	18.00	16.69	15.98	15.52	15.21	14.98	14.8	14.66	14.55	14.37	24.20	14.02	13.93	13.84	13.75	13.65	13.56	13.46
5	16.26	13.27	12.06	11.39	10.97	10.67	10.46	10.29	10.16	10.05	9.89	9.72	9.55	9.47	9.38	9.29	9.20	9.11	9.02
6	13.75	10.93	9.78	9.15	8.75	8.47	8.26	8.10	7.98	7.87	7.72	7.56	7.40	7.31	7.23	7.14	7.06	6.97	6.88
7	12.25	9.55	8.45	7.85	7.46	7.19	6.99	6.84	6.72	6.62	6.47	6.31	6.16	6.07	5.99	5.91	5.82	5.74	5.65
8	11.26	8.65	7.59	7.01	6.63	6.37	6.18	6.03	5.91	5.81	5.67	5.52	5.36	5.28	5.20	5.12	5.03	4.95	4.86
9	10.56	8.02	6.99	6.42	6.06	5.80	5.61	5.47	5.35	5.26	5.11	4.96	4.81	4.73	4.65	4.57	4.48	4.40	4.31

续表

n_2 \ n_1	1	2	3	4	5	6	7	8	9	10	12	15	20	24	30	40	60	120	∞
10	10.04	7.56	6.55	5.99	5.64	5.39	5.20	5.06	4.94	4.85	4.71	4.56	4.41	4.33	4.25	4.17	4.08	4.00	3.91
11	9.65	7.21	6.22	5.67	5.32	5.07	4.89	4.74	4.63	4.54	4.40	4.25	4.10	4.02	3.94	3.86	3.78	3.69	3.60
12	9.33	6.93	5.95	5.41	5.06	4.82	4.64	4.50	4.39	4.30	4.16	4.01	3.86	3.78	3.70	3.62	3.54	3.45	3.36
13	9.07	6.70	5.74	5.21	4.86	4.62	4.44	4.30	4.19	4.10	3.96	3.82	3.66	3.59	3.51	3.43	3.34	3.25	3.17
14	8.86	6.51	5.56	5.04	4.69	4.46	4.28	4.14	4.03	3.94	3.80	3.66	3.51	3.43	3.35	3.27	3.18	3.09	3.00
15	8.68	6.36	5.42	4.89	4.56	4.32	4.14	4.00	3.89	3.80	3.67	3.52	3.37	3.29	3.21	3.13	3.05	2.96	2.87
16	8.53	6.23	5.29	4.77	4.44	4.20	4.03	3.89	3.78	3.69	3.55	3.41	3.26	3.18	3.10	3.02	2.93	2.84	2.75
17	8.40	6.11	5.18	4.67	4.34	4.10	3.93	3.79	3.68	3.59	3.46	3.31	3.16	3.08	3.00	2.92	2.83	2.75	2.65
18	8.29	6.01	5.09	4.58	4.25	4.01	3.94	3.71	3.60	3.51	3.37	3.23	3.08	3.00	2.92	2.84	2.75	2.66	2.57
19	8.18	5.93	5.01	4.50	4.17	3.94	3.77	3.63	3.52	3.43	3.30	3.15	3.00	2.92	2.84	2.76	2.67	2.58	2.49
20	8.10	5.85	4.94	4.43	4.10	3.87	3.70	3.56	3.46	3.37	3.23	3.09	2.94	2.86	2.78	2.69	2.61	2.52	2.42
21	8.02	5.78	4.87	4.37	4.04	3.81	3.64	3.51	3.40	3.31	3.17	3.03	2.88	2.80	2.72	2.64	2.55	2.46	2.36
22	7.95	5.72	4.82	4.31	3.99	3.76	3.59	3.45	3.35	3.26	3.12	2.98	2.83	2.75	2.67	2.58	2.50	2.40	2.31
23	7.88	5.66	4.76	4.26	3.94	3.71	3.54	3.41	3.30	3.21	3.07	2.93	2.78	2.70	2.62	2.54	2.45	2.35	2.26
24	7.82	5.61	4.72	4.22	3.9	3.67	3.50	3.36	3.26	3.17	3.03	2.89	2.74	2.66	2.58	2.49	2.40	2.31	2.21
25	7.77	5.57	4.68	4.18	3.85	3.63	3.46	3.32	3.22	3.13	2.99	2.85	2.70	2.62	2.54	2.45	2.36	2.27	2.17
26	7.72	5.53	4.64	4.14	3.82	3.59	3.42	3.29	3.18	3.09	2.96	2.81	2.66	2.58	2.50	2.42	2.33	2.23	2.13
27	7.68	5.49	4.60	4.11	3.78	3.56	3.39	3.26	3.15	3.06	2.93	2.78	2.63	2.55	2.47	2.38	2.29	2.20	2.10
28	7.64	5.45	4.57	4.07	3.75	3.53	3.36	3.23	3.12	3.03	2.90	2.75	2.60	2.52	2.44	2.35	2.26	2.17	2.06
29	7.60	5.42	4.54	4.04	3.73	3.50	3.33	3.20	3.09	3.00	2.87	2.73	2.57	2.49	2.41	2.33	2.23	2.14	2.03
30	7.56	5.39	4.51	4.02	3.70	3.47	3.30	3.17	3.07	2.98	2.84	2.70	2.55	2.47	2.39	2.30	2.21	2.11	2.01
40	7.31	5.18	4.31	3.83	3.51	3.29	3.12	2.99	2.89	2.80	2.66	2.52	2.37	2.29	2.20	2.11	2.02	1.92	1.80
60	7.08	4.98	4.13	3.65	3.34	3.12	2.95	2.82	2.72	2.63	2.50	2.35	2.20	2.12	2.03	1.94	1.84	1.73	1.60
120	6.85	4.79	3.95	3.48	3.17	2.96	2.79	2.66	2.56	2.47	2.34	2.19	2.03	1.95	1.86	1.76	1.66	1.53	1.38
∞	6.63	4.61	3.78	3.32	3.02	2.80	2.64	2.51	2.41	2.32	2.18	2.04	1.88	1.79	1.70	1.59	1.47	1.32	1.00

$\alpha=0.005$

n_2 \ n_1	1	2	3	4	5	6	7	8	9	10	12	15	20	24	30	40	60	120	∞
1	16211	20000	21615	22500	23056	23437	23715	23925	24091	24224	24426	24630	24836	24940	25044	25148	35253	25359	25465
2	198.5	199.0	199.2	199.2	199.3	199.3	199.4	199.4	199.4	199.4	199.4	199.4	199.4	199.5	199.5	199.5	199.5	199.5	199.5
3	55.55	49.80	47.47	46.19	45.39	44.84	44.43	44.13	43.88	43.69	43.39	43.08	42.78	42.62	42.47	42.31	42.15	41.99	41.83
4	31.33	26.28	24.26	23.15	22.46	21.97	21.62	21.35	21.14	20.97	20.7	20.44	20.17	20.03	19.89	19.75	19.61	19.47	19.32
5	22.78	18.31	16.53	15.56	14.94	14.51	14.2	13.96	13.77	13.62	13.38	13.15	12.9	12.78	12.66	12.53	12.4	12.27	12.14
6	18.63	14.54	12.92	12.03	11.46	11.07	10.79	10.57	10.39	10.25	10.03	9.81	9.59	9.47	9.36	9.24	9.12	9.00	8.88
7	16.24	12.40	10.88	10.05	9.52	9.16	8.89	8.68	8.51	8.38	8.18	7.97	7.75	7.65	7.53	7.42	7.31	7.19	7.08
8	14.69	11.04	9.60	8.81	8.30	7.95	7.69	7.50	7.34	7.21	7.01	6.81	6.61	6.50	6.40	6.29	6.18	6.06	5.95
9	13.61	10.11	8.72	7.96	7.47	7.13	6.88	6.69	6.54	6.42	6.23	6.03	5.83	5.73	5.62	5.52	5.41	5.30	5.19
10	12.83	9.43	8.08	7.34	6.87	6.54	6.30	6.12	5.97	5.85	5.66	5.47	5.27	5.17	5.07	4.97	4.86	4.75	4.64
11	12.23	8.91	7.60	6.88	6.42	6.10	5.86	5.68	5.54	5.42	5.24	5.05	4.86	4.76	4.65	4.55	4.44	4.34	4.23
12	11.75	8.51	7.23	6.52	6.07	5.76	5.52	5.35	5.20	5.09	4.91	4.72	4.53	4.43	4.33	4.23	4.12	4.01	3.90
13	11.37	8.19	6.93	6.23	5.79	5.48	5.25	5.08	4.94	4.82	4.64	4.46	4.27	4.17	4.07	3.97	3.87	3.76	3.65
14	11.06	7.92	6.68	6.00	5.56	5.26	5.03	4.86	4.72	4.60	4.43	4.25	4.06	3.96	3.86	3.76	3.66	3.55	3.44
15	10.80	7.70	6.48	5.80	5.37	5.07	4.85	4.67	4.54	4.42	4.25	4.07	3.88	3.79	3.69	3.58	3.48	3.37	3.26
16	10.58	7.51	6.30	5.64	5.21	4.91	4.69	4.52	4.38	4.27	4.10	3.92	3.73	3.64	3.54	3.44	3.33	3.22	3.11
17	10.38	7.35	6.16	5.50	5.07	4.78	4.56	4.39	4.25	4.14	3.97	3.79	3.61	3.51	3.41	3.31	3.21	3.10	2.98
18	10.22	7.21	6.03	5.37	4.96	4.66	4.44	4.28	4.14	4.03	3.86	3.68	3.50	3.40	3.30	3.20	3.10	2.99	2.87
19	10.07	7.09	5.92	5.27	7.85	4.56	4.34	4.18	4.04	3.93	3.76	3.59	3.40	3.31	3.21	3.11	3.00	2.89	2.78
20	9.94	6.99	5.82	5.17	4.76	4.47	4.26	4.09	3.96	3.85	3.68	3.50	3.32	3.22	3.12	3.02	2.92	2.81	2.69
21	9.83	6.89	5.73	5.09	4.68	4.39	4.18	4.01	3.88	3.77	3.60	3.43	3.24	3.15	3.05	2.95	2.84	2.73	2.61
22	9.73	6.81	5.65	5.02	4.61	4.32	4.11	3.94	3.81	3.70	3.54	3.36	3.18	3.08	2.98	2.88	2.77	2.66	2.55
23	9.63	6.73	5.58	4.95	4.54	4.26	4.05	3.88	3.75	3.64	3.47	3.30	3.12	3.02	2.92	2.82	2.71	2.60	2.48
24	9.55	6.66	5.52	4.89	4.49	4.20	3.99	3.83	3.69	3.59	3.42	3.25	3.06	2.97	2.87	2.77	2.66	2.55	2.43

续表

n_2 \ n_1	1	2	3	4	5	6	7	8	9	10	12	15	20	24	30	40	60	120	∞
25	9.48	6.6	5.46	4.84	4.43	4.15	3.94	3.78	3.64	3.54	3.37	3.20	3.01	2.92	2.82	2.72	2.61	2.50	2.38
26	9.41	6.54	5.41	4.79	4.38	4.10	3.89	3.73	3.60	3.49	3.33	3.15	2.97	2.87	2.77	2.67	2.56	2.45	2.33
27	9.34	6.49	5.36	4.74	4.34	4.06	3.85	3.69	3.56	3.45	3.28	3.11	2.93	2.83	2.73	2.63	2.52	2.41	2.29
28	9.28	6.44	5.32	4.70	4.30	4.02	3.81	3.65	3.52	3.41	3.25	3.07	2.89	2.79	2.69	2.59	2.48	2.37	2.25
29	9.23	6.40	5.28	4.66	4.26	3.98	3.77	3.61	3.48	3.38	3.21	3.04	2.86	2.76	2.66	2.56	2.45	2.33	2.21
30	9.18	6.35	5.24	4.62	4.23	3.95	3.74	3.58	3.45	3.34	3.18	3.01	2.82	2.73	2.63	2.52	2.42	2.30	2.18
40	8.83	6.07	4.98	4.37	3.99	3.71	3.51	3.35	3.22	3.12	2.95	2.78	2.60	2.50	2.40	2.30	2.18	2.06	1.93
60	8.49	5.79	4.73	4.14	3.76	3.49	3.29	3.13	3.01	2.90	2.74	2.57	2.39	2.29	2.19	2.08	1.96	1.83	1.69
120	8.18	5.54	4.50	3.92	3.55	3.28	3.09	2.93	2.81	2.71	2.54	2.37	2.19	2.09	1.98	1.87	1.75	1.61	1.43
∞	7.88	5.30	4.28	3.72	3.35	3.09	2.90	2.74	2.62	2.52	2.36	2.19	2.00	1.90	1.79	1.67	1.53	1.36	1.00

$\alpha=0.001$

n_2 \ n_1	1	2	3	4	5	6	7	8	9	10	12	15	20	24	30	40	60	120	∞
1	4053+	5000+	5404+	5625+	5764+	5859+	5929+	5981+	6023+	6056+	6107+	6158+	6209+	6235+	6261+	6287+	6313+	6340+	6366+
2	998.5	999.0	999.2	999.2	999.3	999.3	999.4	999.4	999.4	999.4	999.4	999.4	999.4	999.5	999.5	999.5	999.5	999.5	999.5
3	167.0	148.5	141.1	137.1	134.6	132.8	131.6	130.6	129.9	129.2	128.3	127.4	126.4	125.9	125.4	125.0	124.5	124.0	123.5
4	74.14	61.25	56.18	53.44	51.71	50.53	49.66	49.00	48.47	48.05	47.41	46.76	46.10	45.77	45.43	45.09	44.75	44.40	44.05
5	47.18	37.12	33.20	31.09	27.75	28.84	28.16	27.64	27.24	26.92	26.42	25.91	25.39	25.14	24.87	24.60	24.33	24.06	23.79
6	35.51	27.00	23.70	21.92	20.81	20.03	19.46	19.03	18.69	18.41	17.99	17.56	17.12	16.89	16.67	16.44	16.21	15.99	15.75
7	29.25	21.69	18.77	17.19	16.21	15.52	15.02	14.63	14.33	14.08	13.71	13.32	12.93	12.73	12.53	12.33	12.12	11.91	11.70
8	25.42	18.49	15.83	14.39	13.49	12.86	12.40	12.04	11.77	11.54	11.19	10.84	10.48	10.3	10.11	9.92	9.73	9.53	9.33
9	22.86	16.39	13.90	12.56	11.71	11.13	10.70	10.37	10.11	9.89	9.57	9.24	8.90	8.72	8.55	8.37	8.19	8.00	7.80

续表

n_2 \ n_1	1	2	3	4	5	6	7	8	9	10	12	15	20	24	30	40	60	120	∞
10	21.04	14.91	12.55	11.28	10.48	9.92	9.52	9.20	8.96	8.75	8.45	8.13	7.80	7.64	7.47	7.30	7.12	6.94	6.76
11	19.69	13.81	11.56	10.35	9.58	9.05	8.66	8.35	8.12	7.92	7.63	7.32	7.01	6.85	6.68	6.52	6.35	6.17	6.00
12	18.64	12.97	10.80	9.63	8.89	8.38	8.00	7.71	7.48	7.29	7.00	6.71	6.40	6.25	6.09	5.93	5.76	5.59	5.42
13	17.81	12.31	10.21	9.07	8.35	7.86	7.49	7.21	6.98	6.80	6.52	6.23	5.93	6.78	5.63	5.47	5.30	5.14	4.97
14	17.14	11.78	9.73	8.62	7.92	7.43	7.08	6.80	6.58	6.40	6.13	5.85	5.56	5.41	5.25	5.10	4.94	4.77	4.60
15	16.59	11.34	9.34	8.25	7.57	7.09	6.74	6.47	6.26	6.08	5.81	5.54	5.25	5.10	4.95	4.80	4.64	4.47	4.31
16	16.12	10.97	9.00	7.94	7.27	6.81	6.46	6.19	5.98	5.81	5.55	5.27	4.99	4.85	4.70	4.54	4.39	4.23	4.06
17	15.72	10.36	8.73	7.68	7.02	6.56	6.22	5.96	5.75	5.58	5.32	5.05	4.78	4.63	4.48	4.33	4.18	4.02	3.85
18	15.38	10.39	8.49	7.46	6.81	6.35	6.02	5.76	5.56	5.39	5.13	4.87	4.59	4.45	4.30	4.15	4.00	3.84	3.67
19	15.08	10.16	8.28	7.26	6.62	6.18	5.85	5.59	5.39	5.22	4.97	4.70	4.43	4.29	4.14	3.99	3.84	3.68	3.51
20	14.82	9.95	8.10	7.10	6.46	6.02	5.69	5.44	5.24	5.08	4.82	4.56	4.29	4.15	4.00	3.86	3.70	3.54	3.38
21	14.59	9.77	7.94	6.95	6.32	5.88	5.56	5.31	5.11	4.95	4.70	4.44	4.17	4.03	3.88	3.74	3.58	3.42	3.26
22	14.38	9.61	7.80	6.81	6.19	5.76	5.44	5.19	4.98	4.83	4.58	4.33	4.06	3.92	3.78	3.63	3.48	3.32	3.15
23	14.19	9.47	7.67	6.69	6.08	5.65	5.33	5.09	4.89	4.73	4.48	4.23	3.96	3.82	3.68	3.53	3.38	3.22	3.05
24	14.03	9.34	7.55	6.59	5.98	5.55	5.23	4.99	4.80	4.64	4.39	4.14	3.87	3.74	3.59	3.45	3.29	3.14	2.97
25	13.88	9.22	7.45	6.49	5.88	5.46	5.15	4.91	4.71	4.56	4.31	4.06	3.79	3.66	3.52	3.37	3.22	3.06	2.89
26	13.74	9.12	7.36	6.41	5.80	5.38	5.07	4.83	4.64	4.48	4.24	3.99	3.72	3.59	3.44	3.30	3.15	2.99	2.82
27	13.61	9.02	7.27	6.33	5.73	5.31	5.00	4.76	4.57	4.41	4.17	3.92	3.66	3.52	3.38	3.23	3.08	2.92	2.75
28	13.50	8.93	7.19	6.25	5.66	5.24	4.93	4.69	4.50	4.35	4.11	3.86	3.60	3.46	3.32	3.18	3.02	2.86	2.69
29	13.39	8.85	7.12	6.19	5.59	5.18	4.87	4.64	4.45	4.29	4.05	3.80	3.54	3.41	3.27	3.12	2.97	2.81	2.64
30	13.29	8.77	7.05	6.12	5.53	5.12	4.82	4.58	4.39	14.24	4.00	3.75	3.49	3.36	3.22	3.07	2.92	2.76	2.59
40	12.61	8.25	6.60	5.70	5.13	4.73	4.44	4.21	4.02	3.87	3.64	3.40	3.15	3.01	2.87	2.73	2.57	2.41	2.23
60	11.97	7.76	6.17	5.31	4.76	4.37	4.09	3.87	3.69	3.54	3.31	3.08	2.83	2.69	2.55	2.41	2.25	2.08	1.89
120	11.38	7.32	5.79	4.95	4.42	4.04	3.77	3.55	3.38	3.24	3.02	2.78	2.53	2.40	2.26	2.11	1.95	1.76	1.54
∞	10.83	6.91	5.42	4.62	4.10	3.74	3.47	3.27	3.10	2.96	2.74	2.51	2.27	2.13	1.99	1.84	1.66	1.45	1.00

注：“+”表示要将所列数乘以 100。

习题参考答案

习题1答案

1. 思考题

(1)

符号	集合含义	概率含义
S	全集	样本空间
$\varnothing$	空集	不可能事件
e	元素	样本点
A	子集	事件
$e\in A$	元素属于 A	事件 A 发生
$A\subset B$	A 的元素在 B 中	A 发生导致 B 发生
$A=B$	集合 A 与 B 相等	事件 A 与 B 相等
$A\cup B$	A 与 B 的所有元素	A 与 B 至少有一个发生
$A\cap B$	A 与 B 的所有共同元素	A 与 B 同时发生
$A-B$	在 A 中而不在 B 中的元素	A 发生而 B 不发生
$AB=\varnothing$	A 与 B 无公共元素	A 与 B 不能同时发生
$\overline{A}$	A 的补集	A 不发生

(2) 略。

(3) 若 $A\subset B$,则 $AB=A$。由减法公式,再由概率非负性求得。

(4) 无论是放回抽样还是不放回抽样,概率相等。即抽签时各人的机会均等,与抽签的先后顺序无关。

(5) 由古典概型的计算公式得 $P(A)=\dfrac{10\times 9\times 90}{100\times 99\times 98}=\dfrac{9}{1078}$。

(6) 全概率公式计算复杂事件的概率,由"因"推"果";贝叶斯公式是条件概率,计算在事件发生的条件下,各种原因导致事件发生的概率是多少。

(7) 三个事件独立,则两两独立;反之不成立。

(8) 对立事件必互斥,反之不成立。两事件相互独立与两事件互斥二者之间没有必然联系。但是,若 $P(A)\neq 0,P(B)\neq 0$,则两事件相互独立与两事件互斥不能同时成立。

2. (1) $\{0,1,2\}$;(2) $\{2,3,\cdots,12\}$;(3) $\{10,11,12,\cdots\}$;(4) $\{0,1,2,\cdots\}$。

3. (1) 正确;(2) 错误;(3) 正确;(4) 正确;(5) 正确;(6) 正确;(7)错误。

4. (1) $\left\{x\left|\dfrac{1}{4}<x<\dfrac{5}{4}\right.\right\}$;(2) $\left\{x\left|1<x<\dfrac{5}{4}\right.\right\}$;(3) $\left\{x\left|\dfrac{5}{4}\leqslant x\leqslant\dfrac{3}{2}\right.\right\}\cup\left\{x\left|0\leqslant x\leqslant\dfrac{1}{4}\right.\right\}$;(4) $\left\{x\left|\dfrac{1}{4}<x<\dfrac{1}{2}\right.\right\}$。

5. (1) $A_1 \cup A_2$; (2) $A_1\overline{A_2}\ \overline{A_3}$; (3) $A_1A_2A_3$; (4) $\overline{A_1}\cup\overline{A_2}\cup\overline{A_3}$;

(5) $A_1A_2\overline{A_3}\cup A_1\overline{A_2}A_3\cup\overline{A_1}A_2A_3$。

6. (1) $A_1A_2A_3$; (2) $A_1\overline{A}_2\overline{A}_3$; (3) $A_1\overline{A}_2\overline{A}_3\cup\overline{A}_1A_2\overline{A}_3\cup\overline{A}_1\overline{A}_2A_3$;

(4) $A_1\cup A_2\cup A_3$; (5)$\overline{A}_1\overline{A}_2\overline{A}_3\cup A_1\overline{A}_2\overline{A}_3\cup\overline{A}_1A_2\overline{A}_3\cup\overline{A}_1\overline{A}_2A_3$。

7. (1) $\frac{1}{4}$; (2) 0; (3) $\frac{5}{12}$。

8. (1) $x+y-z$; (2) $x-z$; (3) $1-(x+y-z)$。

9. (1) 0.24; (2) 0.36; (3) 0.66。

10. 略。

11. (1) 0.6;(2) 0.3;(3) 0.9;(4) 0.7。

12. (1) $\frac{12\times11\times10\times9\times8\times7\times6}{12^7}$;

```
clear
for i = 1:7
    a(i) = 12 - i + 1
end
% The number of all sample points contained in the event is prod(a)
p = prod(a)/(12^7)
```

(2) $\frac{C_7^2 12\times11\times10\times9\times8\times7}{12^7}$。

13. $\frac{C_{13}^5 C_{13}^3 C_{13}^3 C_{13}^2}{C_{52}^{13}}$。

14. $\frac{4}{9}$。

15. (1) 0.2; (2) 0.6。

16. $\frac{2}{9}$。

17. $\frac{1}{30}$。

18. (1) $\frac{19}{58}$; (2) $\frac{19}{28}$。

19. $\frac{1}{4}$。

20. (1) $1.5p-0.5p^2$; (2) $\frac{2p}{1+p}$。

21. (1) $p=\frac{29}{90}$; (2) $q=\frac{20}{61}$。

22. 0.5。

23. (1) 0.56; (2) 0.24; (3) 0.14。

24. $a+b+c-ab-d$。

25. $\frac{1}{3}$。

26. 0.9266。

27. (1) 0.008; (2) 0.6;

(3)
```
str1 = 'abab';r = 0;g = 0;
x = [str1(1),str1(2),str1(3),str1(4)];
y = sort(x);
if strcmp(y(1),y(2))&&strcmp(y(2),y(3))&&strcmp(y(3),y(4))
    r = 4;
    g = 0.6^4;
elseif strcmp(y(1),y(2))&&strcmp(y(2),y(3))~strcmp(y(3),y(4))
    r = 3;
    g = 1/3 * (0.6^3 * 0.2) + 2/3 * (0.6 * 0.2^3);
elseif strcmp(y(1),y(2))&&strcmp(y(3),y(4))~strcmp(y(2),y(3))
    r = 2;
    g = 0.6^2 * 0.2^2;
else
    r = 1;
    g = 1/3 * (0.6^2 * 0.2^2) + 2/3 * (0.6 * 0.2^3);
end
y
y(1:1)
g
```

习题 2 答案

1. 思考题

(1) 普通函数是定义在实数轴上,随机变量是定义在样本空间中。

(2) X 是随机变量,x 是普通变量; x 起参变量的作用。$F(x)$是 X 取值不超过 x 的概率。

(3) 不是。

(4) 分布律的性质,它与分布函数可以互相确定。

(5) 否,因为 $f(x)$不是概率。

(6) 概率密度函数的性质, 它与分布函数可以互相确定。

(7) 某地区成年男子的身高、体重,测量某零件长度的误差,产品的质量指标,农作物的产量等都服从正态分布。放回抽取,产品次品个数;重复掷骰子,观察 1 点出现次数等均服从二项分布。

(8) 随机变量的函数是以随机变量为自变量的实函数,随机变量的函数也是随机变量。

2. (1)

X	0	1	2
p_k	$\frac{7}{15}$	$\frac{7}{15}$	$\frac{1}{15}$

(2)

X	0	1	2
p_k	$\frac{49}{100}$	$\frac{42}{100}$	$\frac{9}{100}$

3.

X	1	2	3
p_k	$\frac{4}{5}$	$\frac{8}{45}$	$\frac{1}{45}$

4. $\frac{37}{16}$。

5. $\frac{1}{e}$。

6. (1) 0.3；(2) $F(x)=\begin{cases}0, & x<0,\\ 0.2, & 0\leqslant x<1,\\ 0.5, & 1\leqslant x<2,\\ 1, & x\geqslant 2。\end{cases}$

7. (1) 0.3124；(2) 0.5628。

8. (1) 0.1792；(2) 0.31744。

9. (1) 2；(2) $1-3e^{-2}$。

10. $\frac{65}{81}$。

11. (1) $A=\frac{1}{2},B=\frac{1}{\pi}$；(2) $\frac{1}{2}$；(3) $\frac{1}{\pi(1+x^2)}$。

```
syms  a b x y
y = a + b * (atan(x));
f1 = limit(y, x, inf);
f2 = limit(y,x, - inf);
[a,b] = solve('a + 1/2 * pi * b = 1', 'a - 1/2 * pi * b = 0', 'a', 'b')
syms y
a = '1/2';b = '1/pi';
y = a + b * (atan(x));
p = subs(y,1) - subs(y, - 1)
f = diff(y,x)
```

12. (1) $F(1)-F(-1)$；(2) $F(4)$。

13. (1) $\frac{1}{4}$；(2) $\frac{35}{36}$。

14. $\frac{1}{2}\ln 2$。

15. (1) ln2; (2) $f(x)=\begin{cases}\dfrac{1}{x}, & 1<x<\mathrm{e},\\ 0, & \text{其他。}\end{cases}$

16. $\dfrac{4}{5}$。

17. $1-\dfrac{1}{\mathrm{e}}$。

18. $P\{Y=n\}=(n-1)\left(\dfrac{1}{8}\right)^2\left(\dfrac{7}{8}\right)^{n-2},n=2,3,\cdots$。

19. $p_1>p_2>p_3$。

20. (1) 0.97725;(2) 0.2912;(3) 0.86638;(4) 0.11642。

21. (1) 0.3085; (2) 0.7745; (3) 0.0668。

22. $\dfrac{1}{2}$。

23. (1)

Y	−1	0	1	2	3
p_k	0.1	0.25	0.3	0.15	0.2

(2)

Z	0	1	4
p_k	0.3	0.4	0.3

24. $f_Y(y)=\dfrac{2\mathrm{e}^y}{\pi(1+\mathrm{e}^{2y})},-\infty<y<+\infty$。

25. (1) $f_Y(y)=\dfrac{1}{2\sqrt{2\pi}}\cdot \mathrm{e}^{-(y+1)^2/8}$;

(2) $f_Y(y)=\begin{cases}\dfrac{1}{\sqrt{2\pi}\,y}\mathrm{e}^{-(\ln y)^2/2}, & y>0,\\ 0, & y\leqslant 0\text{。}\end{cases}$

26. $f_Y(y)=\begin{cases}\dfrac{1}{2\sqrt{y}}, & 0<y<1,\\ 0, & \text{其他。}\end{cases}$

27. $f_Y(y)=\begin{cases}\sqrt{\dfrac{2}{\pi}}\dfrac{1}{\sigma}\mathrm{e}^{-\frac{y^2}{2\sigma^2}}, & y\geqslant 0,\\ 0, & y<0\text{。}\end{cases}$

28.
```
p1 = unifcdf(15,0,30) - unifcdf(10,0,30);
p2 = unifcdf(30,0,30) - unifcdf(25,0,30);
p = p1 + p2
```

29. (1) $\dfrac{2}{2-e^{-2}}, \dfrac{e^{-2}-e^{-4}}{2-e^{-2}}$;

```
syms  c x
f1 = c * exp(2 * x);
f2 = c * exp(( - 2) * x);
r1 = int(f1, - 1,0) + int(f2,0,inf);
c = solve(r1 - 1)

syms x
c = (2 * exp(2))/(2 * exp(2) - 1);
f2 = c * exp(( - 2) * x);
r2 = int(f2,1,2)
```

(2) $F(x)=\begin{cases} 0, & x<-1, \\ \dfrac{e^{2x+2}-1}{2e^2-1}, & -1\leqslant x<0, \\ \dfrac{2e^2-e^{-2x+2}-1}{2e^2-1}, & x\geqslant 0. \end{cases}$

习题 3 答案

1. 略。

2. 不是。例如 $P\{0<x<2,0<y<2\}=F(2,2)-F(2,0)-F(0,2)+F(0,0)=-1$，不大于零。

3. 略。

4. (1) 放回抽样情况

Y \ X	0	1
0	$\frac{25}{36}$	$\frac{5}{36}$
1	$\frac{5}{36}$	$\frac{1}{36}$

X	0	1
	$\frac{5}{6}$	$\frac{1}{6}$

Y	0	1
	$\frac{5}{6}$	$\frac{1}{6}$

(2) 不放回抽样的情况

Y \ X	0	1
0	$\frac{45}{66}$	$\frac{10}{66}$
1	$\frac{10}{66}$	$\frac{1}{66}$

X	0	1
	$\frac{5}{6}$	$\frac{1}{6}$

Y	0	1
	$\frac{5}{6}$	$\frac{1}{6}$

5. (1) X,Y 的联合分布律为

$Y \backslash X$	0	1	2	3
0	0	0	$\frac{3}{35}$	$\frac{2}{35}$
1	0	$\frac{6}{35}$	$\frac{12}{35}$	$\frac{2}{35}$
2	$\frac{1}{35}$	$\frac{6}{35}$	$\frac{3}{35}$	0

(2)

X	0	1	2	3
p_k	$\frac{1}{35}$	$\frac{12}{35}$	$\frac{18}{35}$	$\frac{4}{35}$

Y	0	1	2
p_k	$\frac{5}{35}$	$\frac{20}{35}$	$\frac{10}{35}$

(3) $\frac{19}{35},\frac{6}{35}$。

6.

X	Y			$P\{X=x_i\}=p_i$
	y_1	y_2	y_3	
x_1	1/24	1/8	1/12	1/4
x_2	1/8	3/8	1/4	3/4
$P\{Y=y_j\}=p_j$	1/6	1/2	1/3	1

7. (1) $\frac{1}{4}$; (2) $\frac{5}{16}$。

8. (1) $P\{Y=1|X=1\}=\frac{1}{6},P\{Y=2|X=1\}=\frac{1}{2},P\{Y=3|X=1\}=\frac{1}{3}$;

(2) $P\{X=1|Y=1\}=\frac{1}{3},P\{X=2|Y=1\}=\frac{2}{3}$。

9. (1) 关于 X 的边缘分布律为

X	51	52	53	54	55
p_k	0.18	0.15	0.35	0.12	0.20

(2) 关于 Y 的边缘分布律为

Y	51	52	53	54	55
p_k	0.28	0.28	0.22	0.09	0.13

（3）9月份订单数的条件分布为

X	51	52	53	54	55
$P\{X=x_i\mid y=51\}$	$\frac{6}{28}$	$\frac{7}{28}$	$\frac{5}{28}$	$\frac{5}{28}$	$\frac{5}{28}$

10. （1）$C_n^m p^m(1-p)^{n-m}$；（2）$\begin{cases} C_n^m p^m(1-p)^{n-m}\cdot\dfrac{\lambda^n}{n!}e^{-\lambda}, & n=0,1,2,\cdots;\ m=0,1,\cdots,n; \\ 0, & m>n。\end{cases}$

11. $\dfrac{65}{72}$。

```
syms x y
z = x^2 + x * y/3
int(int(z,y,1 - x,2),x,0,1)   % int(f,x,a,b) is the definite integral of f with respect to x
from a to b.
```

12. （1）$k=\dfrac{1}{8}$；（2）$\dfrac{3}{8}$；（3）$\dfrac{27}{32}$；（4）$\dfrac{2}{3}$。

```
syms x y k
z = k * (6 - x - y)
int(int(z,y,2,4),x,0,2)   % int(f,x,a,b) is the definite integral of f with respect to x from
a to b.
ans = 8 * k               % 根据概率密度性质,可得 k = 1/8
z = (6 - x - y)/8
int(int(z,y,2,3),x,0,1)
ans = 3/8
int(int(z,y,2,4),x,0,1.5)
ans = 27/32
int(int(z,y,2,4 - x),x,0,2)
```

13. （1）$f_X(x)=\begin{cases}\dfrac{1}{2}, & 0<x<2, \\ 0, & 其他,\end{cases}$ $f_Y(y)=\begin{cases}1, & 0<y<1, \\ 0, & 其他；\end{cases}$

（2）$F(x,y)=\begin{cases}0, & x<0 或 y<0, \\ \dfrac{xy}{2}, & 0\leqslant x\leqslant 2,0\leqslant y\leqslant 1, \\ \dfrac{x}{2}, & 0\leqslant x\leqslant 2,1<y, \\ y, & 2<x,0\leqslant y\leqslant 1, \\ 1, & 2<x,1<y;\end{cases}$

（3）$\dfrac{3}{8}$；（4）$\dfrac{1}{3}$。

14. （1）$f(x,y)=\begin{cases}\dfrac{1}{(b-a)(d-c)}, & a<x<b,c<y<d, \\ 0, & 其他；\end{cases}$

$$f_X(x)=\begin{cases}\dfrac{1}{b-a}, & a<x<b,\\ 0, & 其他,\end{cases}\quad f_Y(y)=\begin{cases}\dfrac{1}{d-c}, & c<y<d,\\ 0, & 其他。\end{cases}$$

(2) 随机变量 X,Y 相互独立。

15. (1) $F_X(x)=\begin{cases}1-3^{-x}, & x>0,\\ 0, & 其他,\end{cases}\quad f_X(x)=\begin{cases}3^{-x}\ln 3, & x>0,\\ 0, & 其他;\end{cases}$

$F_Y(y)=\begin{cases}1-3^{-y}, & y>0,\\ 0, & 其他,\end{cases}\quad f_Y(y)=\begin{cases}3^{-y}\ln 3, & y>0,\\ 0, & 其他。\end{cases}$

(2) 随机变量 X,Y 相互独立。

```
syms x y
F = 1 - 3^( - x) - 3^( - y) + 3^( - x - y)      % the distribution function of (x,y)
Fx = limit(F,y,inf)                             % the distribution function of x
fx = diff(Fx)                                   % probability density function of x
Fy = limit(F,x,inf)                             % the distribution function of y
fy = diff(Fy)                                   % probability density function of y
```

16. (1) $c=\dfrac{1}{3}, f_X(x)=\begin{cases}2x^2+\dfrac{2}{3}x, & 0<x<1,\\ 0, & 其他,\end{cases}\quad f_Y(y)=\begin{cases}\dfrac{1}{3}\left(1+\dfrac{1}{2}y\right), & 0<y<2,\\ 0, & 其他;\end{cases}$

(2) 随机变量 X,Y 不相互独立。

17. (1) 随机变量 X,Y 相互独立; (2) $e^{-2.4}$。

```
syms x y
F = 1 - exp( - 0.01 * x) - exp( - 0.01 * y) + exp( - 0.01 * (x + y))   % the distribution function of (x,y)
Fx = limit(F,y,inf)                             % the distribution function of x
Fy = limit(F,x,inf)                             % the distribution function of y
f = diff(diff(F,x),y)                           % probability density function of (x,y)
p = int(int(f,x,120,inf),y,120,inf)
```

18. (1) $0<y<2, f_{X|Y}(x|y)=\begin{cases}\dfrac{1}{1-\dfrac{y}{2}}, & 0<x<1-\dfrac{y}{2},\\ 0, & 其他;\end{cases}$

(2) $0<x<1, f_{Y|X}(y|x)=\begin{cases}\dfrac{1}{2-2x}, & 0<y<2-2x,\\ 0, & 其他。\end{cases}$

19. (1) $x>0, f_{Y|X}(y|x)=\begin{cases}x, & 0<y<x,\\ 0, & 其他;\end{cases}\quad y>0, f_{X|Y}(x|y)=\begin{cases}e^{y-x}, & y>x,\\ 0, & 其他;\end{cases}$

(2) $P\{X\leqslant 1|Y\leqslant 1\}=\dfrac{1-2e^{-1}}{1-e^{-1}}$。

20. 略。

21. 略。

22. (1) $k=0.2$;

(2) $Z=X+Y$ 的分布律为

Z	1	2	3	4	5
p_k	0.3	0.2	0.2	0.1	0.2

(3) $Z=\max\{X,Y\}$的分布律为

Z	1	2	3
p_k	0.5	0.1	0.4

23. (1) $\frac{1}{5},\frac{1}{3}$;

(2)

V	0	1	2	3	4	5
p_k	0	0.14	0.16	0.28	0.24	0.28

(3)

V	0	1	2	3
p_k	0.28	0.30	0.25	0.17

(4)

W	0	1	2	3	4	5	6	7	8
p_k	0	0.02	0.06	0.13	0.19	0.24	0.19	0.12	0.05

24. (1) $f(z)=\begin{cases} z, & 0<z<1, \\ 2-z, & 1\leqslant z<2, \\ 0, & \text{其他。} \end{cases}$

(2) $f(z)=\begin{cases} \frac{1}{2}+\frac{z}{2} & -1<z\leqslant 0, \\ \frac{1}{2} & 0<z\leqslant 1, \\ 1-\frac{z}{2} & 1<z\leqslant 2, \\ 0 & \text{其他。} \end{cases}$

25. (1) $A=1$;(2) $f_Z(z)=\begin{cases} 1-e^{-z}, & 0<z<1, \\ (e-1)e^{-z}, & z>1, \\ 0, & \text{其他。} \end{cases}$

26. (1) $f_Z(z)=\begin{cases}12\mathrm{e}^{-4z}(\mathrm{e}^z-1), & z>0,\\ 0 & \text{其他};\end{cases}$

(2) $f_M(m)=\begin{cases}-7\mathrm{e}^{-7m}+\mathrm{e}^{-3m}+4\mathrm{e}^{-4m}, & m>0,\\ 0, & \text{其他};\end{cases}$

(3) $f_N(n)=\begin{cases}7\mathrm{e}^{-7n}, & n>0,\\ 0, & \text{其他}。\end{cases}$

27. $f_Z(z)=\begin{cases}\dfrac{z}{\sigma^2}\exp\left\{-\dfrac{z^2}{2\sigma^2}\right\}, & z>0,\\ 0, & \text{其他}。\end{cases}$

28. $P\{|X-Y|<1\}=2\Phi\left(\dfrac{1}{\sqrt{2}\sigma}\right)-1$。

29. (1) $P\{Z=k\}=\begin{cases}\dfrac{1}{2}\dfrac{\lambda^{-k}\mathrm{e}^{-\lambda}}{(-k)!}, & k<0,\\ \mathrm{e}^{-\lambda}, & k=0,\\ \dfrac{1}{2}\dfrac{\lambda^{k}\mathrm{e}^{-\lambda}}{(k)!}, & k>0。\end{cases}$

30. $f_Z(z)=\begin{cases}0, & z<0,\\ z, & 0\leqslant z<1,\\ 0, & 1\leqslant z<2,\\ z-2, & 2\leqslant z<3,\\ 0, & z\geqslant 3。\end{cases}$

31. $b(n,p)$。

32. (1) $f(x,y)=\begin{cases}3, & 0<x<1, x^2<y<\sqrt{x},\\ 0, & \text{其他};\end{cases}$ (2) U 与 X 不相互独立。

(3) $F_Z(z)=\begin{cases}0, & z<0,\\ \dfrac{3}{2}z^2-z^3, & 0\leqslant z<1,\\ 2(z-1)^{\frac{3}{2}}-\dfrac{3}{2}z^2+3z-1, & 1\leqslant z<2,\\ 1, & z\geqslant 2。\end{cases}$

33. $\dfrac{1}{2}$。

习题 4 答案

1. 略。

2. (1) $E(X+Y)=\dfrac{3}{4}$；(2) $E(2X-3Y^2)=\dfrac{5}{8}$。

3. $E(Y^2)=5$。

4. $E(Y)=\frac{35}{3}$。

5. $k=2$；$E(XY)=0.25$。

6. $E(XY)=4$。

7. (1) $c=2k^2$；(2) $E(X)=\frac{\sqrt{\pi}}{2k}$；(3) $D(X)=\frac{4-\pi}{4k^2}$。

8. $E(X)=0.301, D(X)=0.322$。

9. $\frac{1}{3}$。

10. (1) $a=\frac{1}{4}, b=1, c=-\frac{1}{4}$；(2) $E(Y)=\frac{1}{4}(e^2-1)^2, D(Y)=\frac{1}{4}e^2(e^2-1)^2$。

11. (1) $E(X)=2, E(Y)=0$；(2) $E(Z)=-\frac{1}{15}$；(3) $E(Z)=5$。

12. (1)

Y \ X	−1	1
−1	0.25	0.5
1	0	0.25

(2) $D(X+Y)=2$。

13. (1) 0；(2) 7；(3) 0.4981。

```
>> syms x y
>> f1 = 21/4 * x^3 * y^2;y1 = x^2;y2 = 1;
>> jfy = int(f1,y,y1,y2);           % 对变量 y 求积分,求出内层函数。
>> E1 = int(jfy,x, - 1,1)           % 对变量 x 求积分,求出相应数值结果。
>> f2 = 21/4;y1 = x^2;y2 = 1;jfy = int(f2,y,y1,y2);
>> E2 = int(jfy,x, - 1,1)
>> f3 = 21/4 * x^2 * y * (x - y);y1 = x^2;y2 = 1;jfy = int(f3,y,y1,y2);
>> E3 = int(jfy,x, - 1,1)
>> f4 = 21/4 * x^2 * y * (x - y)^2;y1 = x^2;y2 = 1;jfy = int(f4,y,y1,y2);
>> E4 = int(jfy,x, - 1,1)
>> E5 = E4 - E3^2
>> vpa(E5,4)                        % 显示 E5 小数点后 4 位。
```

14. $D(X)=\frac{5}{252}, D(Y)=\frac{17}{148}$。

15. 略。

16. $E(X)=\frac{2}{3}, E(Y)=0, \mathrm{Cov}(X,Y)=0$。

```
>> syms x y
    >> f1 = x;y1 = - x;y2 = x;jfy = int(f1,y,y1,y2);
    >> E1 = int(jfy,x,0,1)
```

```
>> f2 = y;y1 = - x;y2 = x;jfy = int(f2,y,y1,y2);
>> E2 = int(jfy,x,0,1)
>> f3 = x * y;y1 =- x;y2 = x;jfy = int(f3,y,y1,y2);
>> E3 = int(jfy,x,0,1)
>>  E4 = E3 - E1 * E2
```

17. (1) $E(X)=0, D(X)=2$；(2)不相关；(3)不独立。

注：此例说明两个随机变量可以不相关，但不独立。

18. $\mathrm{Cov}(X,Y)=-\left(\frac{\pi-4}{4}\right)^2, \rho_{XY}=-\frac{\pi^2-8\pi+16}{\pi^2+8\pi-32}$。

19. $\mathrm{Cov}(X,Y)=-\frac{1}{36}, \rho_{XY}=-\frac{1}{2}$。

20. (1) $E(X^*)=0, D(X^*)=1$；(2) 略。

21. $\rho_{XY}=0$。

22. 略。

23. (1) 略；(2) 略；(3) $\rho=1$。

24. $a=b=2$。

25. (1) $\frac{4}{9}$；(2) $f_Z(z)=\begin{cases} z, & 0\leqslant z<1, \\ z-2, & 2\leqslant z<3, \\ 0, & \text{其他}。\end{cases}$

26. 2。

27. $-\frac{1}{2}$。

28. $\frac{1}{8}$。

29. 6。

30. λ。

31. 略。

习题 5 答案

1. 略。
2. $P\{|X-Y|\geqslant 6\}\leqslant 0.0833$。
3. 0.9。
4. 0.9525。
5. 至少需要 16 条外线。
6. 0.2119。
7. 最多可装 98 箱。
8. $P\{V>105\}\approx 0.348$。
9. 要准备 539 个座位。
10. 至少应有 54183 人参保。
11. 至少要生产 269 件。

12. 0.8413。

习题 6 答案

1. 略。

2. $f^*(x_1,x_2,\cdots,x_n)=\left(\frac{1}{\sigma\sqrt{2\pi}}\right)^n\exp\left\{-\frac{1}{2\sigma^2}\sum_{i=1}^{n}(x_i-\mu)^2\right\}$，$-\infty<x_i<+\infty, i=1,2,\cdots,n$。

3. (1) $P\{X_1=x_1,X_2=x_2,\cdots,X_n=x_n\}=\frac{\lambda^{\sum_{i=1}^{n}x_i}}{\prod_{i=1}^{n}(x_i!)}e^{-n\lambda}, x_i=0,1,2,\cdots,N; i=1,2,\cdots,n$。

(2) $E(\overline{X})=\lambda, D(\overline{X})=\frac{\lambda}{n}$。

4. $f^*(x_1,x_2,\cdots,x_n)=\prod_{i=1}^{n}f(x_i)=\begin{cases}\frac{1}{(b-a)^n}, & a<x_i<b, i=1,2,\cdots,n,\\ 0, & \text{其他。}\end{cases}$

5. $P\{498<\overline{X}<502\}=P\left\{\frac{498-500}{\sigma/\sqrt{n}}<\frac{\overline{X}-\mu}{\sigma/\sqrt{n}}<\frac{502-500}{\sigma/\sqrt{n}}\right\}=P\left\{\frac{498-500}{9/8}<\frac{\overline{X}-\mu}{9/8}<\frac{502-500}{9/8}\right\}=2\Phi(1.78)-1=0.925$。

```
% P = normcdf(X,MU,SIGMA)  Normal cumulative distribution function (cdf), returns the cdf of the normal distribution with mean MU and standard deviation SIGMA, evaluated at the values in X.
%  normpdf(X, MU, SIGMA) Normal probability density function (pdf), returns the pdf of the normal distribution with mean MU and standard deviation SIGMA, evaluated at the values in X.
MU = 500;
SIGMA = 9/4;
p = normcdf(502, MU, SIGMA) - normcdf(498, MU, SIGMA)          % 方法 1。
x = 498:0.1:502                                                % 方法 2。
y = normpdf(x, MU, SIGMA)
p = sum(y) * 0.1
```

6. (1) $c=1, X_1^2+X_2^2+X_3^2\sim\chi^2(3)$，自由度为 3；(2) $d=\frac{2}{3}$，自由度为 4。

7. 略。

8. 略。

9. 略。

10. (1) 0.94；(2) 0.895。

```
% P = FCDF(X, V1, V2) F cumulative distribution function, returns the F cumulative distribution function with V1 and V2 degrees of freedom at the values in X.
SIGMA12 = 36;
SIGMA22 = 16;
SIGMA = sqrt(36/15 + 16/8);
MU = 4;
```

```
p1 = normcdf(8, MU, SIGMA) - normcdf(0, MU, SIGMA)
p2 = fcdf(8.28 * SIGMA22/SIGMA12,14,7)
```

11. (1) 0.9438；(2) 0.9550。
12. $\pi^4/16$。
13. $n \geqslant 16$。

习题 7 答案

1. 略。
2. (1) (8734.3,9065.7)；(2) (8728.2,9071.8)；(3) (8669.4,9130.6)。
3. (1185.612,1214.388)。
4. μ 的 95%的置信区间(1635.69,1664.31)，σ 的置信区间为(13.8,36.5)。
5. (0.02,0.10)。
6. μ 的置信水平为 95%的置信区间为(14.821,15.019)；
   方差 σ^2 的置信水平为 95%的置信区间为(0.0177,0.1243)。
7. 方差 σ^2 的置信度为 0.99 的置信区间为(26.96,440.48)；
   均方差 σ 的置信度为 0.99 的置信区间为(5.19,20.99)。
8. (−0.40,2.60)。
9. (0.2152,4.5714)。
10. (0.182,10.944)
11. (0.222,3.601)。
12. 1064.56。
13. 40.84。
14. μ 的置信水平为 $1-\alpha$ 的单侧置信下限为 4536.81；
    σ^2 的置信水平为 $1-\alpha$ 的单侧置信上限为 4471.62。
15. 8。
16. (1) 均值，方差，方差；(2) $t=\dfrac{\overline{X}-\mu_0}{S/\sqrt{n}}, |t| \geqslant t_{\alpha/2}(n-1)$；

(3) $u=\dfrac{\bar{x}-\bar{y}}{\sqrt{\dfrac{\sigma_1^2}{n_1}+\dfrac{\sigma_2^2}{n_2}}}, N(0,1)$；(4) $\chi^2=\dfrac{(n-1)S^2}{16} \sim \chi^2(n-1), \chi^2 < \chi_{1-\alpha}^2(n-1)$。

17. 认为包装机工作正常。
18. 可以认为全体考生的平均成绩为 70 分。
19. 认为这批电池寿命的波动性较以往有显著性的变化。
20. 认为这批元件是合格的。
21. 不能接受该批玻璃纸。
22. 这一天包装机工作不正常。
23. 认为两台机床加工的轴的直径方差无显著差异。
24. 认为这两种香烟的尼古丁平均含量无显著差异。认为它们的方差无显著差异。
25. 甲厂铸件质量的均值比乙厂铸件质量的均值小。甲厂铸件质量的方差比乙厂铸件质量的方差大。

26. D。

27. (8.2,10.8)。

28.

```
%均值未知时,方差的置信区间
%给定的显著性水平
alpha = 0.05;
%样本数据
x = [502   503   501   503   498   502   499   500   501];
%计算样本容量
n = length(x);
%给定的样本方差
S2 = var(x)
%计算卡方分布的临界值
1 - alpha/2, n
lambdal = chi2inv(1 - alpha/2, n - 1)
lambda2 = chi2inv( alpha/2,n - 1)
sigma =  [(n - 1) * S2/lambdal, (n - 1) * S2/lambda2]
```

29.

```
%给定的显著性水平
alpha = 0.05;
%样本数据
x = [5325   4878   4638   5652   4474];
%计算样本容量
n = length(x);
%给定的样本方差
S = sqrt(1000);
mu0 = 5000;
%计算样本均值
m  =  mean(x)
z_alpha  =  norminv(1 - alpha)
%计算正态分布的临界值
z  =  (m  -  mu0)/(S) * sqrt(n)
if(z <=- z_alpha)
    disp('拒绝原假设')
else
    disp('接受原假设')
end
m = 4993
z_alpha  =  norminv(1 - alpha)
%计算正态分布的临界值
z  =  (m  -  mu0)/(S) * sqrt(n)
if(z <=- z_alpha)
    disp('拒绝原假设')
else
    disp('接受原假设')
end
```

30.

```
clc;clear;
a=[93.3   92.1   94.7   90.1   95.6   90.0   94.7];
b=[95.0   94.9   96.2   95.1   95.8   96.3];
Sa=var(a)                               %求样本a的方差%
Sb=var(b)                               %求样本b的方差%
na=length(a)                            %算a样本的个数
nb=length(b)                            %算b样本的个数
Sw=sqrt(((na-1)*Sa+(nb-1)*Sb)/(na+nb-2))
x=mean(a)
y=mean(b)
alpha=0.05;                             %0.95置信度
t=tinv(1-alpha,na+nb-2)                 %置信度为0.95的t分布表得临界点
%t值
t2 = (x-y)/(Sw.*sqrt(1./na+1./nb))
if(t2>=-t)
    disp('拒绝原假设')
else
    disp('接受原假设')
end
```

31. (39.52,52.24)。

习题8答案

1. 略。

2. $\hat{\mu}=2809.4,\hat{\sigma}^2=1170.64$。

3. $\hat{p}=\dfrac{\sum\limits_{i=1}^{m}X_i}{mn}$。

4. $\hat{\theta}=1-\dfrac{C}{\overline{X}}$。

5. θ 的矩估计值 $\hat{\theta}=\dfrac{5}{6}$,$\theta$ 的最大似然估计值为 $\hat{\theta}=\dfrac{5}{6}$。

6. α 的矩估计量为 $\hat{\alpha}=\dfrac{1-2\overline{X}}{\overline{X}-1}$,极大似然估计量为 $\hat{\alpha}=-\left(1+\dfrac{n}{\sum\limits_{i=1}^{n}\ln X_i}\right)$。

7. θ 的极大似然估计值为 $\hat{\theta}=\dfrac{n}{\sum\limits_{i=1}^{n}x_i^{\alpha}}$。

8. θ 的极大似然估计量为 $\hat{\theta}=\min\{X_1,X_2,\cdots,X_n\}$。

9. $\hat{p}=\dfrac{1}{\overline{X}}$。

10. $\hat{\theta}_1=\min\{X_1,X_2,\cdots,X_n\},\hat{\theta}_2=\overline{X}-\min\{X_1,X_2,\cdots,X_n\}$。

11. $C=\dfrac{1}{2(n-1)}$。

12. (1) T_1,T_2 是 θ 的无偏估计量;(2) T_2 较为有效。

13. (1) $f_{T_1}(t_1)=\begin{cases}\dfrac{2}{\sigma}\varphi\left(\dfrac{t_1}{\sigma}\right), & t_1\geqslant 0,\\ 0, & t_1<0;\end{cases}$

(2) 矩估计量为 $\hat{\sigma}=\sqrt{\dfrac{2}{\pi}}\,\overline{T}$,极大似然估计量 $\hat{\sigma}=\sqrt{\dfrac{1}{n}\sum_{k=1}^{n}T_k^2}$。

14. (1) $f(t)=\begin{cases}\dfrac{9t^8}{\theta^9}, & 0<t<\theta,\\ 0, & 其他;\end{cases}$ (2) $a=\dfrac{10}{9}$。

15. (1) $\hat{\theta}=2\overline{X}-1$;(2) $\hat{\theta}=\max\{X_1,X_2,\cdots,X_n\}$。

16. (1) $\hat{\sigma}=\dfrac{1}{n}\sum_{i=1}^{n}|X_i|$;(2) σ^2。

17. (1) $A=\sqrt{\dfrac{2}{\pi}}$;(2) $\hat{\sigma}^2=\dfrac{1}{n}\sum_{i=1}^{n}(X_i-\mu)^2$。

习题 9 答案

1. (1) 从统计学的角度,数据样本的容量的增加会避免随机性,所以在成本和计算复杂度允许的范围内尽量多取样本。

(2) 由于我们取的总体为正态总体,对于总体的这两个参数,我们的关注的是均值是否相同,所以,要在其他条件相同条件下,才能比较。

(3) 前者是考虑交互作用,所以样本要多选取,后者不考虑交互作用,所以只要做一次试验即可。

2. 单因素方差分析表如下:

方差来源	平方和	自由度	均方	F 值
因素 A	465.8811	2	232.9406	4.3717
误差	799.2550	15	266.4183	
总和	1265.1361	17		

由于 $F_{0.05}(2,15)=3.68<4.3717$,故在显著水平 0.05 下拒绝接受 H_0。因而该地区 3 所小学五年级男生的平均身高有显著差异。

3. 单因素方差分析表如下:

方差来源	平方和	自由度	均方	F 值
因素 A	70.4294	2	35.2147	6.9023
误差	137.7373	27	5.1014	
总和	208.1668	29		

由于 $F_{0.05}(2,27)=3.35<6.9030$，故在显著水平 0.05 下拒绝接受 H_0。因而 3 种不同菌型的平均存活日数有显著差异。

4. 单因素方差分析表如下：

方差来源	平方和	自由度	均方	F 值
因素 A	0.1328	3	0.0443	7.2084
误差	0.0736	12	0.0062	
总和	0.2064	15		

由于 $F_{0.05}(3,12)=3.49<7.2084$，故在显著水平 0.05 下拒绝接受 H_0。因而 4 种仪器的型号对测试结果有显著差异。

5. 无交互作用双因素方差分析表如下：

方差来源	平方和	自由度	均方	F 值
因素 A	10.1333	2	5.0667	0.0873
因素 B	154.2667	4	38.5667	0.6642
误差	464.5333	8	58.0667	
总和	628.9333	14		

由于 $F_{0.05}(2,8)=4.46>F_A=0.0873$，$F_{0.05}(4,8)=3.84>F_B=0.6642$，故在显著水平 0.05 下接受 H_A，H_B。因而认为 5 名工人技术之间和不同车床型号之间对产量没有显著差异。

6. 无交互作用双因素方差分析表如下：

方差来源	平方和	自由度	均方	F 值
因素 A	1298.8000	3	432.9333	0.5689
因素 B	13187.7000	4	3296.9250	4.3320
误差	9132.7000	12	761.0583	
总和	23619.2000	19		

由于 $F_{0.05}(3,12)=3.49>F_A=0.5689$，$F_{0.05}(4,12)=3.26<F_B=4.3320$，故在显著水平 0.05 下接受 H_A，拒绝 H_B。因而油菜品种对亩产量有显著差异，田块间对亩产量无显著差异，第四个品种的产量最高，该种品种的平均产量是 285.5 公斤。

7. 无交互作用双因素方差分析表如下：

方差来源	平方和	自由度	均方	F 值
因素 A	3000.6667	2	1500.3333	6.6061
因素 B	82619.5834	3	27539.8611	121.2616
误差	1362.6667	6	227.1111	
总和	86982.9167	11		

由于 $F_{0.05}(2,6)=5.14<F_A=6.6061$，$F_{0.05}(3,6)=4.76<F_B=121.2616$，故在显著水平 0.05 下拒绝 H_A，拒绝 H_B。因而加压水平和不同纺织机器对纱支强度量都有显著

差异。

8. 有交互作用双因素方差分析表如下：

方差来源	平方和	自由度	均方	F 值
因素 A	$S_A=2.7500$	3	0.9167	0.5323
因素 B	$S_B=27.1667$	2	13.5833	7.8871
交互因素 AB	$S_{AB}=73.5000$	6	12.2500	7.1129
误差	$S_R=41.3333$	24	1.7222	
总和	$S_T=144.7500$	35		

由于

$$F_{0.05}(3,24)=3.01>F_A=0.5323,$$
$$F_{0.05}(2,24)=3.40<F_B=7.8871,$$
$$F_{0.05}(6,24)=2.51<F_{AB}=7.1129,$$

故在显著水平0.05下接受 H_A，拒绝 H_B，拒绝 H_{AB}。于是可以得出结论，机器之间无显著差异，操作工人之间的差异显著，操作工人之间和机器之间交互影响差异显著。

习题 10 答案

1. 略。

2. (1) 回归方程为 $y=6.2827+0.1831x$；(2) $(9.0523,9.3717)$。

3. 回归方程为 $y=-11.3+36.95x$。

```
Clear
x=[5 10 15 20 25 30];
y=[7.25 8.12 8.95 9.9 10.9 11.8];
a=(x-mean(x)) * (y-mean(y))'/(x-mean(x)) * (x-mean(x))'
b= mean(y)-a* mean(x)
```

4. $b=0.8687, a=67.6146, \sigma^2=0.9621$。

5. $k=60.6759, c=10.6446$。

6. $u=100.7890\mathrm{e}^{-0.3126t}$。

7. (1) $\mu(x_1,x_2,x_3)=9.900+0.575x_1+0.550x_2+0.115x_3$；

(2) $\mu(x_1,x_2,x_3)=9.900+0.575x_1+0.115x_3$。

8. (1) $\mu(x_1,x_2)=199.3340+29.0385x_1-0.1197x_2$；

(2) $\alpha=0.05, F=219.8004>F_{0.05}(2,3)=9.95$，即回归方程具有显著性；

(3) $t_1=3.8939, t_2=-20.6019$。在显著水平 $\alpha=0.05$ 下，$t_{\alpha/2}(n-p-1)=t_{0.025}(3)=3.182$，满足 $|t_1|>t_{0.025}(3)$，$|t_2|>t_{0.025}(3)$，于是回归方程的系数具有显著性。由于 $t_2<0$，这表明钢材在含铜量相同情况下温度越高硬度越小，在温度相同情况下含铜量越高硬度越大。

9. 回归方程为 $\mu(x_1,x_2,x_3)=43.6521+1.7848x_1-0.0834x_2+0.1611x_3$。$\alpha=0.05$，$F=5.6885>F_{0.05}(3,14)=3.34$，即回归方程具有显著性。

参考文献

[1] 盛骤.概率论与数理统计[M].北京：高等教育出版社，2009.
[2] 龙永红.概率论与数理统计[M].北京：高等教育出版社，2009.
[3] 鲜思东.概率论与数理统计[M].北京：科学出版社，2010.
[4] 大连理工大学应用数学系.概率论与数理统计[M].大连：大连理工大学出版社，2007.
[5] 华东师范大学.概率论与数理统计习题集[M].北京：高等教育出版社，1982.
[6] 王学民.应用多元分析[M].上海：上海财经大学出版社，2009.
[7] 赵学达.概率论与数理统计同步训练[M].北京：清华大学出版社，2015.
[8] 张立石.概率论与数理统计同步训练[M].上海：复旦大学出版社，2009.